中国科学技术大学"十四五"本科规划教材

一流规划教材

科学技术史

天文学史

A HISTORY OF ASTRONOMY

钮卫星　编著

中国科学技术大学出版社

内 容 简 介

本书以天文学的发展历史为经，以天文学与人类文化其他方面的互动关系为纬，呈现一部在广阔历史视野下的天文与人文的互动史。本书以丰富的实例和充分的论述证明，历史上的天文学从来不是一门孤立的学问，它与人文学科的各个方面有着深厚的交集。从古到今，天文与哲学、政治、宗教以及人类知识的其他方面发生着生动而丰富的相互作用，共同推动着人类文明的进步。因此，通过阅读本书，获得的将是一部反映人类如何与自然打交道的历史，一部描写人类如何认识到自身在宇宙中的位置以及这种认识是如何演进的历史，一部展现天文学与人类的社会、文化和思想领域之间如何发生交互作用的历史，归根结底是一部人类自身的智性成长史。

本书旨在通过还原天文学史上一些关键问题的提出和解决的历史现场，通过对历史上一些引发关键进步的案例的学习和分析，来培养学生发现问题、提出问题和解决问题的科研创新素质；借助强调历史视角的天文学史通识教育，帮助学生深刻领会真正的科学探索方法，培养真正的科学精神，形成对待事物的多元、宽容的态度，养成更为健全的人格。本书可供天文学相关专业本科生、研究生阅读，也可供对天文学感兴趣的读者参阅。

图书在版编目(CIP)数据

天文学史 / 钮卫星编著. -- 合肥：中国科学技术大学出版社，2025.2. -- (中国科学技术大学一流规划教材). -- ISBN 978-7-312-06183-7

Ⅰ. P1-091

中国国家版本馆 CIP 数据核字第 2025GG5841 号

天文学史
TIANWENXUE SHI

出版	中国科学技术大学出版社
	安徽省合肥市金寨路96号，230026
	http://press.ustc.edu.cn
	http://zgkxjsdxcbs.tmall.com
印刷	合肥市宏基印刷有限公司
发行	中国科学技术大学出版社
开本	787 mm×1092 mm 1/16
印张	15.5
插页	2
字数	409千
版次	2025年2月第1版
印次	2025年2月第1次印刷
定价	48.00元

前　　言

星空启发人们去遐想、去探索,在人类文明的早期就产生了各种各样的关于天的学问。不同古代文明的天文学有着各自不同的鲜明特色,它们各自成为人类灿烂文明的组成部分。要具体、完整地了解人类文明就需要研究历史上各文明的天文学。这样的研究无疑有助于我们从源头上来认识天文学这一学科,也有助于我们以更多元、更开阔的视角来看待包括天文学在内的现代科学文明。

天文学的进步与人类的自我认识过程紧密相关。人类清楚地认识到自己在宇宙中的位置,是人类自我觉醒的一个主要标志。天文学的进步把人类从早期的自以为是的宇宙中心的位置上驱赶下来,人类的这种宇宙位置的下降标志着人类理性的上升。假如存在一个宇宙文明大家庭的话,可以想见,只有当人类摆脱了自恋、自大的情结之后,才有资格成为这个大家庭的一员。

天文学的发展也不是孤立的,它所能提出的问题,它解决问题的方法和手段,得益于其他相关学科的进步,尤其是哲学、宗教、艺术、文学等领域的精神和思想为其提供滋养。同时天文学本身的进步,也推动着整个自然科学的进步与人文领域的蜕变。全面认识这一点,将帮助我们更好地了解科学究竟是什么,了解科学与人文在人类文明史上的共生关系。

天文学史是科学史的一个重要分支,其本身如果要细分的话,可以按照不同的分类标准分成各个更小的分支。如按照国别来分,有中国天文学史、巴比伦天文学史等;按照民族来分,有玛雅天文学史、彝族天文学史等;按照年代来分,有古代天文学史、中世纪天文学史、近代天文学史、现代天文学史等;按照研究领域来分,有宇宙学史、天体演化学史、恒星观测史、天文仪器史、射电天文学史、月球天文学史等。在这些天文学史的分支研究领域内,已经有不少优秀的专著问世。这些著作无疑是写作本书的重要参考材料,在前人工作的基础上,本书试图书写一部天文学与其他学科,特别是与人文学科互相影响、互相推动的历史。

事实上,科学史研究,包括天文学史研究,在近年来正经历着一个从内史研究传统向外史研究传统——至少是内外史相结合的研究传统——转变的过程。

天文学的发展历史是人类自身进步的组成部分,是人类认识宇宙、认识自身的重要途径。本书的写作注重内史、外史的结合,使得所呈现的这一部天文学史,不只是一部简单的学科发展史,同时也是一部反映人类如何和自然打交道的历史,是一部人类认识自身宇宙位置以及这种认识如何演进的历史,是一部展现天文学与人类社会、文化和思想领域之间如何发生交互作用的历史。

当下包括天文学史在内的科学史教育得到愈来愈多的重视,科学史作为沟通文理桥梁的功能也得到愈来愈多的认识。天文学史的学习本身就是一个融通文理各科知识的过程。本书期望在科学史的教育、研究和普及方面,在消除文理隔阂方面,在通识教育中培养学生全面素质方面,贡献绵薄之力。

本书是作者在多年的天文学史研究和高校课堂讲授基础上撰写而成的,主要的写作材料来源包括保存至今的相关古代天文学原始文献、考古发掘资料、现代学者的天文学史研究成果等。本书的主要读者对象是学习和研究天文学史和科学史的高校教师和学生,以及对天文学和天文学发展历史感兴趣的普通读者。

本书曾以《天文与人文》为名作为通识教育丛书之一于2011年出版,多年来作者在上海交通大学和中国科学技术大学讲授本科生通识课程"天文学史"时以此为教材。此次受到中国科学技术大学本科生教材出版项目的资助,有机会对书中一些地方做出修订和更新,并由中国科学技术大学出版社出版。为了与课程名称保持同步,书名也更新为《天文学史》,但本书强调天文与人文具有全方位紧密联系的写作初心一如既往。

钮卫星

2024年12月9日

于中国科学技术大学东校区

目 录

前言 ·· (i)

第1章 绪论：历史视野下的天文与人文 ·· (1)
  1.1 天文、天文学与天文学史 ·· (1)
  1.2 天文与人文 ·· (3)
  1.3 天文学史的通识教育功能 ·· (4)

第2章 萌芽时期的天文学与人类的生产和生活 ······························ (10)
  2.1 作为一种生存技能的天文学 ··· (10)
  2.2 恒星命名和星座划分 ·· (16)
  2.3 从星占学到天文学的萌芽 ·· (21)

第3章 古希腊的天文学与哲学 ··· (26)
  3.1 前苏格拉底时期自然哲学家眼中的宇宙 ······························· (26)
  3.2 雅典时期的天文学 ·· (29)
  3.3 希腊化时期的天文学成就 ·· (38)

第4章 中国古代的天文学及其政治、社会和文化功能 ····················· (47)
  4.1 中国古代天文学发展概览 ·· (47)
  4.2 中国古代天文学的基本运作 ··· (49)
  4.3 中国古代历法的基本问题和基本概念 ··································· (58)
  4.4 中国古代的宇宙学 ·· (66)
  4.5 古代的中外天文学交流 ··· (70)
  4.6 中国古代天文学的政治、社会和文化功能 ··························· (76)

第5章 阿拉伯世界的天文学与伊斯兰宗教实践 ······························ (84)
  5.1 阿拉伯天文学概况 ·· (84)
  5.2 伊斯兰教的天文学课题 ··· (89)
  5.3 伊斯兰天文台 ·· (93)
  5.4 阿拉伯的行星天文学 ·· (97)

第6章 欧洲近代天文学革命与知识进步 ··· (102)
  6.1 希腊传统的延续 ··· (102)
  6.2 天文学革命 ·· (109)

第 7 章　牛顿主义的传播与天体力学的建立 (124)
- 7.1　牛顿建立的框架 (124)
- 7.2　牛顿主义的传播 (130)
- 7.3　天体力学的建立及应用 (133)

第 8 章　天体测量的进步与天文学的实用化 (144)
- 8.1　望远镜的使用 (144)
- 8.2　从天上到人间：天文学的实用化 (149)

第 9 章　更多的星光与天体物理学的兴起 (160)
- 9.1　恒星的位置变化与距离 (160)
- 9.2　新技术的使用 (166)
- 9.3　恒星物理学 (173)

第 10 章　扩展的宇宙视野和人类的自身定位 (187)
- 10.1　恒星的空间结构和银河系概念的确立 (187)
- 10.2　河外星系的确认 (199)
- 10.3　现代宇宙学说 (206)

第 11 章　余论：宇宙、生命和文明的延续 (217)
- 11.1　理解宇宙 (217)
- 11.2　宇宙秘方和人择原理 (220)
- 11.3　宇宙中的生命 (222)
- 11.4　宇宙中的文明 (224)

附录 (227)
- 附录 1　天文学史大事年表(1950 年前) (227)
- 附录 2　天文学史大事年表(1950 年后) (236)
- 附录 3　1950 年以后的空间探索 (238)

彩色图片 (243)

第1章 绪论:历史视野下的天文与人文

一部天文学的历史,绝对不应该是一部简单的学科发展史,它应该是一部反映人类如何和自然打交道的历史,是一部描写人类如何认识到自身在宇宙中的位置以及这种认识是如何演进的历史,是一部展现天文学与人类的社会、文化和思想领域之间如何发生交互作用的历史。因此,一部真实而完整的天文学史必定是一部在广阔历史视野下的天文与人文的互动史。研究天文学的历史,最终获得的是人类自身的智性成长史。

近年来,包括天文学史在内的科学史教育得到愈来愈多的重视,科学史作为沟通文理桥梁的功能得到愈来愈多的认可。就像本书努力要做到的那样——以一种宽广的历史视野来观照天文与人文,这本身就是融通文理各科知识的一个极好训练。这种训练将有助于消除文理隔阂,有助于在通识教育中培养学生优良的素质、养成健全的人格。

1.1 天文、天文学与天文学史

在人类不同文明的早期就产生了各种各样关于天的学问,在中国古代这种学问被叫作"天文"。"天文"一词很早就出现在中国古代的早期典籍中,如《易经》贲卦的彖辞中说:"刚柔交错,天文也。"《易经·系辞上》说:"仰以观于天文,俯以察于地理。"以后历代典籍中也经常出现"天文"一词,如《汉书·艺文志》中说:"天文者,序二十八宿,步五星日月,以纪吉凶之象,圣王所以参政也。"

后来西方近现代科学体系传入中国,其中的一门专门研究天空中的各种事物和现象的学问被译作了"天文学"。可能有人觉得这个名称的翻译稍有不恰当的地方,因为中国古代的"天文"更像是"星占学"(astrology),而现代的天文学是真正意义上的"天文学"(astronomy)。这两个词语所派生出的希腊语"天文学"(astronomia)和"星占学"(astrologia)本身的区别其实并不清晰,在跟天空、星星有关的描述中,这两个希腊词语经常被混用。直到托勒密开始在他的著作中明确地区分两种预测性学问:一种是有关天体本身运动的预测(也就是今天的天文学),另一种是基于这些天象来预测人间的事务(也就是星占学)。托勒密认为星占学基于可靠的、经过检验的经验。星占学是推测性的,而天文学可以诉诸实证,它们有不同的预测对象。这之后,至少在西方,这两者渐行渐远。虽然,天文学家如开普勒者,也进行一些星占学活动以贴补家用,但这两种学问还是可以清晰地被区分开的。

然而，从历史的角度来看，天文学本身的研究内容在不断地发生变化，所以如果只把利用现代技术手段所进行的对天体和宇宙的研究叫作天文学，那么天文学史的研究会失去很多内容。而且如果要把古代的天文学和星占学这两者强行剥离，一方面很可能会扭曲历史真相，另一方面也犯了把今人的标准施行于古代的错误。因此，在本书中，把古代中国包括其他古代文明所从事的对天的研究都包含在天文学的范畴里面，这样做相对来说更为稳妥。

从历史中提炼出纯粹的天文学，还有一个理论上的难题，那就是要涉及科学的定义。现在看来，更多的人倾向于更为宽泛的科学界定。有人把科学看作描述、预测、解释并理解围绕在我们周围的这个世界的一种系统尝试。在这个意义上，把天文学称作最古老的一门科学的做法就可以成立了。各大古代文明都发展出了具有各自特色的对天空和宇宙的描述、预测、解释和理解。古埃及、古巴比伦、古印度、古代中国和古希腊等各古代文明的天文学，有着各自不同的形态和鲜明特色。了解这些古代文明的天文学，对解决某个具体的现代天文学问题，确实不会有什么太大帮助。但这些早期形态的天文学，已经构成人类文明的一部分。人类的文明绝不是一个时空点上的静态、单一的剖面，只有把它在地域上横向展开、在时间上纵向延伸之后，我们才能具体、完整地掌握它。

再者，现代天文学也不是凭空得来，它必定经过了一个历史的发展过程。我们不能在时间轴上的某一点切下一刀，说此后才有科学的天文学。沿着现代天文学的发展历程往前追溯，我们可以发现各古代文明的天文学像汇成滔滔江河的涓涓细流一样，或多或少都作出了它们的贡献。了解这些，无疑有助于我们以更多元、更开阔的眼光来看待包括天文学在内的现代科学文明。

由于历史观的局限，已有的研究中对天文学发展历史的描述有时不可避免地带有较浓郁的西方中心主义色彩，往往还渗透着一种现代价值观。我们对此应该有清醒的认识，并尽量摆脱这两种倾向，以尽可能还原历史真实面貌为己任。天文学的发展，除了从希腊古典天文学到现代天文学这样一条主线索之外，还有古巴比伦、古希腊、古代中国、古印度、古阿拉伯等古代文明天文学的发展和相互之间的交流。一部完整的天文学史展示的应该是一幅前后有继承、横向有交流的动态图景。

近年来，科学史研究，包括天文学史研究，经历了一个从内史研究传统向外史研究传统——至少是内外史相结合的研究传统——转变，进而融合两种研究传统的过程。以往的研究几乎都专注于某一专业领域内部，旨在厘清天文学某一领域内部的历史发展脉络。采取外史研究的策略，不仅仅去认识天文学本身的发展历史，更要把天文学当作人类文化中的一种来认识。天文学的发展历史是人类自身进步的组成部分，是人类认识宇宙、认识自身的重要途径。本书的撰写注重内史、外史的结合，以使读者通过阅读本书不仅能对天文学的基本概念和基本理论的发展历史、对天文学研究面对的基本问题和所采用的基本方法的变迁等获得一个清晰的了解，同时对我们所处的宇宙与我们人类自身的关系，以及对天文学作为一门重要的自然科学如何推动整个自然科学乃至整个人类文明的进步等，有一个相对全面且正确的认识。

1.2 天文与人文

"人文"一词最早出现在《易经》贲卦的彖辞中,且与天文并列:"观乎天文,以察时变;观乎人文,以化成天下。"对此孔颖达给出这样的解释:"言圣人观察人文,则《诗》《书》《礼》《乐》之谓,当法此教而化成天下也。"宋代程颐在《伊川易传》中解释道:"天文,天之理也;人文,人之道也。天文,谓日月星辰之错列,寒暑阴阳之代变,观其运行,以察四时之速改也。人文,人理之伦序,观人文以教化天下,天下成其礼俗。"可见中文"人文"一词的最初含义是指一种礼乐教化。中国古代的天文与人文,对应着人类要面对和处理的两大基本关系,即人与自然的关系和人与社会的关系。

随着近代西学东渐,人文这个词被用来翻译 humanism,产生了"人文主义"一词。这个词源自欧洲文艺复兴时期。当时的一些知识分子,在超越和反对中世纪欧洲宗教传统的过程中,以复兴古希腊、罗马的古典文化为口号,追求古希腊、罗马古籍中所展示出来的自由探讨精神,强调个人的作用,以此来回归世俗的人文传统。这些人后来就被称为"人文学者",人文学者所做的学问就变成了"人文主义"。

在现代汉语中,"人文"一词获得了更为宽泛的含义,它被用来笼统地指称人类社会的各种文化现象。到19世纪的欧洲和20世纪的美洲大学里又出现所谓的人文学科。文学、历史、哲学、宗教、伦理等学科是人文学科的主要组成部分。

考察历史上的天文与人文,可以发现天文从来不是一门孤立的学问,它与人文学科的各方面有着深厚的交集。从古到今,天文与哲学、政治、宗教和人类知识的其他方面发生着生动而丰富的相互作用,共同推动着人类文明的进步。

在古希腊,关于天的学问是古希腊自然哲学的重要内容,爱奥尼亚学派的各种宇宙学说无不反映了各位宇宙学说提出者的哲学观念。柏拉图主义的哲学主张非常直接地为天文学家提出了一个拯救现象的天文课题,推动了此后数百年希腊数理天文学的发展,直到哥白尼实际上还在为更好地完成柏拉图的天文课题而努力。在中国古代的天人之际互动模式中,天人合一的思想为其提供了哲学基础。

在古希腊的哲学宇宙学中,天界拥有完美的属性,并由此推导出与天界有关的研究,研究者也能获得相同的完美属性。这一点在托勒密《至大论》的"导论"中有很好的表述,托勒密认为没有什么别的研究能够像天文学那样"通过考虑天体的同一性、规律性、恰当的比例和淳朴的直率,使有学识的人品格高尚、行为端方;使从事这项研究的人成为这些美德的爱好者;并且通过耳濡目染,使他们的心灵自然地达到相似的完美境界"。在这里,我们看到,通过天文学这门学问,真、美和善这三者达到了完美的统一。

《易经》贲卦的彖辞将天文与人文并列,充分反映了中国古代儒家哲学所追求的天人合一的和谐境界。这里有两个层面上的和谐,首先是通过观天文、察时变,来实现人与自然的和谐;其次是通过观人文、化天下,实现人与社会的和谐。这种思想被中国历代为政者采用,成为一种治理天下的为政理念,所以中国古代天文学从一开始就带有强烈的政治色彩。在中国最早的一部政治文献《尚书》的《尧典》一篇中,帝尧的第一件丰功伟绩就是他任命天官员"钦若昊天,历象日月星辰,敬授人时"。此后的华夏历史长河中,天文事务始终是王朝政治事务中的重要组成部分,它或成为王权确立的证明,或成为打击政敌的借口,或成为犯颜直谏的理由。天文作为一种重要的政治力量在历朝历代发挥着不可替代的作用。

天文学对整个宇宙进行了研究并做出了某些论断,某些宗教经典对这同一个宇宙也有所论断,所以,在宇宙学层面上,天文和宗教不可避免地形成了一个交集。又由于天文学的宇宙学论断往往与时俱进,而宗教经典中的宇宙学论断则倾向于固定不变,这又不可避免地会产生冲突。托勒密地心说中的球形大地形状与《圣经·旧约》中的平面大地说不合,这一冲突长期得不到调和,直到托马斯·阿奎那把基督教的神学核心柏拉图主义替换成亚里士多德主义之时,才顺便把托勒密体系纳入其中,成为经院哲学的组成部分。后来哥白尼日静地动说的提出和发展又对当时的经院哲学形成冲击,直至促使了宗教法庭对伽利略的审判。

诚然,天文与宗教在历史上的冲突更多地引起了人们的关注。事实上,宗教对天文也存在一定的促进作用。譬如,基督教的上帝经过柏拉图主义的改造之后,形成了一个几何学家设计师的造物主形象。这一形象深深激励开普勒去追求天体运行和宇宙构造背后的几何学规律,因为他深信作为几何学家的上帝在创造万物之前肯定有一张几何学宇宙蓝图。开普勒之所以能取得如此天文学成就,与他深受此宗教信念的激励有很大关系。

在伊斯兰教的情形下,天文与宗教可以说实现了完美的和谐相处。正是穆斯林宗教实践的需要,大大刺激了伊斯兰天文学的发展。为了在正确的日子开始他们的斋月,穆斯林天文学家需要确定新月初现的日子。为了在幅员辽阔的穆斯林地区正确地朝着麦加的方向祷告,穆斯林天文学家需要解决球面三角学问题。为了在一天里五个准确的时刻进行礼拜,穆斯林天文学家需要解决利用日影来预报时辰的问题。穆斯林天文学家解决的这些问题,为近代方位天文学的建立奠定了基础。

天文还与人类知识的整体进步密切相关。天文学的发展不是孤立的,它所能提出的问题、它解决问题的方法和手段,无不得益于其他相关学科的进步。同时它本身的进步,也推动着整个自然科学的进步。天文学史上的诸多案例使我们深刻地认识到这一点,并将帮助我们对科学本身有一个更好的了解。

更为重要的是,天文学的进步与人类的自我认识过程紧密相关。人类的自我觉醒,主要体现在人类清楚地认识到自己在宇宙中的位置和地位。我们人类在宇宙中是不是独一无二的智慧物种,这个问题还有待未来的探索,但天文学的进步已经把人类从早期的自以为是的宇宙中心的位置上自我驱赶下来。人类宇宙位置的下降标志着人类理性的上升。也许只有当人类摆脱了自恋、自大的情结之后,才有资格成为宇宙大家庭的一员。

1.3 天文学史的通识教育功能

在现代科学体系中,天文学处于一个非常重要和特殊的位置,它以宇宙为研究对象,且无法进行受控的实验,使得天文学研究成为一种真正意义上的对未知领域的探索。同时,浩瀚的星空、神秘的宇宙总是激发人们无穷的兴趣,天文学知识的普及一直是科学普及的热门领域,并越来越成为大学课堂中通识教育的重要内容。然而,无论是在包含天文学的科学通识教育中还是在天文科普中,经常会面临的一个难题是:如何把高深晦涩的天文学理论传授给受教育者、对公众进行普及。不得已而为之的常见办法是忽略理论背景,只强调事实和结论。

新闻媒体在传播重大科学进展时更因为受限于报道篇幅和追求轰动效应,都忽略掉相关的理论背景,只突出强调孤立的科学事实和成果。这样一种支离破碎的教育和普及模式,带给人们的只是一些无根的"知识碎片"[①],其效果是让科学教育只能停留在表面,无法从整体上深入地把握科学知识。有时这种科学教育和普及模式甚至走向反面,给科学知识蒙上一层神秘面纱,把科学家塑造成魔术师。

目前的现状是,无论是在初等和高等学校的科学通识教育中,还是在向公众传播科学的过程中,这种剥离知识背景的"破碎模式"普遍存在着。事实上,如果把科学通识教育的目标设定为告诉受众这些科学知识是什么,那么就很难摆脱以上这种教育模式。毕竟在普及现代宇宙学知识时,要公众先掌握量子引力理论是不现实的。实际上,科学通识教育的真正目标应该是让受众去体会科学发现的过程,从中领会科学探索的方法,进而培养出一种独立的理性思索能力和不迷信、不盲从的科学精神。为了达到这个目的,恰当的办法是告诉受众这些知识是怎么来的,即引入历史的视角。

在科学通识教育和普及当中引入历史视角,可为学生和公众理解科学提供一个必要的知识背景,通过还原出科学史上一些关键问题的提出和解决的历史现场,使得现代教科书中的科学知识成为"有根"的知识而不是"空降"的知识,从而让学生和公众更好地理解现代理论。通过对历史上一些引发关键进步的案例的学习和分析,还可培养学生发现问题、提出问题和解决问题的科研创新素质。这样一种强调历史视角的普及教育,能够让受教育者深刻领会一种真正的科学探索方法,培养一种真正的科学精神。

1.3.1 援引著名案例,感受理性探索精神

理性探索的精神作为一种基本素质,是一个受过合格的高等教育的人应该具备的。但理性探索精神的培养,不能靠空洞的灌输,而是要在具体的案例教学中耳濡目染。现以地动观念的确立为例,说明理性探索精神的重要性。

地球在运动,它在自转的同时也绕日公转。虽然与我们的感觉经验完全相背,但这已经成为一个常识。然而,教育者要向受众给出一个地球在运动的证明,却是不容易的。对大多数人而言,地动的观念只是一种被灌输的、背得出的正确知识。如何让它成为一种真正被理解的知识呢?这就需要回溯历史上地动观念的确立过程。

早在古希腊时期,毕达哥拉斯学派的哲学家菲洛劳斯就提出过一个地动学说,他认为地球和日、月、行星都绕着一团中央火运行。在雅典柏拉图学园学习过的赫拉克雷迪斯则提出天体东升西落的周日运动是地球自转造成的视运动。毕达哥拉斯学派和柏拉图主义都有一种重视数学、强调理性探讨的思维习惯,他们不重视经验,大地不动这一经验感觉不能成为束缚他们思维的障碍。所以早期的地动思想出自这两个学派不是偶然的。

希腊化时期萨摩斯岛的阿里斯塔克在一篇题为《论日月的大小和距离》的论文中向我们展示了希腊几何演绎推理的威力。文章开篇首先给出了6条假设,然后运用平面几何的基

---

① 美国俄亥俄州立大学历史学教授约翰·C.伯纳姆(John C. Burnham,1929—2017)在其著作《科学是怎样败给迷信的:美国的科学与卫生普及》中对此有深入论述。

本原理,证明了18个命题,其中包含的一个命题提出:"太阳与地球的直径之比大于19∶3,但小于43∶6。"

虽然阿里斯塔克给出的基本假设中有几条资料的误差很大,导致结论与事实也相去甚远,但所获得的结论——如太阳是一个比地球在直径上大六七倍,体积上大近300倍的球体——对人们日常的感觉经验已经形成了一个强烈的冲击。鉴于太阳比地球大得多,而大的东西围绕小的东西转动不合常理。所以阿里斯塔克认为太阳应该位于中心,地球是绕着太阳转动的。

以上三位希腊哲学家、天文学家基于从哲学观念和数学演绎出发所得出的结论,提出了一种初步的地动思想。但这种地动思想没有产生什么实质性的影响,它被笼罩在以亚里士多德、欧多克斯、喜帕恰斯和托勒密为代表的豪华学术团队所提出的地静观念的阴影之下。从学理上来说,当时的地动观念面临着两点关键的疑问:① 如果地球在自转,那么垂直上抛的物体如何能掉落回原地? ② 如果地球在绕日公转,那么为什么观测不到恒星的周年视差? 实际上,到哥白尼出版《天体运行论》之时,这两条疑问仍是无法回答的。

哥白尼提出地动学说的思想资源来自古希腊哲学,是柏拉图提出了一个成为此后几个世纪中天文学家之首要任务的特殊问题,即行星运动问题。哥白尼作为一名新柏拉图主义者,他认为天体应该有简单完美的运动,也应该有简单完美的数学描述。在他看来,托勒密体系在这一点上是"不合格"的。尤其是托勒密引入的对点,使得天体不再做匀速圆周运动。哥白尼在1530年左右完成的名为《关于天体运动假说的要释》的手稿中提出了7条公理(详见第6章中的论述),把地球的绕日运动、上抛物体落回原地和恒星周年视差难以观测等疑难问题都用公理的形式解决了。公理是讨论问题的公认前提条件,是不容置疑的。

综上可知,到哥白尼为止,地动的观念基本上是理性探索的一个结果,并无直接的证据辅以证明。然而学术界对哥白尼学说的接受不必等到证明地球是在绕日运动的直接证据的发现。伽利略如此,开普勒如此,后来的笛卡儿和牛顿也是如此。事实上,1822年教廷正式裁定太阳是行星系的中心的时候,直接证明地球在绕太阳运动的证据并没有被发现。直到1838年,白塞尔用精密的仪器发现了恒星周年视差之后,才直接证明了地球确实是在绕太阳运动。1851年,法国物理学家傅科在巴黎用一个摆长为67米的单摆演示了地球自转的可观测效应。

1.3.2 还原历史"现场",培育学术创新素质

在科学教育中需特别重视对学生的学术创新能力的培养,这点越来越获得大家的共识。然而,在现有的课堂教育中,科学知识的传授大多遵循这样的模式:先灌输正确的知识,然后辅之以演绎、推导和进行必要的习题练习。经过如此这般训练过的学生,大多能背出很多科学定律,也能解算不少习题,从而通过考试顺利毕业。然而,真正的科学研究和学术创新,不是按照这样的顺序展开的,这样的合格毕业生大多数难于做出真正创新性的工作。

天文学史的通识教育能够弥补现有课堂教育模式的缺陷。以开普勒行星运动三定律为例,它们即使对于只受过初等教育的人来说也是耳熟能详的。但是如果只是记住了这3条行星运动定律,那么我们的获益是非常有限的。从获得行星运动三大定律的真实过程所展示的科研现场中,我们能获得更多更深刻的启示。

首先,激励开普勒进行天文学研究的动力来自两个方面。其一是源自宗教上的一种使命感。开普勒的一个基本信念是:上帝按照某种现存的和谐创造世界,这种和谐的某些表现

可以在行星轨道的数目与大小,以及行星沿这些轨道的运动中追踪到。也就是说,相信现象背后存在着一致性或规则是进行探索的先决条件。1596 年开普勒出版《宇宙的奥秘》一书,书中遵循柏拉图主义的信条,认为宇宙是按照几何学原理来构造的。其二是一种时代的需要。第谷早在其青年时代看到当时大航海时代的迫切需求之一,是用一种简便的数值方法编算一份行星历表。所以第谷在收到开普勒寄去的《宇宙的奥秘》之后,对开普勒在书中展示出来的数学才能大为赞赏,并写信热情邀请开普勒去汶岛与他一起工作。第谷离开汶岛到达布拉格之后又一次写信邀请开普勒去。开普勒接受了第二次邀请,并在第谷意外早逝之后接任了第谷原先担任的鲁道夫二世宫廷数学家的职位,同时也承担了第谷原先要完成的工作:用一种简便的数值方法编算一份行星历表——《鲁道夫星表》。

其次,开普勒拥有开展其工作的扎实基础。为了探索推算行星历表的简便数学方法,开普勒有三大遗产可资利用:① 哥白尼的日心体系;② 第谷的精确观测数据——尤其是火星的位置数据;③ 吉尔伯特在《论磁》中表达的地球是一个磁体的思想。

开普勒结合他高超的数学技巧、灵活解决问题的思路和耐心的推算,推导出了行星运动第一和第二定律(详见第 6 章中的论述)。在 1609 年出版的《新天文学》中,开普勒发表了这两条定律。在 1619 年出版的《宇宙和谐论》中,他进一步发表了行星运动的第三定律。在《宇宙和谐论》中,开普勒再次展示了典型的毕达哥拉斯派的柏拉图主义倾向,他寻求在几何学和天文学的各个方面可以发现的和谐比例;他研究了行星在轨道上的加速和减速等问题,他相信能够从中得出天体音乐的真正音符。这些哲学上的信条在现在看来很难成为科学研究的基础,但它们确实曾经成为开普勒前进的基石。

另外,还值得一提的是,开普勒行星运动三大定律发表之初,并没有引起多少好评。就是与开普勒惺惺相惜、同为哥白尼主义者的伽利略也不能接受抛弃圆这种完美形状的做法——在 1632 年出版的《关于托勒密和哥白尼两大世界体系之对话》中,伽利略对开普勒的行星定律未置一词。由此可见开普勒工作的真正创新性。开普勒获得行星运动定律的过程确实让很多人或多或少有些疑虑,直到牛顿从更基本的假设——平方反比的引力——出发,严格证明了开普勒三定律后,后者才被人们坦然接受。

综上,我们从开普勒推导出行星运动定律的过程中可领略到是一种完全原汁原味的原创性学术创新活动:基于已有的条件在黑暗中艰苦探索,无法预知真理的亮光出现在何处。科学探索就好比在夜晚的大街上丢了一枚硬币,我们只能在几盏昏暗的路灯所照亮的地方寻找这枚失落的硬币。第谷的实测数据、哥白尼的日心体系、吉尔伯特的《论磁》,甚至柏拉图的哲学和亚里士多德的物理学,都可成为这样的路灯。开普勒的可贵之处就是能在这样的工作条件下开展工作并取得成就。

1.3.3 展示探索历程,体会科学研究方法

真正的科学探索是一个攀爬高峰的过程,而不是从真理的高峰上俯冲下来——后者这种"走下坡路"式的科学研究模式只能在既有范式下做一些匠人式的重复工作,很少有创新性可言。科学探索的过程无疑是曲折的,要面临许多"山重水复疑无路"的困境,最后才得以达到"柳暗花明又一村"的境界。

在此,以人类对宇宙尺度的曲折认识过程为例,说明随时掌握最先进的科学研究方法的重要性。根据最新的观测结果推算,宇宙的半径有 137 亿光年。但知道这么一个真相,背出

这么一个数字,并没有多大意义。知道宇宙有多大其实不重要,重要的是知道人们如何知道宇宙有多大。

早在希腊化时期,托勒密就已经开始估算宇宙的大小。托勒密从他的地心模型出发,假定天空中布满同心的行星天层,这些天层相互之间既不重叠,也没有缝隙。托勒密算出整个宇宙的半径是地球半径的19865倍——用现在的地球半径千米数代入得到120700000千米,不到1天文单位。也许有人认为这一宇宙尺度错得很离谱,这个宇宙尺度甚至还小于地球到太阳的实际距离。但是我们应该这样来看,这是托勒密首次采用在当时来说最为可靠的方法,估算了宇宙的大小,并把宇宙尺度变得前所未有的巨大,以至于让人类心灵难以真正理解它了。

17世纪下半叶的惠更斯和牛顿等人通过比较天狼星和太阳的亮度,来估算恒星的距离,从而对宇宙的尺度做出一个初步的估计。当时的天文学水平已经认识到恒星都是遥远的太阳,并认为:① 恒星与太阳一样在真实亮度上没有差别;② 光线在空间没有衰减,光线只是按照距离的平方减弱。通过估算,惠更斯得出天狼星距离地球至少达27664天文单位。英国人格里高利利用行星反射的太阳光来估算天狼星与太阳的光度比,得到天狼星距离地球为83190天文单位。牛顿用同样的方法,采用修正后的太阳系尺度数值,得到天狼星在1000000天文单位之外。当然,现在我们知道不同恒星的亮度可能相差很大,宇宙空间也不是完全透明的,存在星际消光,所以这些估算结果并不精确。但在17世纪,没有别的办法能把人们思维的触角伸到如此遥远而有意义的距离上。

在人类对宇宙尺度的把握过程中,最为关键的一步是确定银河系的大小和确认是否存在河外星系(详见第10章中的论述)。为此,天文学家们想尽各种办法,对宇宙的尺度展开了艰苦卓绝的探索。越来越精密的三角法测得的恒星距离是最可靠的,但该方法只适用于非常近的恒星。一些天文学家提出对可见恒星逐个进行全面研究,以确定它们的空间分布。但是这些恒星的有关数据——坐标位置、视星等和自行等——积累得太慢了。

最后是一种特殊的变星带来了契机。早在1782年古德里克发现造父一(仙王座δ)亮度以5.37天的周期发生变化,后来人们相继发现另一些恒星也以与造父一相似的方式发生变化,有特别规则的光变曲线和固定的光变周期,这类变星后来被称为"造父变星"。

20世纪初,在秘鲁阿雷基帕一座天文台工作的美国女天文学家勒维特确认了小麦哲伦云的许多变星的视星等与光变周期之间存在某种确定的关系,即周光关系。然后赫茨普隆指出小麦哲伦云中的这些变星都是造父变星,于是就只需要测出银河系内一颗造父变星的距离并测定它的视星等和光变周期,就能确定周光关系的零点。

1915年,沙普利利用11个造父变星的自行和视向速度数据求出了它们的距离,并用统计方法定出了周光关系的零点。得到了造父变星的周期与绝对星等之间的对应关系,确立了利用造父视差法求得天体距离的方法。最后沙普利在一系列假定的基础上,通过大量的观测,得出第一个接近正确的银河系图景:银河系中心在人马座方向,太阳离它约5万光年,银河直径为30万光年。自威廉·赫歇尔以来,人们一直认为太阳在银河系的中心,沙普利为建立正确的银河系图像跨出了重要的一步。同样利用造父变星,哈勃进一步测定了仙女座大星云的距离足有100万光年之远。至此,人类认识到了宇宙的基本构成单元是星系,人类所在的银河系只是其中的普通一员。

也正是对河外星云的观测,最终塑造了我们如今所知的宇宙尺度和宇宙图景。20世纪的最初10年,就发现了旋涡星云有巨大的视向速度;从1925年起,哈勃致力于"旋涡星云的退行速度和它们的距离的关系"课题研究;到1929年,哈勃在已获得的24个星系视向速度和独立的距离测定的基础上,发表了"星系退行速度(v)正比于它的距离(d)"的哈勃定律,也叫红移定律。用公式表示为:$v = H \cdot d$,H为哈勃常数,哈勃1929年发表的此常数数值为500千米/(秒·百万秒差距)。

哈勃定律表明宇宙随着时间的推移在膨胀。那么当时间倒退,星系就相互靠近。可以推断,在早先某个时候宇宙必定曾经极度稠密。从那时到现在这段时间可以叫作"宇宙的年龄",宇宙年龄就是哈勃常数的倒数——哈勃常数越大,宇宙越年轻。从1929年的哈勃常数算出的宇宙年龄为18亿年,小于公认的地质学家所要求的地球年龄。巴德对造父变星定标的修正把哈勃常数缩小了约一半,变为260千米/(秒·百万秒差距)。1958年,哈勃的学生桑德奇把哈勃常数进一步向下修订到约为75千米/(秒·百万秒差距)。这两次哈勃常数的修正都减轻了宇宙年龄与地质年代尺度的冲突。2010年,NASA综合了最新的几种观测资料,给出哈勃常数推荐值为(70.8±1.6)千米/(秒·百万秒差距),对应的宇宙年龄约为137亿年,对应的可见宇宙半径为137亿光年。

从托勒密时代的不到1天文单位到如今的137亿光年,人类认识的宇宙尺度的前后差距已无法形容。但不管是1天文单位还是137亿光年,对人类的感官而言都没有多大差别。在人类对宇宙尺度的把握过程中,我们可以获得的真正启发是,没有什么永远不变的科学真理,永远不变的是不断地完善探求真理的科学探索方法。

上文以地动观念的确立、行星运动定律的提出和宇宙尺度的曲折认识过程等三个方面的具体探索活动为案例,论述了天文学史的通识教育功能,强调了在现代天文科学通识教育中坚持历史视角的重要性和必要性。除了在理性精神、探索方法和创新素质等通识教育基本要点的培养和训练之外,天文学史所展示的天文与其他人文学科在历史上的密切关联和互动的图景,也有助于培养学生多元、宽容地对待事物的态度,从而养成更为健全的人格。

课外思考与练习

1. 理解中国古代的"天文"与作为现代学科之一的"天文学"之间的区别。
2. 理解"人文"一词在不同时代背景下的不同含义。
3. 历史上的天文与人文在哪些方面有着密切的关系?
4. 从理性精神、探索方法和创新素质等方面体会天文学史的通识教育功能。
5. 回忆你在以往的某一堂自然科学课程的课堂教学中学习一条定律、定理或一个知识点的过程,其中有无强调历史背景?

延伸阅读

1. 约翰·C.伯纳姆:《科学是怎样败给迷信的:美国的科学与卫生普及》,钮卫星译,上海科技教育出版社,2006。
2. 乔治·萨顿:《科学史与新人文主义》,陈恒六、刘兵、仲维光译,上海交通大学出版社,2007。
3. G.E.R.劳埃德:《古代世界的现代思考:透视希腊、中国的科学与文化》,钮卫星译,上海科技教育出版社,2008。

第 2 章 萌芽时期的天文学与人类的生产和生活

天文离我们现代的日常生活似乎越来越远,然而在古代,天文与人们的生产实践和日常生活息息相关。生活在地球上的先民,很早就对一些基本的天文现象有了一定的认识。譬如认识到天似穹庐,像盖子一样笼罩在上方——这一基本认识将会在后来发展起来的天地结构模型中反映出来;认识到昼夜交替,白天的太阳、晚上的星星都东升西落;认识到气候有寒来暑往、冷暖交替。还观察到天空中的一些特殊现象,如月相变化、日月交蚀、彗孛流陨等。古人对这些基本天文现象的记录、描述和尝试性做出的解释构成了上古时期天文学的主要内容。

天文学在文明早期的人类知识体系中,一方面体现为一种实用的生存手段,游牧部落和定居的农耕民族都需要一定的天文知识以适应自然的节奏;另一方面,因为自然和天空呈现出的各种现象给人带来的惊异、神秘和敬畏等感性上的冲击,由此发展起来一套天人之际的互动模式,这反过来也在无意中催生了对天体运动规律的把握和追求,某种现代形态的天文学因此得以萌芽。

2.1 作为一种生存技能的天文学

追求隐藏在天文现象背后的抽象规律,还不是上古时期天文学的主要目的。古人通过对一些基本天文现象的认识和规律性的把握,掌握了一些基本的天文技能,来帮助他们创造更好的生存环境。因此,上古时期天文学在一定程度上是作为一种生存方式而存在的。

2.1.1 周日天象与方向的辨别

太阳对人类生存的影响无疑是最为明显和直接的。在郑州大河村仰韶文化的新石器时代遗址出土的彩陶上就有描绘太阳及其光芒的图案(图 2.1)。山东大汶口文化遗址出土的距今约 4500 年的陶尊上也有反映日出的字符(图 2.2)。[①]

[①] 专家把图案中的圆圈和云状符号合在一起释为"旦"字,与象山之形的符号合在一起为从"旦"的另一个字。参见《文物》1978 年第 9 期。

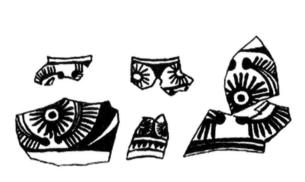 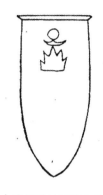

图2.1 大河村遗址彩陶上的太阳图案　　　　图2.2 大汶口遗址陶尊上的日出字符

古人通过"白天望日、夜晚观星"的方法来辨别方向。《周礼·考工记》中有一段记载很清晰地说明了古人是如何运用这种天文方法确定方向的:"匠人建国,水地以县,置槷以县,视以景,为规,识日出之景与日入之景,昼参诸日中之景,夜考之极星,以正朝夕。"(图2.3)

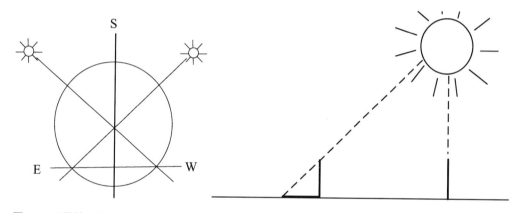

图2.3 《周礼·考工记》"识日出之景与日入之景"(左)与"参诸日中之景"(右)以确定方向的示意图

能准确地确定方向,显然是一种很重要的生存手段。在建造房屋的时候可以朝向正确的方向获得最好的采光。在迷路的时候可以找到正确的前进方向。《周礼·考工记》的成书一般认为在春秋末、战国初,但书中描述的这种天文技能应该在更早的时候就为古人所掌握。从凌家滩遗址墓穴的朝向(图2.4)、良渚瑶山遗址祭台的朝向和殷墟发掘出来的房屋基址的朝向来看,大多朝向正确的南方或东方,说明当时应该已经掌握了确定方向的手段。古埃及人在建造神庙时,也能精确地处理好神庙的朝向,使得一年里某几天的阳光能照射到神殿深处的神龛上。古埃及金字塔的四条基线也都能指向东、南、西、北四个正确的方向。

2.1.2 周年天象与季节的确定

"万物生长靠太阳",地球上动植物的生长与因太阳周年运动而带来的气候变化密切相关。先民们通过长期的观察,总结出来了一些动植物生长与天象、气候变化之间的对应关系。这对先民们的生存而言具有至关重要的意义。在《鹖冠子》中,记载了古人总结的斗柄指向与季节变化的关系:"斗柄东指,天下皆春;斗柄南指,天下皆夏;斗柄西指,天下皆秋;斗柄北指,天下皆冬。"(图2.5)

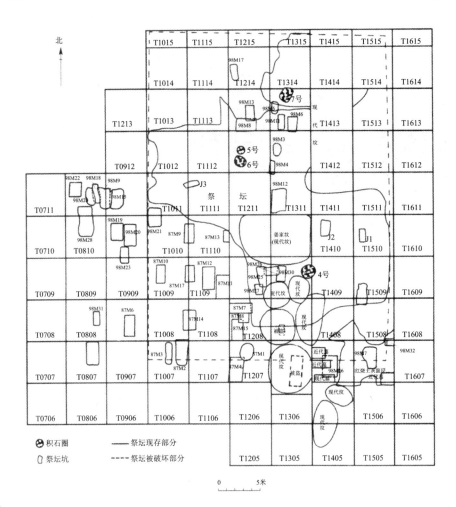

图 2.4　从凌家滩遗址布方图中可以看出墓穴整齐地朝向南北方向

在流传下来的一部古老的中国上古政治文献《尚书·尧典》中，记载了帝尧即位之初作出的一项重要任命是：

乃命羲和，钦若昊天，历象日月星辰，敬授民时。分命羲仲，宅嵎夷，曰旸谷。寅宾出日，平秩东作。日中，星鸟，以殷仲春。厥民析，鸟兽孳尾。申命羲叔，宅南交，曰明都。平秩南讹，敬致。日永，星火，以正仲夏。厥民因，鸟兽希革。分命和仲，宅西，曰昧谷。寅饯纳日，平秩西成。宵中，星虚，以殷仲秋。厥民夷，鸟兽毛毨。申命和叔，宅朔方，曰幽都。平在朔易。日短，星昴，以正仲冬。厥民隩，鸟兽氄毛。帝曰："咨！汝羲暨和。期三百有六旬有六日，以闰月定四时，成岁。允厘百工，庶绩咸熙。"

这里描述的是中国古代很典型的观察昏中星确定季节的方法。黄昏时分，观察正南方（严格地说是子午线上）的恒星，出现的如果是"鸟"星，那就是春分了。如果分别是大"火"星、"虚"星和"昴"星，那就分别是夏至、秋分和冬至了。然而涉及文献本身的可靠性，这些观察是否真正在尧帝时期进行过还不能断定。《诗经·豳风》中所描写的"七月流火，九月授衣",正是用大火星西"流"①这一天象来表示天气逐渐转凉的。

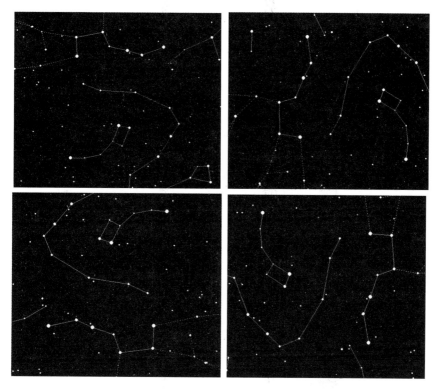

图 2.5　春(上左)、夏(上右)、秋(下左)、冬(下右)四季北斗斗柄指向示意图
观测时间均为黄昏时刻。

在被认为是中国现存的最早一部描述天象与物候对应关系的古籍《夏小正》中,有关的记述更为详细也显得更为可靠了。《夏小正》相传是夏代的历法,但有学者认为它成书于战国时代。这里以《夏小正》中的正月物候为例引述如下:

启蛰,雁北乡,雉震呴,鱼陟负冰,农纬厥耒。初岁祭,耒始用𦎧。囿有韭,时有俊风,寒日涤冻,涂田鼠出,农率均田。獭献鱼,鹰则为鸠,农及雪泽,初服于公田,采芸。鞠则见,初昏参中,斗柄悬在下,柳稊、梅杏、杝桃则华。缇缟,鸡桴粥。

《夏小正》正月出现的天象是"初昏参中""斗柄县在下"。其他月份的天象分别有三月"参则伏";四月"昴则见""初昏南门正";五月"参则见""初昏大火中";六月"初昏斗柄正在上";七月"初昏织女正东向""斗柄悬在下则旦";八月"辰则伏""参中则旦";九月"内火";十月"初昏南门见""织女在正北向则旦"。关于这些天象适用的年代,在学者之间还没有形成统一的意见,大致认为适用于公元前800年左右。但考虑到观测的日期可能在月初或月中,因此这些天象从夏代到西周都有可能成立。《夏小正》中所反映的物候历发展到秦汉之际,在《吕氏春秋·十二纪》《礼记·月令》和《淮南子·时则训》中,月份、天象与物候的对应关系形成了一种标准模式,并成为以后历代大多数历法中的一个专门推算项目。

---

① "火"是中国上古时代对天蝎座 α 星的命名,也称"大火"。在中国古代的春秋时期前后,大火在夏至日黄昏时分处于正南方天空,这个天象称为"大火昏中",大约两个月后的黄昏时分,大火星出现在了西南地平线上方低空,这个现象叫作"大火西流",这个时候天气也转凉了。

除了昏、旦中星法确定季节外，还有一种非常简便有效的方法也是古人常用的，那就是立表测影法。具体做法跟上文所引《周记·考工记》"匠人建国"一段中所用的方法类似，只要在平地上竖立一根竿子，在正午时分测量竿子投射的影子长度。一年当中，竿影长度最短的时候就是夏至，最长的时候就是冬至。确定了冬夏至，春秋分也就不难确定了。用这种方法同时也可以相当精确地测定1个回归年的长度。

还有一种利用一年中日出、日落方位的不同，来确定季节的方法。对于北半球的居民而言，夏至太阳在东北方向升起，西北方向落下，冬至太阳在东南方向升起，西南方向落下。利用天然的或人工建造的标志，来确认太阳在两个至日以及其他月份的出没方位，有助于人们确定季节。英国南部的威尔特郡（Wiltshire）有一组巨石阵（stonehenge，图2.6），据学者的研究，就具有这样的功能。观测太阳从哪两块巨石之间升起，就可以判断到了什么季节。

图2.6　英国巨石阵

类似的遗迹在中国也有发现。位于山西省襄汾县距今约4700年的陶寺观象台，被学者认定具有通过观测日出位置来确定节气日期的功能。学者推测当时观象台有一列排成弧形的柱子，柱子之间有窄小的缝隙。站在观测点上，可以看到在特定的节气日太阳从特定的缝隙中升起。当然这种观点在学术上也不是没有争议，但至少为如何解读史前天文实践的遗迹提供了一种思路。

在古埃及，季节——特别是岁首——的确定带有他们鲜明的地方特色。在这件事情上尼罗河扮演了重要角色。尼罗河每年定期泛滥，淹没两岸的农田，但也带来肥沃的淤泥。每当尼罗河开始泛滥时，天狼星会在清晨东方的晨曦中熠熠闪光，这个天象被叫作天狼星的偕日升。古埃及人便把天狼星的偕日升作为一年的开始。经过长期的观测，埃及人确定两次天狼星偕日升的时间间隔大约为365.25天。埃及人以此为基础，建立了他们的历法。以365天为1年，1年分12个月，每月有30天，年末外加5天假期。这种只以太阳周年视运动周期即回归年为基础而制定的历法是一种纯阳历，也是现在全世界通行的公历的前身。

古埃及历法的年长比实际的回归年长度要小0.25天，而埃及人没每隔4年闰1天，因此历法的岁首慢慢落后于季节,经过 1460 年后,岁首和季节的对应关系又恢复如初。这个周期叫作索特周期(Sothic cycle),它与天狼星有关,而埃及人称天狼星为索特。

天空中除了太阳之外,另一个非常引人注目的天体就是月亮。在各种古代文明中,大多是日月并举。但与太阳的刚烈、张扬不同,月亮对人类生存环境的影响显得阴柔、隐蔽。① 月亮在夜空中是最明亮的天体,更为特殊的是月亮表面被太阳照亮的部分在地球上看起来呈现出一种周期性的变化,即月相变化。先民们很早就利用月相变化的周期来对日子进行计量。中国古代大约在西周早期以前,以新月初现在西方天空作为一个月的开始,当时把这个月相命名为"朏"。大约在春秋以后,一个月的第一天改从朔开始。两河流域地区的古巴比伦文明则一直以新月初现作为月的开始,这一点被后来的伊斯兰历法继承。

2.1.3 时辰的确定

确定一天中的时辰也是日常生活中很要紧的一项事务。古人往往通过天文方法来确定时辰,其中一个常用的办法就是通过观测日影来确定时辰。东汉张衡在《西京赋》中写道:"白日未及移其晷,已弥其什七八。"这里的"晷"就是太阳照到物体上投射出来的影子。明马中锡的《中山狼传》中有一句:"相持既久,日晷渐移。"这里的"日晷"就是指日影。在这两个例子中都是利用日影的移动来表示时间的流逝。但这只是粗略的估测,还没有达到对时间进行精确计量的程度。后来发展出专门利用日影的移动来计时的仪器,就叫作"日晷"。由于日晷的制作涉及专门的几何学知识,所以在中国古代比较精确的日晷出现得比较晚。

现存最早的中国早期日晷是一具于 1897 年出土于内蒙古托克托县的汉代日晷(图 2.7)。此晷以方形致密泥质大理石制成,边长 27.4 厘米,厚 3.5 厘米。晷面中央为直径 1 厘米的圆孔,但并不穿透。以中央孔为圆心刻出两个同心圆,内圆与外圆之间刻有 69 条辐射线。辐射线与外圆的交点上钻有小孔,孔外刻有 1~69 的数字。各辐射线间的夹角相等,如果把未刻线的剩余晷面补足,将把圆周均分为 100 份。

对于该日晷的用法,学者曾有三种观点。第一种观点认为此汉代日晷是观测太阳方位角的仪器,是漏壶的校准器,二者配合,可以测时。使用时将日晷水平放置,然后在晷心大孔中立正表,在外圆的小孔中立游仪。将正表与游仪照准日出、日入时的太阳位置,就可以计算出当日的白昼长度,使掌漏者据以调整昼夜漏刻,确定换箭日期。第二种观点认为该日晷是一种赤道式日晷,使用时沿赤道面放置,不仅能直接测出时刻,还能测定节气。第三种观点认为这不是一种传统意义上的日晷,没有计时的功能,仅用于测定方向。近年来,随着西汉汝阴侯夏侯灶墓出土的二十八宿圆盘与圭表成功获得解读和复原②,基本可以确认汉代是存在赤道式装置的,所以上述第二种观点成立的可能性得到大幅度提升。

实际上,在精心制作的日晷出现之前,或者在不需要进行精确计时的日常生活中,人们利用日影对时辰进行大致的估测,这在古代甚至现代的农村地区也是很普遍的。

---

① 地球拥有一颗质量很大的月亮作为卫星,这在太阳系诸行星中是很特殊的,很可能对地球上的生命起源与演化有深刻的影响。
② 石云里等:《西汉夏侯灶墓出土天文仪器新探》,《自然科学史研究》2012 年第 1 期。

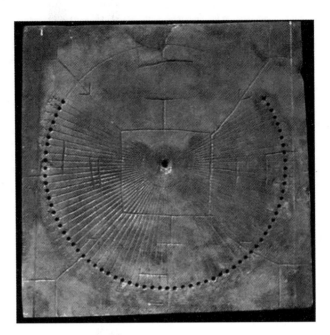

图 2.7　托克托日晷(现藏于中国国家博物馆)

2.2　恒星命名和星座划分

2.2.1　中国古代的星空

在天上裸眼可见的 6000 多颗恒星当中,从日落后到日出前可以看到其中的大部分。由于天上恒星的相对位置和亮度看起来经久不变,人们容易对它们进行辨认,为了便于描述和指称,对恒星进行命名是必要的。明代顾炎武在《日知录》中说:"三代以上,人人皆知天文。'七月流火',农夫之辞也;'三星在户',妇人之语也;'月离于毕',戍卒之作也;'龙尾伏辰',儿童之谣也。""七月流火"(《诗·豳风·七月》),"龙尾伏辰"(《国语·晋语》)之类的歌谣能出自农夫、儿童之口,说明当时的天文知识还不是很复杂,相当贴近人们的生活。

事实上夏商周三代正处在中国古代天文学发展的早期阶段,人们对恒星命名时借用身边熟悉的事物名称是可以理解的。在中国古代较早获得命名的恒星名称中,有斛、臼、定、车、船、箕、斗之类的生活用具;弧矢、毕之类的猎具;鸡、狗、牛、狼等动物;织女、老人等人物。后来帝座、太子、诸侯等帝王贵族;尚书、三公、将军等文武官职;周、晋、秦、楚等列国名称;羽林、华盖等帝王侍卫和日用器物都被搬上了星空。详细考察中国古代恒星的命名,可以发现人间的万物和社会组织甚至厕、屎等不雅之物几乎全都照搬到了天上。张衡在《灵宪》中写道:"苍龙连蜷于左,白虎猛据于右,朱雀奋翼于前,灵龟圈首于后,黄神轩辕于中。六扰既畜,而狼蚖鱼鳖囿有不具。在野象物,在朝象官,在人象事,于是备矣。……庶物蠢蠢,咸得

系命。"可见,中国古人命名星空的原则就是把人间万物投影到天上。这个道理,古人也是明白的,譬如苏东坡《夜行观星》写道:

天高夜气严,列宿森就位。大星光相射,小星闹若沸。
天人不相干,嗟彼本何事。世俗强指摘,一一立名字。
南箕与北斗,乃是家人器。天亦岂有之,无乃遂自谓。
迫观知何如,远想偶有以。茫茫不可晓,使我长叹喟。

在给恒星命名的同时,人们为了观测和记忆方便,把恒星划分成不同的星群,各星群星数多寡不等,多到几十颗,少到一颗,这样的星群,在中国古代被叫作星官。关于星官和恒星的数目,在保存下来的先秦文献中载有星官数 38 个,包括恒星 200 余颗。

司马迁著的《史记·天官书》是最早系统地描述了全天星官的天文著作。《史记·天官书》共载有 92 个星官,约 500 颗恒星,这些星官名称在以后的天文著作中大部分被沿用下来。《汉书·天文志》称:"凡天文在图籍昭昭可知者,经星常宿中外官凡一百一十八名,积数七百八十三星。"这个星数比《史记·天官书》中所载多了不少。张衡在《灵宪》中说:"中外之官常明者百有二十四,可名者三百二十,为星两千五百,而海人之占未存焉。微星之数盖万一千五百二十。"这里的星官数和恒星数又比《汉书·天文志》增加很多。张衡精通天文,所阅古代天文书籍也必定甚广,其所述当有所本,然而现代裸眼可见的全天恒星为 6000 多颗,比张衡所载的"微星之数"10000 多颗少了近一半。或许张衡计数时有重复之处,也有可能在古代大气透明度好,古人目力又比现代人强,所见恒星比现代人较多。也有学者不把这个数目看作是实际可见的星数,对此给出了数术意义和哲学意义上的解释。例如,潘鼐先生在《恒星观测史》中引述岑仲勉先生的观点,认为《易系辞传》中假定每卦的基数是 180,64 卦的总数就是 11520。①

自战国秦汉以后,天文星占之术大为流行,形成了许多流派,其中著名的有石氏、甘氏、巫咸等,它们各自都留下了记载恒星位置和名称的星经。由于流派不同,它们所重视的星官也有所不同,对全天星官的认识并不完整。后来在三国时代,吴国太史令陈卓把当时最重要的石氏、甘氏、巫咸三家星官,并同存异,综合编成了一份具有 283 官,1464 星的星表,并为之绘制了星图。可惜的是,陈卓的星表和星图都已散佚,只能从《开元占经》等后世天文书籍中找到一些它们的零星材料。尽管如此,陈卓所综合的星官经过《晋书·天文志》和《步天歌》的采用,成为我国古代观测星象的基础,一直沿用了一千多年。

人们已经认识到了数以百计的星官和数以千计的恒星,但要记住这许多星官和恒星的名称和方位殊为不易。为了方便记忆,人们把星官和恒星名称编写成韵文、诗歌的形式。早期的作品有北魏张渊的《观象赋》、隋李播的《天文大象赋》等,到《步天歌》的出现,可谓一集此类作品之大成。《步天歌》成书的确切年代和它的作者还未能确定,一般认为是唐代王希明所作。《步天歌》用七言韵文介绍陈卓所总结的 283 官 1464 星,并配有星图,如"(箕宿)四星其形似簸箕,箕下三星名木杵,箕前一黑是糠皮","(参宿)总有七星觜相侵,两肩双足三为心,伐有三星足黑深,玉井四星右足阴。屏星两扇井南襟,军井四星屏上吟,左足下四天厕临,厕下一物天屎沉"(图 2.8)等等,可谓直观生动。

---

① 潘鼐:《中国恒星观测史》,学林出版社,2009,第 110 页。

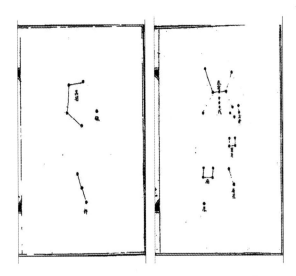

图 2.8 《步天歌》之箕宿图(左)和参宿图(右)

南宋郑樵得《步天歌》后,自称"长诵一句,凝目一星,不三数夜,一天星斗,尽在心中矣"(《通志·天文略》)。所以《步天歌》对于辨认和记忆全天星斗来说是一本很好的参考手册。然而《步天歌》在中国古代天文学史上能产生重要影响的原因更在于它首次明确地把可观测到的全部天空分作 31 个大区,即在后世一直流传的三垣二十八宿分区法。

所谓三垣是指紫微垣、天市垣和太微垣,又分别称紫微宫、天市宫和太微宫。我国黄河流域一带(北纬 36 度左右)全年常见不没的天区称为紫微垣,天市垣和太微垣分列在紫微垣两侧。三垣中的星官名称各有特点,紫微垣星官以帝、太子、后、少尉、少辅、内厨等与帝王、帝王眷属、皇宫内院的守卫、设施等有关的名称命名。太微垣星官多以三公、九卿、将、相等官属及灵台、明堂等建筑命名。天市垣星官主要以河中、河间、晋、郑、周、秦、蜀、巴、吴越、中山、东海、南海等国名、地名命名。三垣往外环列着二十八宿,绕天一周,为:

东方苍龙七宿:角、亢、氐、房、心、尾、箕;
北方玄武七宿:斗、牛、女、虚、危、室、壁;
西方白虎七宿:奎、娄、胃、昴、毕、觜、参;
南方朱雀七宿:井、鬼、柳、星、张、翼、轸。

苍龙、玄武、白虎、朱雀就是所谓的四象。上述二十八宿的部分宿名在《诗经》和《尔雅》中就已经出现了,《吕氏春秋》中记载了完整的二十八宿名称。同样,三垣中的星官名称也早在《步天歌》成书之前已经存在。但三垣二十八宿的划分法直到《步天歌》中才提出,此后便成为中国古代天文历法对天空的标准分区法。

二十八宿沿黄道带将周天分割成了二十八个宽窄不等的狭长天区,这样日月五星等天体的位置可以用"入某宿某度"表示出来,如"日有食之,在营室十五度"(《汉书·五行志》)。如果某天象发生的位置离黄道带较远,或不便用入宿度表示,就用说明该天象发生在某天区或离某星官多远的方法来表示,如"客星在紫宫中斗枢极间"(《汉书·天文志》),"客星出天关东南,可数寸"(《宋史·天文志》)。因此中国古代的三垣二十八宿体系实际上还起着标识天体和天象位置的坐标系的作用。

2.2.2 西方星座体系

不同的文明对星空的命名和划分,无疑都反映了各自的历史和文化。现在全世界通行的全天星座命名和划分体系始于几千年前的两河流域和埃及地区。约公元前 3000 年,古巴比伦人把较亮的恒星划分成若干星座,后来被希腊和罗马人进一步发展。希腊人主要以神话中的人物或动物为星座命名。到 2 世纪,北天星座名称已基本确定。公元 17 世纪,随着地理大发现的推进和环球航行的成功,海员们观测到了在北半球不能看到的南天恒星,南天共有 48 个星座获得命名并逐渐确定下来。1841 年,英国天文学家约翰·赫歇尔(John Herschel,1792—1871)提出星座界线,以赤经线和赤纬线划分。1928 年,国际天文学联合会(IAU)公布了 88 个星座方案,并规定以 1875 年的春分点和赤道为基准的赤经线和赤纬线,作为星座界线(图 2.9)。

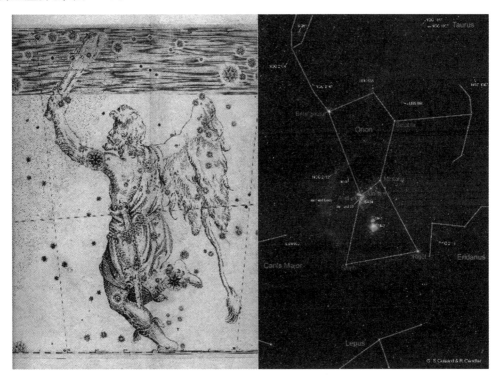

图 2.9　星座是这样"凑成"的:猎户座

全天 88 个星座中有 12 个星座是太阳、月亮和五大行星经常穿行其间的,这 12 个星座正好绕天一周,形成一个封闭的环带。它们依次是白羊座、金牛座、双子座、巨蟹座、狮子座、处女座、天秤座、天蝎座、人马座、摩羯座、宝瓶座和双鱼座。以地球为中心,太阳环绕地球一周所经过的视轨迹被称为"黄道"。黄道穿越上述 12 个星座,因此它们被称为黄道 12 星座(图 2.10,图 2.11)。

实际上古巴比伦人早就对这些黄道星座十分关注了,他们利用 12 星座作为参照来描述日、月、行星的运行,为了方便,又把黄道分成 12 等份,每等份 30 度,为 1 宫。这样太阳在 12 个月内绕黄道运行 1 周,每月行经 1 宫。黄道 12 宫的命名与黄道 12 星座相同。12 宫的名称大多与现实或神话中的动物有关。① 黄道12宫的全部名称则在公元前419年的一份用楔形文字写成的算命天宫图泥板文书中首次出现。

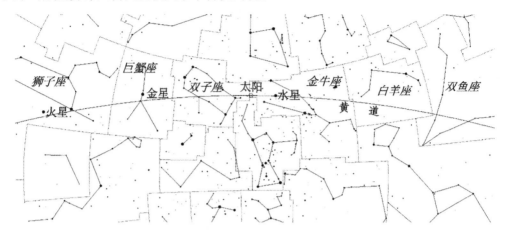

图 2.10　太阳、黄道和黄道星座示意图

图 2.11　公元前1100年左右美索不达米亚(Mesopotamia)一块界石上的黄道星座图形

---

① 黄道12宫在西文中被称为 signs of the zodiac。zodiac 一词来自希腊语 zodiakos,意思就是动物园。

2.3 从星占学到天文学的萌芽

2.3.1 基于偶然事件的占卜

生活在不同古代文明的人们,对于预知自己的命运都有一种天然的兴趣,为此而发展起来各种各样的命运占卜体系。譬如烧灼一片龟甲(图2.12)、撒一把竹签、扶箕、扔一把铜钱、察看掌纹、洗扑克牌、数流星等等,不一而足,总的来说就是把命运的预测诉诸偶然的现象。

有一种特别的占卜方式是利用天上出现的偶然现象来对人间的事务和个人的命运进行预测,这就是星占(图2.13)。为此,先民们需要密切关注天空中的一举一动。日食与月食是天空中发生的罕见和重大的天象,首先就引起了先民们的关注。在中国古代,出土的甲骨文和传世文献中都有关于日月食的记载。在《尚书·夏书》的《胤征》中有这样的记载:

惟时羲和颠覆厥德,沈乱于酒,畔官离次,俶扰天纪,遐弃厥司,乃季秋月朔,辰弗集于房,瞽奏鼓,啬夫驰,庶人走,羲和尸厥官罔闻知,昏迷于天象,以干先王之诛,《政典》曰:"先时者杀无赦,不及时者杀无赦。"今予以尔有众,奉将天罚。尔众士同力王室,尚弼予钦承天子威命。

图 2.12 用于占卜的被烧灼过的龟甲　　　　图 2.13 甲骨文中的超新星记录[①]

这段记载中的内容因为涉及《尚书》真伪问题,是否可靠,尚有争议。譬如对交食预报的

---

① 甲骨片上左起的两列文字释读为"七日己巳夕□,有新大星并火"(《甲骨文合集》11503 版)。

"先时"和"不及时",一般来说在夏代是无从谈起的。但是在《左传》中《昭公十七年》对一次日食记载的讨论中,提到"故《夏书》曰:'辰弗集于房,瞽奏鼓,啬夫驰,庶人走'",所以历代学者都把"辰弗集于房"释读为发生了一次日食,这一点大致还是能成立的。

月食较之日食,较为常见,古人对之的关注程度稍弱。《诗经·小雅》中的"十月之交"篇中同时记载了一次日食和一次月食:

十月之交,朔月辛卯。日有食之,亦孔之丑。彼月而微,此日而微;今此下民,亦孔之哀。日月告凶,不用其行。四国无政,不用其良。彼月而食,则维其常;此日而食,于何不臧。

这里月食被认为是"常",日食被认为是"不臧",反映了该诗作者对日食和月食的星占含义是差别对待的。①

天空中还有一些偶发的天象也引起了古人的关注,譬如彗星、流星等。在长沙马王堆汉墓出土的《彗星占》中就绘有形态十分丰富的彗星图(图 2.14)。这些形态各异的彗星各有专名以方便指称,这无疑是出于星占的需要,不同形态的彗星对应不同的星占含义。但其中有一些彗尾形态夸张的彗星不一定是实际存在的,有一根或两根尾巴的彗星是比较常见的。

图 2.14　长沙马王堆汉墓《彗星占》(公元前 168 年)中的彗星图局部

2.3.2　巴比伦星占学实践和周期性天象的发现

现在看来,最早从事这种星占活动的是古巴比伦人。古巴比伦人认为天体都是神,它们能够影响甚至主宰人间的事情。所以他们对天体的观测和对天象的预测,是出于对自己命

---

①　这里的"书经日食"和"诗经日食"还为历史年代学研究提供了线索。因为日食是能够比较精确地回推的天象,所以历代有不少学者试图利用这两次上古的日食记载来确定日食发生时对应的历史事件的年代。但是因为推算过程中还存在一些复杂的不确定性因素,所以这两次日食发生的确切年代还没有定论。

运进行预测的考虑。

在古巴比伦有一群专门从事观天的人员,他们可以被认为是星占学家。他们时刻关注着天上的一举一动,当他们发现不同寻常的天象时,他们认为这是上天发出的一个信号或者说征兆。值得注意的是,在他们的解释体系中,天上的征兆不是将要发生的灾祸的原因,而是上天对国王和民众的一个警告。征兆所预示的灾祸有可能通过举行适当的仪式而得到避免。

经过数十代专职观天者们的观察、记录和解释,积累起来了相当客观的天象记录(图 2.15)和对应解释。后来者把对征兆的解释编撰成册①,形成了一系列占辞表,这样的表共有 70 多个,包含了约 7000 个征兆,这些表都以 Enuma Anu Enlil 字样开头,因此这些占辞集合被叫作 Enuma 集合。

从公元前 900 年开始,这类星占征兆的集合就已经获得了权威地位,实际上它们被认为是诸神向国王传递的讯息,既有表示褒奖的,也有表示训斥的。技艺娴熟的古巴比伦星占学家能够根据 Enuma 集合中曾经出现过的相似征兆所传达的讯息,来解释新的征兆。人们希望星占学家提出的建议能够帮助国王采取必要的措施来避免灾祸。

Enuma 集合收集了长达七个世纪之久的各类征兆,细心的星占学家不难发现有些征兆会频繁地重复出现,以至于让他们在原本被认为是偶然的天文现象中认出了固定不变的规则,于是太阳、月亮和诸行星运行的周期——也就是规律——逐渐被识别出来并确定下来了。

通过所掌握的规律,星占学家有能力对太阳、月亮和行星未来某个时刻的位置进行预推——在他们看来这在某种程度也是对人间事务的预测,这种记载有未来某时某刻和对应时刻天体黄道位置的表叫作星历表。事实上,对星历表的精益求精的追求,直到 17 世纪,都一直是研究天体运动规律背后的驱动力。

图 2.15 公元前 17 世纪一块记录金星动态的古巴比伦泥板文书

公元前 700 年左右,两河流域和巴比伦的统治民族亚述人(Assyrians)留下了对天象的数学描述和系统的记录。到公元前的最后三个世纪里,即巴比伦的塞琉古时期(Seleucid Period)有更为丰富的天文泥板文书保存下来。这些泥板文书主要分为两类,一类是星历表文书,这类文书给出天体在不同时刻所在的位置;另一类是程式文书,这类文书说明如何计算星历表。假如抛开其星占目的不论,这些泥板文书中所反映的对天体运动规律的探索,已非常接近于现代天文学的类似探索了。就这样,一种颇具现代形态的天文学研究形式在古巴比伦星占学家们的星占实践活动中萌发出来。

---

① 实际上古巴比伦的书写介质是泥板。他们在潮湿的泥板上用带棱角的小木棍刻写上他们的文字,然后晒干保存。这种文字被叫作楔形文字。通过考古发掘获得了大量的古巴比伦泥板文书。

最后也许还是值得强调一下，古人试图利用星占学来获得对命运的所谓预测和把握，这种预测和把握实际上是虚假的。从现代科学的角度来看，天象与人事之间没有逻辑的、物理的联系，我们看不出行星在天空中的位置排列会对地球表面的人类活动产生什么样的影响。然而，从许多历史记载来看，很多星占预言似乎具有很强的实效性。这可从两个方面来解释。首先，很多星占学预言似乎成功，其实是一种社会和群体的心理学效应，也就是所谓的"信则灵"。古代有些将领在临战前开动员大会时会说"天象有利于我军"之类的话，将士们相信这样的星占学暗示，于是怀着必胜之心作战，果然就胜利了。其次，很多史书上记载的星占事验——即天上出现什么天象对应人间发生什么灾祸的案例集——是经过筛选的，在统计上是有偏的。被古代星占学家定义为有星占含义的天象有很多，每夜总能找到一些。人间每天发生的大事也总是很多。在这两个各自具有丰富元素的集合中找到对应关系，并不是一件难事。

课外思考与练习

1. 在古代天文学作为一种生存方式体现在哪些方面？
2. 古代中外对恒星是如何命名的？试举例说明。
3. 汉译佛经《起世经》卷九中有一段关于"昨日之日"是否"今日之日"的讨论：

> 诸比丘，尔时日天胜大宫殿，从东方出，绕须弥山半腹而行，于西方没。西方没已，还从东方出。尔时众生复见日天胜大宫殿，从东方出，各相告言："诸仁者，还是日天光明宫殿再从东出，右绕须弥，当于西没。"第三见已，亦相谓言："诸仁者，此是彼天光明流行，此是彼天光明流行也。"是故称日为修梨耶。

该经译者注释道："修梨耶者，隋言此是彼也。"这里"修梨耶"是梵文 sūrya 的音译，字面意思就是"此是彼"。在古印度，太阳因其周日运动的特征而获得了命名。在中国文化中，有哪些与太阳周日运动现象相关的描述？

4. 选择一个固定的地点，譬如宿舍的阳台，观察每天日出、日落时太阳方位的变化。
5. 选一块平地，观察自身的投影长度在一天不同时间和一年不同季节正午时的变化。
6. 认识夜晚的星空，辨认出一些著名的亮星和星座，找到北斗七星并观察斗柄指向的周日和周年变化。
7. 你是怎么看待星相学的？
8. 阅读下面出自《淮南子·天文训》的一段记述，体会古人利用立表测影进行方位测量和确定天地尺度的方法。

> 正朝夕，先树一表东方，操一表却去前表十步，以参望，日始出北廉。日直入，又树一表于东方，因西方之表以参望，日方入北廉则定东方。两表之中，与西方之表，则东西之正也。日冬至，日出东南维，入西南维。至春、秋分，日出东中，入西中。夏至，出东北维，入西北维，至则正南。
>
> 欲知东西、南北广袤之数者，立四表以为方一里距，先春分若秋分十余日，从距北表参望日始出及旦，以候相应，相应则此与日直也。辄以南表参望之，以入前表数为法，除举广，除立表袤，以知从此东西之数也。假使视日出，入前表中一寸，是寸得一里也，一里积万八千寸，得从此东南八千里。视日方入，入前表半寸，则半寸

得一里,半寸而除一里,积寸得三万六千里,除则从此西里数也。并之,东西里数也,则极径也。未春分而直,已秋分而不直,此处南也。未秋分而直,已春分而不直,此处北也。分至而直,此处南北中也。从中处欲知中南也,未秋分而不直,此处南北中也。从中处欲知南北极远近,从西南表参望日,日夏至始出,与北表参,则是东与东北表等也。正东万八千里,则从中北亦万八千里也。倍之,南北之里数也。其不从中之数也,以出入前表之数益损之,表入一寸,寸减日近一里,表出一寸,寸益远一里。

欲知天之高,树表高一丈,正南北相去千里,同日度其阴,北表一尺,南表尺九寸,是南千里阴短寸,南二万里则无景,是直日下也。阴二尺而得高一丈者,南一而高五也,则置从此南至日下里数,因而五之,为十万里,则天高也。若使景与表等,则高与远等也。

延伸阅读

1. 《礼记·月令》,陈澔注,上海古籍出版社,1987。
2. 吕不韦:《吕氏春秋新校释(上、下)》,陈奇猷校释,上海古籍出版社,2002。
3. 刘安等:《淮南子》,高诱注,上海古籍出版社,1989。
4. 司马迁:《史记·天官书》,中华书局,1959。
5. 周晓陆:《〈步天歌〉研究》,中国书店出版社,2004。
6. 陈久金:《星像解码》,群言出版社,2004。

第 3 章 古希腊的天文学与哲学

希腊文明始于爱琴海(Aegean Sea)的两岸和岛屿。该海域西接希腊半岛,东连小亚细亚。其中小亚细亚沿海地区和附近岛屿被称作爱奥尼亚,该地区经济繁荣,贸易发达,城邦制的政治制度相对自由,民风喜好辩论、崇尚理性。毗邻古老、富裕和成熟的两河流域与埃及文明,又让爱奥尼亚具备了得天独厚的便利条件,能够就近汲取这两个中东文明的丰富知识营养,从而让希腊文明站在了很高的起点上。

然而,古巴比伦和古埃及乃至古印度等中东和远东民族一般只从实用或神秘的目的出发观测天象,他们只描述观测结果,再附会上神话传说,而不试图对现象作出解释。希腊人则从完全不同的目的出发来研究天体的运行,他们只想求得一个符合他们理念的解释。

3.1 前苏格拉底时期自然哲学家眼中的宇宙

3.1.1 爱奥尼亚学派的本原说和宇宙论

米利都的泰勒斯(Thales of Miletus,约前 624—前 546)被称作是古希腊的第一位自然哲学家,他断言万物源于水,宇宙间万物都是由水经过不同的变化而生成的,这是人们首次在解释自然现象时摆脱了神话因素。譬如对于地震现象,泰勒斯是这样解释的:大地是一块圆盘,飘浮在海面上,大地四周也有海围绕,不平静的大海晃动大地引起地震。同时期的其他希腊人则把地震归因于海神波塞东的震怒。正因为泰勒斯以自然的原因解释自然的现象,因此他被尊为古希腊科学和哲学的鼻祖。

泰勒斯曾经到中东和埃及地区旅行,把当地的天文学和数学知识带回了希腊。他用立竿测影的方法测量过金字塔的高度:通过比较金字塔的影子和一根已知高度的竿的影子来求得答案。泰勒斯还是希腊抽象数学的奠基人,他首先在数学上使用从公理、定理出发来证明结论的演绎方法,把埃及人量地的学问变成了抽象的几何学。据传说,泰勒斯还预言了公元前 585 年发生的一次日全食。根据希罗多德《历史》记载,日食发生时吕底亚人(Lydians)和米堤亚人(Medes)正在哈律斯河(现土耳其境内)边鏖战,双方都认为日食是上天要他们停止战斗的征兆,于是双方缔结和约,以哈律斯河为界,终止了长达 15 年的战争。现在看来,泰勒斯有没有能力预言公元前585年5月28日发生的这次日全食,是有争议的。有人认为他可能利用了古巴比伦星占学家编制的星历表而做出预言。也有人将此仅仅看作是传说。

以泰勒斯为首的爱奥尼亚学派还包括其他几位著名的自然哲学家。其中可以被看作是泰勒斯继承人的阿那克西曼德(Anaximander,约前610—前546)也出生于米利都,阿那克西曼德师从泰勒斯,但他不同意泰勒斯的本原说。他认为世界的基质是某种不固定的、无限的物质——"无限者"。"无限者"不是一个抽象物,而是一种原初物质。这种物质没有一定的质量,也不同于确定的元素,它不论在时间上还是空间上都是无限的。由"无限者"经过分解得到一种具体的、确定的物质,分裂出天体和无数的世界。无数的世界和物体在产生的同时也在消逝着,但无限者无始也无终。阿那克西曼德提出这一主张的主要目的可能是解决泰勒斯本原说中支撑大地的水本身靠什么支撑的问题。

阿那克西曼德还主张大地不是一块圆盘,而是一个圆柱体。该圆柱体的直径是高的三倍,静止在无限宇宙的中心。人类生活在这个圆柱体的顶面上。在这个圆柱体的外面包围着与前者同轴并转动着的气和火的圆柱面,太阳、月亮和星星是位于这些圆柱面上的一团团火焰,人类看到的只是通过圆柱面上的小孔透射下来的一点点火光。日月食和月相的变化是因为小孔的开和闭造成的。尽管这些构想在现在看来是荒诞不稽的,但阿那克西曼德被认为是第一个尝试构造一个机械宇宙模型的古希腊自然哲学家,有时他还甚至被称作"宇宙学之父"。

爱奥尼亚学派的第三位人物阿那克西米尼(Anaximines,约前585—前528)提出了第三种万物本原说。他主张宇宙的原初物质是气,万物是通过聚散从气中变化而来的。他认为大地和行星不是浮在水中,而是像一片片树叶一样漂浮在空气之中。阿那克西米尼再次主张大地为扁平形状,他认为天体都以北极为轴在地面之上绕行,天体到了北极以北之所以看不见了,是因为北部的高山挡住了它们。

该学派的阿那克萨哥拉(Anaxagoras,约前499—前428)则相信天体和地球的性质大体上相同。他否认天体是神圣的,主张"精神"(nous)是生命世界的变化及动力来源。他把一切运动都归之于心灵或灵魂的作用。他认为太阳是一块烧得又红又热的石头,比希腊大不了多少。他首先认为月亮、行星也和地球一样,都由岩石构成,月亮上面也有山和居民。月亮因反射太阳光而发光;月食是因为月亮运行到了地球的阴影里。

面对上述这些朴素的甚至幼稚的宇宙观,我们如今应该采取的正确态度是去理解其中包含的理性和分析态度。在这些爱奥尼亚自然哲学家眼里的宇宙,不再是诸神活跃的舞台,自然现象不再是诸神喜怒无常的性格的副产品。他们努力把自然现象归因于自然的原因。更为重要的是,他们带着公开、理性和批评的态度来提出自己关于宇宙的观点。他们并不盲从前人的观点,他们自己的观点同样受到同行和公众的批评和判断。正是这些爱奥尼亚自然哲学家的努力,为科学研究奠定了一个坚实的理性基础,为人类文明贡献了一个希腊奇迹。

3.1.2 毕达哥拉斯学派的宇宙

萨摩斯岛的毕达哥拉斯(Pythagoras of Samos,约前570—前496)在意大利南部希腊殖民城市克罗顿创建了一个带有宗教色彩的秘密学派。这个学派最典型的特征就是对数最感兴趣,把数作为一个形而上学原则。传说毕达哥拉斯发现了2∶1,3∶2,4∶3这几个数字比率与最和谐的音程八度音、五度音和四度音一致。于是他推论出宇宙万物都能表示成和谐的正整数的比例。亚里士多德把毕达哥拉斯主义的要点总结为"万物皆数,整个宇宙就是数的和谐"。

毕达哥拉斯出生在爱奥尼亚近海的萨摩斯岛。9岁时被他的富商父亲送到提尔,在闪族叙利亚学者那里学习,在那里他接触了东方的宗教和文化。公元前551年,毕达哥拉斯来到米利都,拜访了泰勒斯和阿那克西曼德,并成为了他们的学生。按照4世纪希腊哲学家扬布利科斯(Iamblichus)的说法,泰勒斯对毕达哥拉斯天生的才能印象深刻,并建议他去埃及的孟菲斯(Memphis)跟随那里博学、智慧的祭司们学习。从公元前535年到公元前525年,毕达哥拉斯在埃及学习了象形文字和埃及神话、历史和宗教,并宣传希腊哲学,可能还学习了对形成他的哲学思想具有重要意义的埃及几何学,并最后促使他发明现在以他的名字命名的定律。毕达哥拉斯在49岁时返回家乡萨摩斯,开始讲学并开办学校,但事情并不顺利。公元前520年左右,为了摆脱当时君主的暴政,他与母亲和唯一的一个门徒离开萨摩斯,移居西西里岛,后来定居在意大利南部希腊殖民城市克罗顿(Croton)。

在天文学上,毕达哥拉斯设想这些和谐的数字之比应该存在于世界中心到各天体的距离之间。由于这些比例也指音乐的音程,所以他认为音程也存在于天体中。由此又引出了关于天体和谐的更为广泛的思辨学说。这种思想的影响十分深远,将会一直影响到哥白尼和开普勒形成他们的学说。

毕达哥拉斯学派对数的重视,一方面导向对数的任意推测,走向数字神秘主义;另一方面则要求人们致力于发现用数学公式表达的自然规律。这种尝试的多次成功使得人们认识到科学应该把数学借为表达思想的语言。另外,毕达哥拉斯主义在天文学领域有着特殊的意义,因为脱离外在的形式强调纯粹的数,容易导出这样一种观点,即行星在天空中的复杂视运动可用种种简单运动的复合结果来解释。同时在考虑地球本身的问题时,有可能脱离感官证据,认为地球可能不是宇宙的不动中心。

实际上,该学派后来的杰出学者菲洛劳斯(Philolaus,约前480—前385)就提出过一个地动学说,他认为地球和日、月、行星都绕着一团中央火运行(图3.1)。然而为了满足他对10这个数字的崇拜,他虚构了一个反地球,位于中央火的另一侧。这样日、月、五大行星、太阳、恒星(被当作一个天体对待)和反地球,共有10个天体绕着中央火运行。菲洛劳斯还认为太阳是一面大镜子,反射了中央火发出的光芒。菲洛劳斯无疑可以被看作是地动说的先驱,影响了后来的阿里斯塔克和哥白尼。

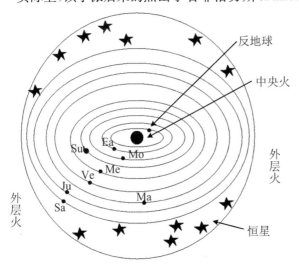

图3.1 菲洛劳斯的宇宙模型

关于大地的形状,毕达哥拉斯本人可能知道、他的门徒们则肯定知道了大地是球形的；他们还知道黄道与赤道的交角、日月食的成因；还首先说明晨星和昏星是同一颗行星——金星。他们对大地球形的论证是非常雄辩的：证据一是，出港的船在地平线处桅杆最后隐没；证据二是，人向南行，南天的星上升，北天的星下沉；证据三是，月食时投射到月面上的地球影子是圆形的(图3.2)。

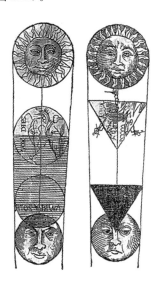

图 3.2 球形大地论证之一

16世纪木刻画，展示了希腊人的论证：月食时地球投影在月面上的阴影总是圆形的，表明大地是球形的；如果大地是三角形的，那么投射到月面的阴影也应该是三角形的。

3.2 雅典时期的天文学

3.2.1 柏拉图主义和拯救现象课题的提出

前苏格拉底时期的哲学家，特别是爱奥尼亚学派和毕达哥拉斯学派的哲学家，大多在宏观和整体的层面上关注自然的本性、宇宙的结构，他们的贡献之一就是把自然当作了理性分析的对象。有人说，是苏格拉底(Socrates，前470—前399)把哲学家的眼光从天上拉到了人间。从苏格拉底开始，哲学从偏重自然转向注重人伦。在这种倾向的影响下，天文学虽然继续保持着与哲学千丝万缕的联系，但慢慢开始成为一门独立的学问。其中柏拉图(Plato，约前427—前347)首先把天文学归为数学家应该研究的一个领域。

柏拉图出生于一个较为富裕的贵族家庭，他的家庭宣称是古雅典国王的后代。按照后来第欧根尼·拉尔修的说法，柏拉图的原名为亚里斯多柯斯(Aristokles)，后来因为他肩宽体壮而被称为柏拉图(在希腊语中，Platus一词是"平坦、宽阔"的意思)。第欧根尼也提到了其他说法，柏拉图这个名字也可能是来自他流畅(platutês)的口才，或因为他拥有宽广的前额。

一般认为柏拉图是苏格拉底的亲密学生和随从。在柏拉图撰写的多种对话录中,苏格拉底是主要的角色。至于这些对话录中用苏格拉底的嘴巴说出来的话有多少出自苏格拉底的原意,又有多少是柏拉图自己的意见,目前依然存在极大争议。公元前399年,苏格拉底受审并被判死刑,柏拉图对现存的政体完全失望,于是开始遍游意大利、西西里岛、埃及、昔兰尼(位于现利比亚境内的古希腊城市)等地以寻求知识。

据说柏拉图在40岁时结束旅行返回雅典,并在雅典城外西北角创立了自己的学校——"学院"(academy),学院坐落于一处曾为希腊传奇英雄阿卡得摩斯(academus)住所的土地上,因而以此命名。学院存在了900多年,直到529年被查士丁尼大帝关闭。学院受到毕达哥拉斯的影响较大,课程设置类似于毕达哥拉斯学派的传统课题,包括了算术、几何学、天文学以及声学。

柏拉图与他的老师苏格拉底和他的学生亚里士多德(Aristotle,前384—前322)一起,被称作是自然哲学、科学和西方哲学的奠基人。在被称作柏拉图主义的柏拉图哲学体系中,世界被切割为两个不同的部分:一个是符合于"形式"或"理念"的"超感世界";另一个是我们所能感觉到的"可感世界"。可感世界的事物不过是"理念"的模糊反映或粗糙仿造。那些真正的"形式"是完美的,而且不会改变的——正因为其完美,所以没有理由被改变或进化,只有使用智力加以理解才能"达到"。

柏拉图曾以一个著名的洞穴比喻来解释他的哲学理念:一群囚犯被关在一个洞穴中,他们手脚被绑,无法转身,只能背对洞口。他们面前有一堵白墙,身后洞口外燃烧着一堆火。火光把他们自己以及身后事物的影子映射到白墙上。由于他们看不到任何其他东西,这群囚犯就以为影子是真实的东西。最后,一个人挣脱了枷锁,并且摸索出了洞口。他第一次看到了真实的事物,返回洞穴并试图向其他人解释:那些影子其实只是虚幻的事物,并向他们指明通向真实事物的道路。但是对于其他囚犯来说,那个人似乎比他逃出去之前更加愚蠢,并向他宣称,除了墙上的影子之外,世界上没有其他东西了。

柏拉图利用这个故事来告诉我们,他的"理念"或"形式"就是那火光照耀下的实物,而我们的感官世界所能感受到的不过是那白墙上的影子而已。我们感觉到的世界比起"理念"的世界来说,是黑暗而单调的。不懂哲学的人能看到的只是那些影子,而哲学家则能在真理的阳光下看到外部事物。

在柏拉图的两个世界之间,数学占据了一个非常重要的中间地位,数学训练是步入哲学的真正准备。在柏拉图创立的雅典学院门口写着"不懂数学者,不得入内"的告示。在对数学的态度上,柏拉图主义表现了和毕达哥拉斯主义之间的密切联系。

柏拉图试图使天文学成为数学的一个分支。在《理想国》中他提出:"如果我们要真正研究天文学,并且正确地使用灵魂中的天赋理智的话,我们就也应该像研究几何学那样来研究天文学,提出问题并解决问题,而不去管天空中的那些可见的事物。"[①]他提议应该用理想的、数学的天文学代替观测的天文学,尽管前一种研究方式比后者要吃力许多倍。

柏拉图还进一步提出了一个将成为几个世纪中天文学家的首要任务的特殊问题,即行星运动问题。据说,柏拉图向学天文的学生们问了这个问题:用匀速而整齐的运动,能否解

---

① 柏拉图:《理想国》,郭斌和、张竹明译,商务印书馆,2009,第295页。

释行星的视运动?① 柏拉图的这个问题意味着他已经认识到行星的视运动显示出了需要解释的不规则,而这种不规则只是看起来如此,其实还是由"匀速而整齐的运动"组合而成的。而这种"匀速而整齐的运动",一般认为就是匀速圆周运动。

因此,在柏拉图看来,天文学不必涉及可见天体的可感知的运动,而只与想象中的天空中数学点的完美运动有关。这个所谓的完美运动就是匀速圆周运动。天体既然做完美的匀速圆周运动,行星的不规则视运动就需要得到解释,这一希腊天文学课题有时候被称作拯救现象:就是用各种匀速圆周运动的组合来解释天体的不规则视运动(图3.3)。这一研究目标为数理天文学的发展开辟了道路。

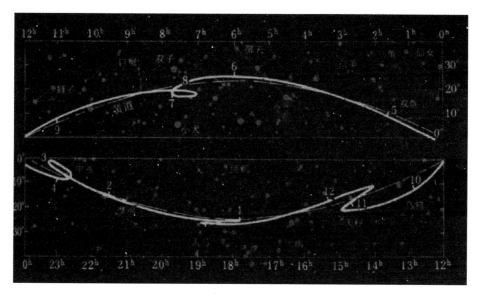

图 3.3　柏拉图主义指导下的希腊天文学课题:解释行星的不规则视运动
图中显示的是 1980 年水星的视运动轨迹图。

柏拉图也就这个宇宙的整体发表过一些观点。在起源上,他认为宇宙起初是没有区别的一片混沌。这片混沌的开辟是一个超自然的神的活动的结果。依照柏拉图的说法,宇宙由混沌变得秩序井然,其最重要的特征就是造物主为世界制定了一个理性方案。在结构上,柏拉图认为整个宇宙是一个圆球,因为圆球是对称和完善的,球面上的任何一点都是一样的。宇宙也是活的、运动的,有一个灵魂充溢全部空间。宇宙的运动是一种圆周运动,因为圆周运动是最完善的,不需要手或脚来推动。

柏拉图的宇宙观基本上是一种数学的宇宙观。他设想宇宙开头有两种直角三角形,一种是正方形的一半,另一种是等边三角形的一半。从这些三角形就合理地产生出四种正多面体,这就是组成四种元素的微粒。火微粒是正四面体,气微粒是正八面体,水微粒是正二十面体,土微粒是立方体。还有第五种正多面体是由正五边形形成的十二面体。② 对于正十二面体,柏拉图说:"神使用正十二面体以整理整个天空的星座。"柏拉图的学生亚里士多

---

① G. E. R. 劳埃德:《早期希腊科学:从泰勒斯到亚里士多德》,孙小淳译,上海科技教育出版社,2004,第83页。

② 欧氏空间中只存在这五种正多面体——用后世的欧拉定律可以严格证明这一点,它们被称作"柏拉图立体",是雅典学院数学家的一大贡献。

德添加了第五个元素——以太(aether),但他没有将以太和正十二面体联系在一起。直到后来,开普勒还在利用这五个正多面体的特殊性来解释行星为什么只有6颗,它们又为什么各自按照现在这样的次序和距离以太阳为中心从内到外排列。

3.2.2 亚里士多德宇宙学

作为柏拉图最杰出的学生,亚里士多德说过这样的名言:"吾爱吾师,吾更爱真理。"确实,从对人类思想的影响程度而言,柏拉图和亚里士多德(图3.4)这对师徒可谓一时瑜亮。也正是因为亚里士多德没有全盘吸收柏拉图的哲学思想,他才能成为他自己。柏拉图和亚里士多德在哲学上最根本的分歧在于,柏拉图强调他的超感世界,而亚里士多德更注重感性世界。柏拉图断言感觉不可能是真实知识的源泉,而亚里士多德却认为知识首先源自感觉。

图 3.4　柏拉图(左)和亚里士多德(右)
拉斐尔画作《雅典学院》局部。柏拉图手指向上,表示他对"形式"的重视,亚里士多德手伸向大地,表示他强调知识来源于经验和观察。

亚里士多德出生于色雷斯的斯塔基拉,父亲是马其顿王的御医。公元前366年,18岁的亚里士多德被送到雅典的柏拉图学院学习,此后20年间亚里士多德一直住在学院,直至柏拉图去世。柏拉图去世后,学院由柏拉图的外甥斯彪西波(Speusippus,约前407—前339)掌管。据说亚里士多德无法忍受学院新首脑对柏拉图哲学中数学倾向的加倍推崇,于是离开了雅典。

离开学院后,亚里士多德先是接受了学友赫米阿斯的邀请访问小亚细亚。赫米阿斯当时是小亚细亚沿岸密细亚的统治者。亚里士多德在那里还娶了赫米阿斯的侄女为妻。公元前344年,赫米阿斯在一次暴动中被谋杀,亚里士多德不得不离开小亚细亚,和家人一起到了米提利尼。不久后,他被马其顿国王腓力浦二世召唤回故乡,成为当时年仅13岁的亚历山大大帝的老师。根据普鲁塔克的记载,亚里士多德对这位未来的世界领袖灌输了道德、政治以及哲学的教育,对亚历山大大帝的思想形成起了重要的作用。亚历山大大帝后来对科学事业十分关心,对知识十分尊重。然而,亚里士多德那些建筑在即将衰亡的希腊城邦制度基础上的政治观念和亚历山大大帝向往的中央集权帝国制度相去甚远。

公元前336年,腓力浦二世被刺杀,20岁的亚历山大继承王位。次年亚里士多德回到雅典,并在那里建立了自己的学院。在此期间,亚里士多德边讲课,边撰写了多部哲学著作。亚里士多德习惯边讲课,边漫步于走廊和花园,因此,学院的哲学被称为"逍遥哲学",后人也把亚里士多德学派称作"逍遥学派"。

亚里士多德一生著述甚丰,写下了大量著作,他的著作堪称古代的百科全书,据说有四百到一千部,保存到现在的只是其中一部分,主要有《工具论》《形而上学》《物理学》《伦理学》《政治学》《诗学》等。按照现在的学科分类,他从事的学术研究涉及逻辑学、修辞学、物理学、生物学、教育学、心理学、政治学、经济学、美学等,与天文学有关的内容主要在《物理学》中得到论述,包括《论天》《天象学》《论宇宙》等篇。

从亚里士多德在《物理学》的论述中,我们确实可以时时刻刻体会到他对经验和观察的依赖。亚里士多德说所有地球上的物质都是由四种基本元素,即土、水、气和火组成的,其中每种元素都代表热、冷、干、湿四种基本特性中两种特性的组合:土是干和冷的组合;水是湿和冷的组合;气是湿和热的组合;火是干和热的组合。

亚里士多德把地球上物体的运动分为自然运动和强迫运动。自然运动是由组成这些物体的物质本性引起的;强迫运动只能暂时地由外部强加。自身性质决定一些物体下落,称为重物体,如由土和水构成的物体;一些轻物体由其性质决定上升,如气和火构成的物体。

与地球上物体的上升和下落的自然运动不同,还有一种天体所特有的、永恒的、均匀的、完美的圆周运动。天体不是由地球上的四种元素组成的,而是由第五种元素构成的,亚里士多德把这第五种元素称为以太,这是一种不生、不灭、永恒的完美物质。匀速圆周运动是第五元素的性质所固有的完美运动。亚里士多德把月亮所在的天层作为天地的分界,月下世界是由四元素构成的不完美世界,月上世界则是由第五元素构成的完美天界。由于天界是完美的、永恒不变的,所以也不会出现新鲜事物。因此,在亚里士多德看来,彗星这种现象只能发生在月下世界的大气层里,因而不是天象。

在上述概念基础上,亚里士多德明确地导出两个推论:① 宇宙结构本质上是以地球为中心的,沉重的地球由于它特别的性质,正好静止于宇宙的中心(图3.5)。② 把适用于地球上的概念和推理运用到天体上去,这在逻辑上是不可能的。特别是把地球也看作是个天体,这是荒谬的想法。

亚里士多德还探讨了地球上无生命物体运动的基础。他显然是从拉车、划船等生活经验中观察到,任何运动物体都是由与它相关联的外界物体所推动的。他由此得出:一个脱离了所有外部影响的物体处于静止状态;对每一种强迫运动,必须寻找与物体有关的运动原因。由此可以把他的动力学基本规律总结为:由外力推动的物体的运动速度与推力成正比,与反对运动的阻力成反比。

亚里士多德虽然没有对当时雅典学院提出的拯救现象课题给出什么解决方案,但他的天文学和宇宙学观点对后世产生了深远的影响。他的运动学和动力学原理为支持地静说、反对地动说提供了理论依据,直到伽利略将之推翻为止。当然,抱着"了解之同情"的态度,我们现在应该看到亚里士多德和其他希腊思想家的最大功绩是把自然当成了科学研究的对象，亚里士多德称得上是自然最坦率的观察者。

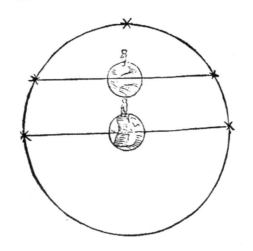

图 3.5　亚里士多德对地球处于宇宙中心的论证之一
因为我们时时刻刻正好看到半个天球，所以地球必然位于宇宙的中心。

3.2.3　欧多克斯的同心球体系

柏拉图的另一个学生欧多克斯(Eudoxus,约前410—前356)首先尝试去解答柏拉图完美原则指导下的那个天文课题。

欧多克斯出生在今土耳其西南角爱琴海边的奈德斯(Cnidus),他的父亲喜好在夜晚观天。欧多克斯先到了意大利的塔伦特姆(Tarentum),跟随阿尔希塔斯(Archytas)学习数学。大约在公元前387年,他23岁的时候到达雅典,跟随苏格拉底的弟子们学习,最后拜在柏拉图门下。据说欧多克斯很贫穷,租不起雅典市内的房子,只好住在海边的比雷埃夫斯(Piraeus)港口,为了赶去听柏拉图的课,他每天单程就要跑11千米路。后来他的朋友们筹集了一笔钱,送他到埃及的希里奥波里斯(Heliopolis)去学习天文学和数学。然后他从埃及出发经历了一番游历,沿途招收了不少弟子。大约在公元前368年,欧多克斯带着他的弟子们回到雅典,并最终回到了奈德斯。在他的故乡奈德斯建造了一个天文台,并继续乡绛帐授徒、著书立说。

欧多克斯被认为是古希腊时期的重要数学家和天文学家。作为数学方面的重要工作,他用比例法处理连续量,巧妙地解决了正方形的对角线和边长的不可公度问题——这个问题曾经引起毕达哥拉斯学派的危机,因为该学派相信万事万物都可以表达成和谐的正整数之比。欧多克斯还发展了几何学的穷竭法,使得后来阿基米德能够熟练地用此法解决曲边形的面积问题。

作为柏拉图的学生,欧多克斯深刻领会了柏拉图思想的精义,即把天文问题化作一个数学问题来处理,用完美的匀速圆周运动去解释不规则的天体视运动。

先把欧多克斯和当时的希腊天文学家要解释的天体运动现象作一个归纳。所有发展到一定程度的古代文明,包括古巴比伦、古埃及、古印度、古代中国和古希腊,都认识到了以下这些基本的天文现象:① 所有天体——日、月、五大行星和恒星——都东升西落,一昼夜旋转一圈。② 在不同季节里的同一个夜晚时刻,同一个方向上——譬如正南方——出现的星座是不同的,而不同年份的同一季节里,同一个方向上出现的星座则大致相同。③ 太阳在不同的星座里——黄道带——从西往东穿行,一年完成一周。④ 月亮和行星也沿着黄道带在星座间从西往东穿行,完成一周的时间各不相同:月亮需要1个月,木星大约12年,土星大约30年,火星2年不到。金星和水星总是离太阳左右不远,所以都是大约1年1周。月亮和行星在星座间穿行的路径与太阳的路径并不重合,月亮最远离开黄道5.5°。⑤ 行星的运行轨迹更为复杂,它们在星座间从西往东穿行的过程中,有时候会停下来,并往西走一段,再停下来,继续往东走,例如火星运行的视轨迹就是如此(图3.6)。

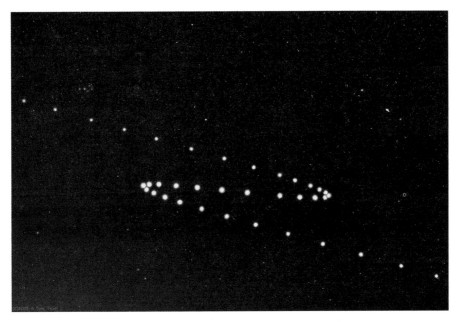

图3.6　2005年11月7日火星冲日前后的视轨迹①

图中所示的是从2005年7月下旬到2006年2月的火星轨迹,每两个光点之间相隔7天,从右下到左上是从西向东的"顺行"方向,两个拐弯处是"留",两次留之间是"逆行"段。

为了解释上述五种基本的天文现象,欧多克斯提出每一个天体的复杂视运动轨迹都是由若干个同心球的匀速圆周运动复合而成的。他一共设置了27个同心球:恒星1个,五大行星每颗4个,太阳和月亮各占3个。

恒星的视运动最为简单,本身就是东升西落的圆周运动,所以只需把恒星看作是一个球面上的点缀物,该球做均匀的自转,一昼夜转一圈。

月亮的视运动比较复杂。它的东升西落的周日运动需要一个球来解释。第二个球从西往东转动的球解释月亮在恒星间的穿行,一个月转一圈。第三个球解释月亮在黄纬方向上的运动。月亮的视运动轨迹叫作白道,白道与黄道有一个约5°的夹角。白道与黄道的交点并不固定,而是在缓慢退行,大约18.6年退行一周。第三个球的设置就是要解释月亮的这些运动。月亮同时参与这三种运动,形成我们观测到的视运动(图3.7)。

---

① 图片出处:Astronomy Picture of the Day网站(http://apod.nasa.gov/apod/ap060422.html)。

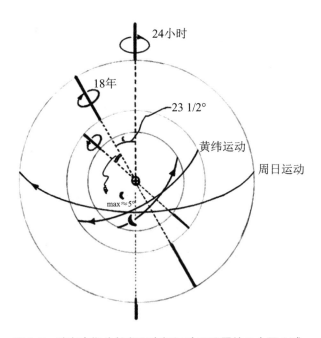

图 3.7 欧多克斯为解释月亮视运动而设置的 3 个同心球

欧多克斯为太阳设置的 3 个同心球类似于月亮。只是第二个球的转动周期是 1 年而不是 1 个月。至于为太阳设置的第三个球,似乎表明欧多克斯错误地认为太阳也有一种黄纬方向上的运动。

五大行星的视运动更为复杂,欧多克斯为他们各设置了 4 个同心球。第一个球解释周日运动,第二个球解释行星在黄道带上从西往东的顺行。第三和第四个球一起解释行星的逆行。这两个球的自转轴形成一定的角度,以相同的转速、相反的方向转动。一个点同时参与这两个球的转动,会走出一条 8 字形曲线,欧多克斯将之称为"马蹄形"(图 3.8)。当这条曲线再与带动行星的第二个球的运动组合起来时,能相当好地模拟行星从顺行到留,再到逆行的视运动轨迹。

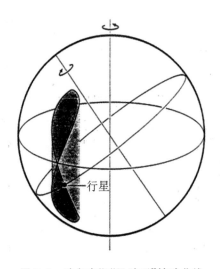

图 3.8 欧多克斯"马蹄形"转动曲线

整个体系的设计体现了欧多克斯高超的数学技巧,他仅仅用匀速圆周运动就解释了多种天文现象,特别是行星的复杂视运动。欧多克斯的同心球体系贯彻了柏拉图的原则,是数理天文学的第一次可贵尝试。

然而,整个体系还是不能完全地拯救现象。譬如,观测到的行星逆行轨迹形态多种多样,但是欧多克斯的"马蹄形"只能产生大致相同的曲线形状。同心球体系也不能解释一年中四季长度不等的观测事实——这一点已经被稍早于欧多克斯的希腊天文学家确认。另外,同心球体系也无法解释月亮和行星视亮度的变化。一般认为月亮和行星的亮度变化是由于它们离开地球的距离在发生变化。但是按照同心球体系,所有的天体到地球的距离不会发生变化。这一点也许是同心球体系作为一个拯救现象方案最终被放弃的原因。

但是在更好的替代方案出现之前,欧多克斯的继承者试图修正他的体系。也在柏拉图的雅典学院求学的卡利普斯(Callippus,约前370—前300)首先对欧多克斯的同心球理论做了修订。他在欧多克斯的27个同心球基础上又增加了7个。土星和木星的球数保持不变,因为欧多克斯的体系较好地解释了这两大行星的运行。卡利普斯对其他三大行星各增加了1个球,以获得对它们的逆行曲线的更好解释。对月亮和太阳各增加了2个球。为月亮增加的2个球可能是为了解释月亮视运动速度时快时慢这一不均匀性。为太阳增加的2个球是为了解释四季的长度不一,实际上也就是太阳的周年视运动不均匀性。

欧多克斯和卡利普斯都是从数学角度考虑天文学问题的,他们的理论是纯数学的构建,不涉及使真实天体运动起来的机理,也不追究这些球体是由什么形成的、它们彼此怎样在物理上相互适应、它们的动力从何而来。这些球体是数学上的球体。而在柏拉图主义者看来,这个系统是个理想的实在,而通过感官感知的星空则是一个不完美的复制品。

亚里士多德是柏拉图的学生,但不是一位柏拉图主义者,他试图把同心球体系变成一个物理的乃至机械的体系。他对拯救现象不感兴趣,他感兴趣的是最高天层的运动是如何传递到月下区域的。亚里士多德从他的经验立场出发,认为要使运动发生,球与球之间就必须相互接触。但这样一来每个天体的运动不仅受到本身的球的影响,还受到更高一个天层的球的影响。于是亚里士多德引入了一些反作用球,来抵消某些初始球的运动。他认为月亮是最底层的天体,所以不需要反作用球来抵消它的运动。其他每一个天体的反作用球的数目比它们的初始球少一个。这样如果采用卡利普斯的体系,亚里士多德需要56个球。但他认为卡利普斯给太阳和月亮各增加的2个球是多余的,这样他需要49个球。但亚里士多德自己给出的球数是47个。这里也许是文献有误,也许是亚里士多德搞错了——亚里士多德自己也承认,天文学他是个外行。

不管是卡利普斯还是亚里士多德,还是后来的其他希腊天文学家,他们对欧多克斯体系的修正都无法拯救所有的现象。希腊天文学家虽然在思想上大多有柏拉图主义的倾向,但是他们还是认识到实测结果是评价数学表述的标准,数学推论最终要和观测所揭示的现象相一致。欧多克斯的体系没有做到这一点。纯希腊的几何模型需要注入一种新鲜血液。

3.3 希腊化时期的天文学成就

亚历山大大帝(前356—前323)的远征启动了希腊文明的一个新的历史时期,史称希腊化时期。亚历山大大帝建立起的庞大帝国虽然存在时间短暂,但把希腊的几何天文学带到了巴比伦的算术天文学面前,两者的结合诞生了卓有成效的希腊化天文学。

不同文明的科学呈现出各自不同的特性,它们在某些领域内各有擅长,譬如在天文学领域,希腊人精于几何化的形象,巴比伦人精于代数化的精确。不同特性的科学文明无疑有其各自的重要性,而更为重要的是,让它们"相逢"。这样的"相逢"很可能是偶然的,所以也是难得的。正是有了巴比伦这个古代世界的熔炉,才炼出了希腊化天文学这样一颗特异的果实。

亚述人、埃及人、希腊人、罗马人、印加人、中国人、印度人和阿拉伯人等不同民族都创造了他们各自不同的文明。这些文明有各自比较单一的特性,各自平稳地发展着。只有当一些外来的异质的特性侵入时,才会带来文明发展的转折点。有些课题,正常文明只有发展到其成熟时期才会遇到。而托勒密理论被认为是巴比伦文明和希腊文明"早恋"的结果,被一些学者看作是极其偶然的小概率事件。

在希腊化文明这个案例中,不同文明的杂交优势显现无遗。希腊化天文学也呈现出百家争鸣的繁荣景象,除了结出托勒密《至大论》这一硕果之外,还有阿里斯塔克、埃拉托色尼、喜帕恰斯等人的杰出工作。此时,希腊文化的中心也从雅典转移到了亚历山大大帝建造的埃及港口城市亚历山大里亚。

3.3.1 阿里斯塔克和地动说的萌芽

萨摩斯岛的阿里斯塔克(Aristarchus,约前310—前230)在一篇题为《论日月的大小和距离》的论文中向我们展示了希腊几何演绎推理的威力(图3.9,图3.10)。文章开篇首先给出了6条假设:

(1) 月球的光来自太阳。
(2) 地球位于一球体中心,月球在该球上运动。
(3) 当月球上下弦时,将月球分为明暗两部分的大圆和我们的视线在同一平面上。
(4) 当月球上下弦时,月球与太阳之间的角距离比一个直角小其1/30。
(5) 地球阴影的宽度为月球直径的2倍。
(6) 月球的视角直径相当于黄道上一宫的1/15。

然后运用平面几何的基本原理,证明了18个命题,其中包含了以下3个结论性的命题:

(1) 太阳和地球间的距离大于地球到月球距离的18倍,但小于其20倍。
(2) 太阳与月球的直径比大于18,但小于20。
(3) 太阳与地球的直径比大于19∶3,但小于43∶6。

虽然阿里斯塔克给出的基本假设中有几条数据的误差很大，导致结论与事实也相去甚远，但所获得的结论——如太阳是一个比地球在直径上大 6～7 倍，体积上大近 300 倍的球体——对人们日常的感觉经验已经形成了一个强烈的冲击。

鉴于太阳比地球大得多，而大的东西围绕小的东西转动不合常理。所以阿里斯塔克认为太阳应该位于中心，地球绕着太阳转动，而不是反过来。在这里，阿里斯塔克明确地把菲洛劳斯的中央火代之于太阳。

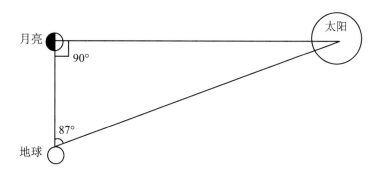

图 3.9　阿里斯塔克测算日月大小和距离的原理图

阿里斯塔克利用了弦月这个天象发生时日月地三者的位置关系，认为此时从地球上看太阳和月亮的视线夹角是 87°，真实值是 89°51′。

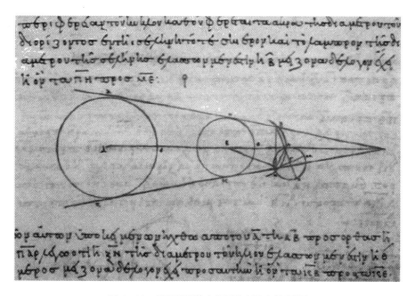

图 3.10　阿里斯塔克证明过程中的插图

阿里斯塔克就这样提出了第一个比较严格的日心地动观点，被称作是哥白尼的先驱。但由于他的著作大多已经散佚，现在已经无法了解阿里斯塔克日心地动学说的全貌，只能从阿基米德的论著中了解到一些梗概。

地动的观点另外还会带来的一个问题是，如果地球绕太阳做周年公转，那么从地球上观测恒星，他们的视位置会有一个周年的变化，这就是恒星的周年视差。而在当时的观测条件下，恒星的周年视差是无法观测出来的。对于应该产生但没有被观测到的恒星周年视差，阿里斯塔克推测地球到太阳的距离与地球到恒星的距离相比是微不足道的。这一处理跟 1700

多年后哥白尼面临同一问题时所做的处理完全一样。

3.3.2 埃拉托色尼和地球大小的测定

出生在昔勒尼(Cyrene,今利比亚)的埃拉托色尼(Eratosthenes,约前276—前194)曾在柏拉图的雅典学院求学,后被埃及国王延请到亚历山大里亚,担任亚历山大里亚图书馆的第三任馆长。他是希腊化时期最博学的学者,身兼天文学家、数学家、地理学家、哲学家、诗人、历史学家、语言学家、年表学家等数种称号。人们用希腊字母表中的第二个字母β称呼他,因为他自称在所有学术领域内他的水平都可排名第二。他一直工作到晚年失明,然后绝食而死。

埃拉托色尼的众多成就中经常被人们提到的一项就是他提出了一种测算地球周长的方法,并获得了相当精确的地球大小(图3.11)。埃拉托色尼注意到位于尼罗河上游的赛尼(Syene,今阿斯旺)地区夏至正午太阳几乎在头顶(日光直射入该地一口井内)。同一时间在亚历山大里亚测得太阳方向与天顶方向的夹角 α 为360°的1/50。而两地几乎在同一子午线上,因此两地距离为地球周长的1/50。

为了估算从亚历山大里亚到赛尼的距离,埃拉托色尼利用了骆驼商队的行进速度。骆驼队一天平均走大约100希腊里(stadia),从亚历山大里亚到赛尼大约要走50天,因此这段距离是5000希腊里。最后他经过一些修正,得到子午线上1°相当于地球表面的700希腊里,从而推得地球周长是252000希腊里。一般认为1希腊里等于157.5米,所以埃拉托色尼所求得的地球周长是39690千米。

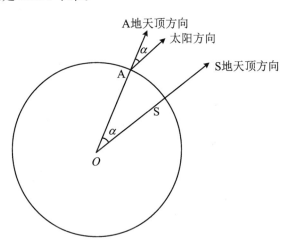

图3.11 埃拉托色尼测算地球大小原理图

3.3.3 阿波罗尼乌斯发明的偏心圆和本轮-均论模型

亚历山大大帝东征之后,希腊传统的天文学中融合了两河流域的天文学。两河流域的天文学注重从数值上探索行星运动的规律,来预报行星的位置。因此,尽管从拯救现象目的出发的欧多克斯体系淋漓尽致地体现了几何上的典雅,但希腊化时代的天文学家也再难容忍它与实测之间的偏差。

以一部《圆锥曲线论》闻名于数学史的希腊化时期数学家阿波罗尼乌斯（Apollonius，约前262—前190）为用匀速圆周运动描述天体的运行提出了两种方案。在第一个方案中，行星绕地球做匀速圆周运动，然而地球并不处在圆周的中心，而是偏向一边。在偏心圆上，行星依旧做匀速圆周运动。但是因为地球不在圆心位置（图3.12），所以从地球上看起来，行星的速度就会有变化。

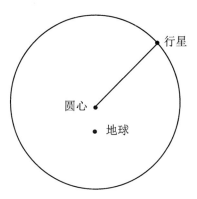

图 3.12　偏心圆模型

在第二个方案中，行星在一个较小的圆周或称为"本轮"（epicycle）上做匀速运动，本轮的中心则在另一个大轮——"均轮"（deferent）——上匀速运转，地球位于均轮的中心。行星在本轮上的运动，如果相对于本轮在均轮上的运动而言足够快的话，行星就会出现逆行。不难看出，在数学上，行星在偏心圆上的运动，等价于它由本轮、均轮所产生的运动（图3.13）。

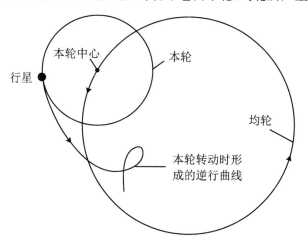

图 3.13　本轮-均轮模型

阿波罗尼乌斯的偏心圆运动和本轮-均轮模型这两个数学发明为天文学家解决行星视运动问题提供了基础。

3.3.4　喜帕恰斯的工作

阿波罗尼乌斯的数学发明被喜帕恰斯（Hipparchus，又译作伊巴谷，约前190—前127）用来描述天文现象。希腊天文学从此走上了一条康庄大道。喜帕恰斯在构建日、月和行星运动几何模型时采用了巴比伦几个世纪以来保存的观测数据。他的太阳运动模型(图3.14)利用了偏心圆,很好地解决了四季长度不等与匀速圆周运动之间的矛盾。

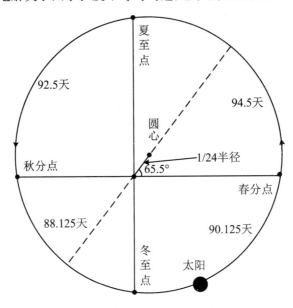

图 3.14 喜帕恰斯的太阳运动模型

喜帕恰斯的另一项重要贡献是发现了春分点的退行,即岁差现象。由于黄经的计量起点春分点在缓慢退行,所以恒星的黄经读数也随着年代的增加而增加。喜帕恰斯就是通过比较前人的恒星观测数据和自己的观测数据之后才发现岁差现象的。造成岁差现象的物理原因,直到1800年之后的牛顿才揭示出来。由于地球不是完美对称的球体,在日、月等天体引力的联合作用下,其自转轴不能指向空间固定的一点,而是做周期性的转动,其周期为26000年。地球自转轴北端延伸交于天球上的一点被叫作天北极,紧靠天北极的恒星被叫作北极星。显然,不同年代有不同的北极星。

3.3.5 托勒密的集大成之作《至大论》

喜帕恰斯本人没有什么著作留下,他的理论由托勒密(Ptolemy,约100—170)进一步精炼和发挥,并被写入了托勒密的集大成之作《至大论》(*Almagest*)中。

托勒密从阿波罗尼乌斯和喜帕恰斯那里继承了偏心圆、本轮和均轮,另外又引入一个重要的概念"对点"(equant)。托勒密假定地球位于离开一个给定圆周之圆心有一定距离的点上,对点则为地球位置的镜像,位于圆心的另一边,该点与圆心的距离和地球与圆心的距离相等(图3.15)。然后他用这个点来定义圆周上的运动。圆周上的点不是以匀速运动的,而是以变速运动的,速度变化的规律是,让一个在对点上的观测者看来是匀速的。因此,对点的设置是对天体运动必是匀速圆周运动这一古希腊原则的冒犯。但是显然,托勒密考虑得更多的是精确行星位置预报和数学上的便利,而不是真实与否的问题。

《至大论》大约写于145年,提供了宇宙的几何模型,并能对日、月和五大行星这七个天体的运动给出相当精确的预报。借助《至大论》,数理天文学家和星占学家可以计算出未来任何时刻的行星星历表,在表中给出行星位置的黄经和黄纬值。如果讨论哪些书对世界历史产生了巨大影响,《至大论》毫无疑问就是其中一本。直到 16 世纪,天文学家的思想实际上还一直受这本书的影响。

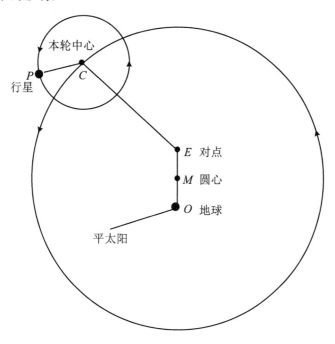

图 3.15 托勒密的对点示意图

在《至大论》导言中托勒密论述了不能把地球看作是运动着的星体——从根本上说,这是来自亚里士多德的物理学。他承认从数学上可以把星空的周日运动看作是地球绕自转轴的周日运动的反映,但他坚持这在物理上来说是荒谬的。他的主要论据是:如果地球从西向东旋转,我们应该可以看到地球上所有的东西向西移动,而不应与地球紧紧相随。这个反驳在以后的许多个世纪里不断地被提出来反对地动说。后来这个问题被具体地表述为:一块石头垂直向上抛出,其落点应该在投掷点的西边。这条反驳意见是站在亚里士多德错误的"惯性定律"基础上的。直到伽利略提出他的惯性定律之后,这条反对地动说的论据才被反驳回去。

《至大论》第一卷的最后几章论述了希腊测量学和三角学原理。在准备了必要的数学工具后,托勒密在第一卷和第二卷的其余部分论述了球面天文学的所有内容。第三卷论述太阳的运动,利用了偏心圆运动的概念来解释四季长短不一的原因。第四卷、第五卷讨论月球运动。第六卷描述日食和月食。第七卷、第八卷给出了包括有 1022 颗恒星的星表,给出了每颗星的黄经、黄纬及亮度,还讨论了喜帕恰斯发现的岁差。第九卷到第十三卷论述了五大行星的运动。

需要说明的是:

(1) 在托勒密体系中,地球不是天体运动的中心,但静止不动。因此称这个体系为"地静说"比"地心说"更为恰当。

(2) 并非所有的希腊天文学体系都是"地静说"。

(3) 数理天文学的唯一目的是对天体运动作运动学描述。此外还有物理天文学,其目的是研究说明人们所看到的天文现象实际上是怎样发生的。从《至大论》原先的名字叫作

《数学集成》可知,托勒密主要是从数学上考虑天体的运行的。

另外,从数学上虽然存在这样的可能性:当一级本轮不足以预报精确的行星位置的时候,可以在其上增加一个次级本轮,乃至三级、四级本轮,直至获得足够的预报精度(图3.16)。但这样做需要付出的代价是极其烦琐的数学运算。有一种说法认为托勒密体系曾经被这样发展过,据说哥白尼看到的托勒密体系有多达80个本轮,以至于他立志要从简单性出发进行改革。但也有学者,譬如欧文·金格里奇,认为历史上不曾存在过这样复杂的托勒密体系。

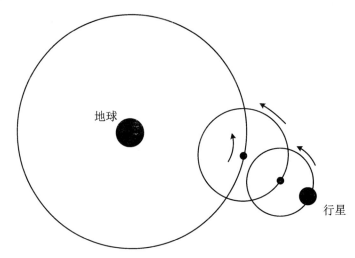

图3.16 更高的精度、更多的本轮

对于整个宇宙,托勒密最终给出了如下的图景:地球静止于宇宙的中心(或中心附近),从里到外依次是月亮、水星、金星、太阳、火星、木星和土星等天球层携带着各个天体绕地球运转,最外围是不动的恒星天层(图3.17)。托勒密假定,天空中的所有可能高度都被诸行星占满:每个行星都有自己时时占据的高度带,这些高度带相互之间既不重叠,也没有缝隙。托勒密测算得出月亮的最大高度是64个地球半径,这个高度与下一个被水星占据的高度带毗连,他推测水星的最小高度也等于64个地球半径。既已知道水星本轮与均轮之比,他就可以推算出水星的最大高度,其值又等于金星的最小高度。依此类推,直到他最后将恒星天层置于最外层的行星土星的最大高度。

托勒密就这样算出整个宇宙的半径是地球半径的19865倍,约120700000千米。也许有人认为这一宇宙尺度错得很离谱,这个宇宙尺度甚至还小于地球到太阳的真实距离。但是从历史角度看,倒不如说,正是托勒密首次把宇宙尺度变得如此巨大,以至于让人类难以真正理解它了。

无论如何,与阿里斯塔克只提出日心地动说的想法不同,托勒密的《至大论》提供了一套预推日、月和五大行星在天空中精确位置的几何模型。它的成就达到了几个世纪以来希腊天文学家为拯救现象而付出的努力的顶点。

然而托勒密体系自身带有的缺陷从它问世之后便成为天文学家议论的对象。托勒密为解释火星、木星和土星的运动而引入的对点,导致行星不是相对于均轮中心而是相对于对点在圆周上做匀速运动。这种做法牺牲了自古希腊以来一直坚持的信念:行星做完美的匀速圆周运动。后来阿拉伯天文学家试图取消对点,但直到哥白尼才成功做到。另外,按照托勒密的月亮运动模型,月亮在其本轮上运动时到地球的距离有将近两倍的变化,其视大小则应该有4倍的变化,但这与观测事实不符。托勒密为解释金星和水星的视运动而引入的"日地连线"特设也一直困扰着一些天文学家。要消除这些深深嵌入到体系内部的缺陷,一直要等到整个体系被抛弃之日。

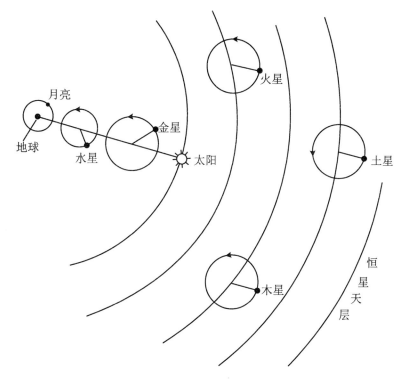

图3.17　托勒密体系相互毗邻的天层

行星依次充满宇宙空间,内行星本轮中心位于日地联线上,外行星初级本轮半径与日地连线平行。

课外思考与练习

1. 简述爱奥尼亚学派各宇宙论的基本内容。
2. 试说明毕达哥拉斯学派的哲学对天文学的影响。
3. 柏拉图主义指导下的古希腊天文学的基本课题是什么?
4. 亚里士多德是如何论证地球位于宇宙中心的,你认为这种论证有多少道理?
5. 阿利斯塔克是如何确定日、月、地球三者的大小和距离的?
6. 埃拉托色尼是如何确定地球周长的?
7. 简述托勒密天文学的成就、影响和缺陷。
8. 名词解释:拯救现象、同心球模型、本轮、均轮、对点、地心说。

延伸阅读

1. 柏拉图:《理想国》,郭斌和、张竹明译,商务印书馆,2009。

2. 阿里斯塔克:《论日月的大小和距离》,载宣焕灿选编《天文学名著选译》,知识出版社,1989,第 2-32 页。原著信息:T. Heath,On the sizes and distances of the sun and moon,*Aristarchus of samos*(Oxford:Clarendon Press,1959)。

3. Ptolemy,*The almagest*(Chicago:Encyclopaedia Britannica,Inc.,1980)。

4. G.E.R.劳埃德:《早期希腊科学:从泰勒斯到亚里士多德》,孙小淳译,上海科技教育出版社,2004。

5.《论天》《天象学》《论宇宙》,载苗力田主编《亚里士多德全集:第二卷》,中国人民大学出版社,1991。

第 4 章 中国古代的天文学及其政治、社会和文化功能

中国古代的"天文"与作为现代科学体系中学科之一的天文学是不同的。总的来讲，可以从两个方面来界定它：一方面，"天文"的具体含义是指天象，包括天体运行所呈现的景象和与天体本身有关的现象；另一方面，"天文"是这样一门大学问，它根据天象的变化，预卜吉凶，为帝王行事提供指导——这一点与星占学的功能比较接近，所以在有些情况下"天文"与"星占学"作为同义词使用。因此，中国古代的"天文"与作为现代学科之一的天文学在本质上有所差别，然而在研究对象和研究手段方面，两者在一定程度上又是相通的。

4.1 中国古代天文学发展概览

从殷墟甲骨卜辞和西周金文中的一些记录来看，中国古代在殷周之际已经掌握了初步的天文和历法知识，对一些天象进行了主动的观测、记录和描述。但限于资料的缺乏，对那个时期的天文历法知识很难进行系统的还原和确切的评价。

中国古代传统天文学到春秋战国时期已基本奠定了基础。在这个时期，完整的二十八宿体系已经形成，各国已经使用了基本准确的历法，19 年 7 闰的规律已经被掌握——这意味着已经掌握了相当精确的回归年和朔望月长度，能够通过观测昏旦中星来确定季节，并利用圭表测影确定冬至和夏至，对重要的天象进行了比较系统的观测和记录，出现了专业的天文学派和天文专著。

到秦及两汉之际，中国古代天文学的传统格局已基本形成。在该时期开始颁行全国统一的历法，并留下了完整的推算历法的术文，如《三统历》《后汉四分历》等。[①] 出现了像《淮

---

① 汉代以后史籍所载中国古代历法前后有 100 余部，其中获得官方正式颁行的有 50 余部。各部历法在内容和方法上有承袭也有变革，连绵 2000 余年，作述不止，蔚为大观。传说汉代以前有所谓的先秦古六历，它们是《黄帝历》《颛顼历》《夏历》《殷历》《周历》和《鲁历》。对此古六历的真伪，古人就早已怀疑。《汉书·律历志》中评价道："古历遭战国及秦而亡。汉存六历，虽详于五纪之论，皆秦汉之际，假托为之。"《宋书·律历志》中载有祖冲之考得古六历之术并四分，并以四分法验古六历朔皆后天，得出古六历之作皆在周末汉初，而非三代以前的结论。

南子·天文训》《周髀算经》、张衡《灵宪》和《浑天仪注》等天文学文献。在宇宙学说方面，提出了盖天说、浑天说和宣夜说等成熟理论。在数理天文学方面，逐渐从对天象的被动观测记录转变为在观测记录基础上进行天象的预推，初步掌握了古代天文学所要处理的最基本的七大天体——日月五星——的基本运动规律，并在掌握规律的基础上进行数理推算以预言天象的发生。对天象的观测和记录更为细致和完整。在实测天文学方面，成熟使用圭表的相关理论出现在《周髀算经》中；与浑天说相配合的测量仪器浑仪最晚在东汉已经出现；二十八宿体系各宿距星和距度在西汉以前可能不统一，但到《三统历》以后就基本固定不变了。天文学在古代知识体系和官僚制度中的地位也在此时期得到明确确立，《史记》八书中专列有《天官书》讲星占、《历书》讲历法，开启了此后持续2000余年的官修史书的传统。

到了南北朝时期，政权上出现了南北对峙的局面，南、北朝天文学的发展也呈现出各自的特点。与北朝的战乱频发相比，南朝相对稳定安宁，南朝天文学也在快速进步。在这个时期，东晋虞喜明确表述了岁差现象的存在，何承天的《元嘉历》和祖冲之的《大明历》达到了相当高的水平。《元嘉历》做出了一系列的改革，譬如以雨水为气首，为五星各立后元，改定冬至日所在为斗十七度，改平朔为定朔等。尤其是最后一项改革，会导致月有连三大连二小，遭到了保守学者的反对，《元嘉历》最后不得不放弃定朔。祖冲之的《大明历》首先强调了历元的重要性，批评了何承天为五星各立后元的做法，提出日月五星、交会迟疾都应该共元。祖冲之还打破了19年7闰的闰周，提出391年144闰的新闰周。并把岁差正式引入历法推算，令冬至所在，岁岁微差。但是祖冲之的这些改革也遭到保守学者的反对，历法没有能在当朝颁行。

北朝天文学呈现出多元文化互相交融的局面，特别重要的进展表现在以下三项：后秦姜岌提出了用月蚀冲法来确定太阳的位置；北凉赵歐首先打破了19年7闰的传统闰周，提出了一个600年221闰的新闰周；北齐张子信通过在海岛上大约30年时间的观测研究，首次提出太阳和行星的周年视运动不均匀性，为隋唐数理天文学的快速发展奠定了基础。

隋唐时期是数理天文学大发展的时期，为了处理太阳视运动的不均匀性，隋代刘焯在《皇极历》中首次采用了等间距二次内插法，到唐代一行的《大衍历》中发展成为不等间距的二次内插法。这些新方法的采用使得精确预报日食成为可能。天文仪器制造得更为精良。南北大范围跨度的天文大地测量在一行的主持下得以完成，纠正了"日影千里差一寸"的传统错误。唐代还是中外天文学交流的大繁荣时期，许多域外的天文学知识被输入到中国，甚至有来自印度的天文学家族在唐朝担任高级天文官员。

两宋时期的北宋是中国天文学发展的一个高峰。该时期有多部历法问世，进行了多次恒星实测，建造了多架大型实测仪器。苏颂和韩公廉在1092年建造的水运仪象台集浑天仪、浑象和机械钟于一体，成为中国天文仪器史上的绝响。

到了元代，中国天文学的发展达到了又一个高潮。郭守敬的《授时历》被称为中国古代最好的历法。为了编算《授时历》，郭守敬创制并改进了简仪、仰仪、高表、景符等天文仪器，这些设计精良的仪器大大提高了天文实测的精度。在元代还出现了中外天文学交流的第二个高潮，具有伊斯兰教背景的阿拉伯天文学传入中国，元世祖在上都还设置了回回司天台，与汉儿司天台形成既分工又竞争的局面。

到了明代，中国古代传统天文学已经盛极而衰，步入到了强弩之末的境地。明代没有编制自己的历法，继续沿用《授时历》，只是修改了其中的一些参数，并改名为《大统历》。明代晚期耶稣会士来华，带来了西方古典天文学，在日食预报等项目的竞赛中凸显优势。在徐光启的主持下明代开始以西方天文学为基础编制历书,最后形成了一部《崇祯历书》,新历来不及颁行明代即告灭亡。《崇祯历书》更名为《西洋新法历书》之后在清代行用,所以自清一代行用的都是西法。

4.2 中国古代天文学的基本运作

4.2.1 天文机构和人员

在中国古代,天文观测、历法编制等天文活动由专门的机构负责运作。这种专门的天文机构是中央政府的一个部门。机构的名称历代常有变动,大致在隋代以前叫作太史令、太史局或太史监。唐代的皇家天文机构名称变动较多,前后分别叫过太史局、浑天监、浑仪监、太史监、司天台等。宋元之际叫作司天监、司天台或天文院。明清两代基本叫作钦天监。

作为天文机构的负责人及其下属的工作人员,既是天文学家也是政府官员。天文机构负责人的官位品秩历代也不尽相同。汉代的太史令的俸禄只有六百石,唐代的太史监曾高达正三品,明清的钦天监监正为正五品。不过,职位的高低与他们所发挥的影响不一定成正比。因为作为首席皇家天文学家的天文机构负责人,他们起着"天意"的解释者和传达者的作用,所以他们在某些关键时候的发言要比一品大员的话更有分量。

历代天文机构的规模也颇有出入,没有定数。唐代武则天时浑天监的规模最大,多达824人;元代司天监116人,回回司天监33人,太史院110人,共259人;明代钦天监定员41人,后又裁减多人,最少时仅23人;清代钦天监154人。

天文机构工作人员进行观天的地方,在古代一般叫作灵台或观象台。由于历经岁月和频遭战火,这样的古代观天遗址留下的已经不多(图4.1,图4.2)。

4.2.2 天象的观测和记录

中国古代专职天文机构的一个重要职责就是观测和记录天空中发生的一切变化。由于中国古代由政府专门供养专职的观天人员进行天象观测和记录,所以中国古代保存下来了世界上持续时间最久、内容最为丰富详尽的天象记录。

中国古代史籍中记载的天象记录,从类型上大致可以分为:日食、月食、掩星等特殊天象;与行星有关的天象;彗星、新星、流星和太阳黑子等异常天象。日食分为全食、环食和偏食三种。中国保存有世界上最为完整的日食记录,根据《中国古代天象记录总集》[①],从甲骨卜辞里的日食记录开始(图4.3),中国古代史籍中关于日食的记录有1600多条,这是中国古代天文学遗产的重要组成部分。

---

① 北京天文台主编《中国古代天象记录总集》,江苏科学技术出版社,1988。

图 4.1　东汉灵台遗址

东汉灵台遗址位于河南偃师汉魏洛阳故城南郊,始建于东汉光武帝建武中元元年(56),沿用到西晋,毁于西晋末年的战乱,遗址范围约 44000 平方米,中心建筑是方形夯筑高台,其基部长宽各约 50 米,现仍高出地面 8.45 米,是我国现存最早的一座天文观测台遗迹。

图 4.2　北京古观象台

北京古观象台始建于明正统七年(1442),初称观星台,清代改称观象台。北京古观象台持续了近 500 年的天文观测,是世界上在同一地方观测时间最长的天文台。观象台台体高 13.75 米,台上陈列着八架清代铜质天文仪器。

月食分为全食和偏食两种。最早的月食记录同样也见于殷墟甲骨卜辞。经过推算得知,这一组月食发生的时间不早于公元前 1300 年,不晚于公元前 1120 年。[①]《中国古代天象

---

① 中国天文学史整理研究小组:《中国天文学史》,科学出版社,1981,第 18 页。

记录总集》载有中国古代文献中的月食记录1100多条。

掩星大致可分为月掩恒星、月掩行星、行星掩恒星、行星互掩等几种情况。月掩恒星比较常见。月掩行星则为古代天文学家所重视，一般所指的掩星即指月掩行星。《中国古代天象记录总集》收录了古代月掩行星记录共200多次。这些记录对验证现代天体力学中的某些理论，如地球自转速度的长期变化等，具有非常重要的意义。

行星在恒星背景下的视运动轨迹复杂多变。在古希腊这是要被拯救的"现象"。在中国古代，天文学家们却对这种现象进行着坦率的观察和记录。中国古代天文学家关注的行星天象大致可分为如下六类：① 行星自身亮度、颜色、大小和形状的变化；② 行星与二十八宿相对位置的变化；③ 行星自身的运动状况，有顺、留、逆、伏等；④ 五大行星相互之间的位置变化；⑤ 行星与月亮的相对位置变化；⑥ 流星、彗星干犯行星。

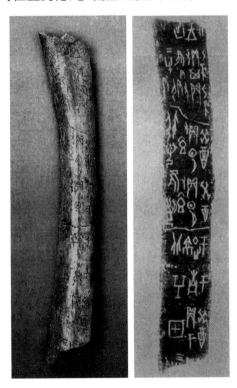

图4.3　"癸酉贞日夕有食"卜辞原件照片和拓片

中国古代对行星天象进行如此细致、全面的观察，原因在于古人相信这些天象透露了上天关于人间事务的倾向性意见。理论上，古人相信所有发生的天象都包含着这样的信息。日月食等罕见天象包含着尤其重要的信息。但是罕见天象对人间事务难以进行日常指导，所以古代星占学家对行星动态这样的常规天象加以持久性的关注。无论是在中国古代的历法文献中还是重要的星占著作中，关于行星的内容总是占了很大的篇幅。如李淳风著的《乙巳占》中行星星占的内容占到40%左右，瞿昙悉达编撰的《开元占经》中行星星占内容占到35%。

彗星是除日食之外最易引起古人惊异的天象。在古代星占理论中，彗星的出现常被当作一种凶兆。据《中国古代天象记录总集》的统计，中国古代文献中的彗星记录有1000多条。可靠的古代彗星记录最早见于《春秋》鲁文公十四年（前613）："秋七月，有星孛于北斗。"

据推算确认,这是哈雷彗星的最早记录。

中国古代对彗星的观察非常细致,根据其出现的方位不同和形状各异,配有不同的专名。在长沙马王堆汉墓出土的西汉帛书上,绘有一份珍贵的彗星图,描绘了29种彗星的形态,每一种彗星图像下有对应的名称和占辞。

虽然古代中国的天文学家更关心彗星的星占学含义,但他们对彗星位置、运动轨迹、形态形状、出现时刻、消失时刻等所做的大量详尽描述,是世界上最早、最丰富的彗星记录。这些资料一直为现代中外天文学家所重视,它们为研究彗星的周期、轨道演化等问题提供了重要的第一手资料。作为对比,在古希腊,彗星只是被当作大气现象。在西方天文学史上,直到第谷之后彗星才被当作一种天体。

据《中国古代天象记录总集》的统计,中国古代文献中还有新星记录100余次、流星记录4900余次、流星雨记录400余次、太阳黑子记录270余次。古人做这些记录无疑有他们自己的服务目标,但同时也为现代天文学研究留下了宝贵的遗产。

4.2.3 历书的编算、印制和颁发

利用天文仪器对恒星、日、月、行星等天体进行定量观测,掌握必要的基本数据后推演出各天体的一般运动规律。这一系列复杂而精密的推算工作的最后一步就是历书的编算。历书的编算毫无疑问是而且只能是皇家天文机构的职责所在。元代杨垣在《太史院铭》中记述道:

> 凡推星历,诸生七十人,苡以三局:一曰推算,其官有五官正,有保章正,有副,有掌历,分集于朝室。二曰测验,其官有灵台郎,有监候,有副。三曰漏刻,其官有挈壶正,有司辰郎,分集于夕室。(《元文类》卷一七)

在这里我们看到,元代为了推算、编排历书,有一个70人的工作队伍。其他朝代的天文机构编历的情况应该也大致相仿。

历书的印制也是皇家天文机构的工作内容。杨垣在《太史院铭》的最后写道:"灵台之前东西隅,置印历工作局。"看来这种"印历工作局"是历代天文机构的常设部门。天文机构工作人员把下一年即将颁行的历书编算印刷完毕之后,择日献上朝廷,然后由礼部负责颁发。

在现存明代《大统历》历书的封面上(图4.4),可以看到一个盖上去的木戳,戳上的文字为:

> 钦天监奏,准印造大统历日,颁行天下。伪造者依律处斩。有能告捕者,官给赏银五十两。如无本监历日印信,即同私历。

可见历书的印制是被皇家天文机构垄断的,并且是"版权所有,不得翻印"的,哪怕是翻印了一模一样的皇历,但没有钦天监印信,也视同伪造。这一点充分说明了历书颁发的政治象征意义。这种象征意义表现在两个方面,一方面颁历之权是皇权得以确立的象征;另一方面,奉行某朝颁行的历法——一般称作奉某朝正朔,表示对该朝政权的臣服。

历书的颁发因此也是朝廷的大事,要举行非常隆重的仪式。根据《明实录》中的记载,明朝的颁历仪式由刘基等人议定,力求隆重。颁历的时间有季冬、冬至等旧例,后来改为十一月朔日。如果该日正好遇到日食或冬至,则颁历日期前置或后延。颁历的地点在正殿。参与颁历的人员自天子以下有诸亲王和文武群臣。所有参与颁历的人员都会得到一本来年的

新历。另外礼部还负责向全国布政司转发民用历,这种民历式是最为简略的一种,与皇帝、亲王和大臣所见的历书繁简不同。

作为宗主国,颁历于天下的同时,也向周边附庸国颁发历书,以显示其宗主国的地位。在唐朝,南诏、回鹘等国都从唐朝接受历书。明朝一般在每年十一月朔颁历之后,接着就向附属国颁历。朝鲜当时奉中国为宗主国,明朝每年赐历100本。琉球国远在海外也奉明朝正朔。但由于路途遥遥,进京不易,受历之使臣回到琉球时历书往往已经过期三四个月。琉球国王曾将此事反映到大明天子那里,后来明英宗想出的一个解决办法是让福建布政司负责给琉球国颁发历书。

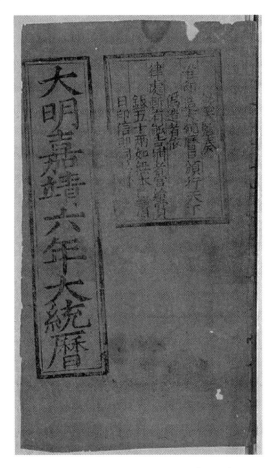

图 4.4 明嘉靖六年(1527)《大统历》封面

4.2.4 天文仪器的研制和管理

天文仪器的出现是天文学走向定量化的必然结果。只有借助各种天文仪器才能精确测定各种天文数据。中国古代的天文仪器主要有圭表、漏刻、仪象三大类。

圭表是一种既简单又重要的测天仪器,它起源于远古,直至清末,在中国古代天文学的发展史上扮演了重要角色。圭表由表和圭两部分组成,表是一种竖立于地面的柱体,最简单的表可以是一根木棍;圭比表稍晚才出现,它是一把标有刻度的长尺,沿正南北方向水平放置,一端与表在地面的一头连接。表用来投射日影,圭用来测量日影的长度。

根据《周礼·考工记》和《周髀算经》等早期文献记载,圭表一开始便被用于定方向、定节气等天文上。《周髀算经》卷上载"周髀长八尺,夏至之日晷一尺六寸。……髀者,表也。"卷下也记载有"以日始出立表而识其晷,晷之两端相直者,正东西也。中折之指表者,正南北也"的说法。《周髀算经》规定表高为八尺,表影长一尺六寸时为夏至,这里测影时间在正午,地点在周代所认定的地中阳城。值得注意的是,自从周代定下表高为八尺之后,以后历代沿用,所造表高大都为八尺。

由于用圭表测影可以定出编历所需要的重要参数,所以历代对圭表的制作力求精善,以期提高测影精度。元代郭守敬为修《授时历》,首次打破了表高八尺的定制,建造了四丈高表(图 4.5),并创造景符、窥几等专用测影附件,使测影精度大大提高。

图 4.5　河南登封观星台的郭守敬高表

日晷也属于圭表类的天文仪器,它是圭表的一种改进形式。日晷利用表的投影在平面上的方向变化来测定时间。所以日晷有两个基本组成部分:一根作为表的柱子和与表垂直的平面——称为晷面,一般为一块圆石板,也可用其他材料。在晷面上刻有刻度,以计量时间。根据晷面放置方式的不同,日晷主要有两种类型:一种晷面水平放置,叫作水平式日晷;另一种晷面与赤道①面平行放置,叫作赤道式日晷。由于日晷的制作需要用到几何学知识,所以日晷在中国上古和中古时期发展得不是很成熟。

漏刻是古代最重要的计时仪器。在历代天文文献中,漏刻又都被当作天文仪器。漏刻由漏和刻两部分组成,漏指漏壶,刻是标有时间刻度的标尺,一般是一支竹箭。漏刻根据漏壶中的水量变化来确定时间。日晷根据太阳投影的方向变化来计时,但是到了晚上或遇到阴雨天,日晷就无能为力了,漏刻计时则不受这些因素的影响。漏刻计时的方法主要有两种:一种是根据容器(漏壶)内水漏出而减少的情况来计时,这叫泄水型漏刻;一种是根据容器接受另外容器漏出的水而水量增加的情况来计时,这叫作受水型漏刻(图 4.6)。为了提高

---

　①　天文学上的赤道是指地球赤道所在的平面向外延伸与天球相交的大圆。

用漏刻计量时间的精度,古人想了许多办法来获得均匀的水流,以保证漏刻计时的稳定性。计量时间的装置也越来越复杂,从简单的泄水型发展到受水型,乃至多级受水型装置。在这一点上中国古人再次展现了他们的聪明才智。

 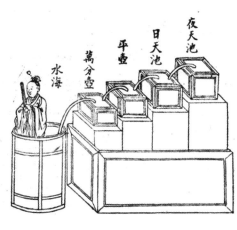

图 4.6　泄水型漏壶(左)和受水型漏刻(右)

仪象分为浑仪和浑象两类,是中国古代浑天家测候和演示天象的基本仪器。从各种文献的记载来看,浑仪最早创制于汉代,与浑天说的产生密切相关。东汉张衡著有《浑天仪注》。但关于古代浑仪的机械结构所作的详细记载,首推《隋书·天文志》对东晋时期前赵史官孔挺于光初元年(318)所造的浑天铜仪结构的介绍。此后北魏、唐代、北宋、元代、明代各有所制。唐初李淳风制造的浑仪叫浑天黄道仪,比前代浑仪有很大改进。唐开元十一年(723)一行、梁令瓒制成黄道游仪,比李淳风的浑天黄道仪又有所改进。北宋浑仪先后制造了五架之多,在结构上继续有所改进,在铸造技术和质量上也达到了浑仪制造的高峰。

元代郭守敬针对浑仪结构的缺陷作了一次革命性的改进,他把浑仪分解成两个独立的仪器,安装在同一个底座上,合称简仪。简仪的结构比浑仪更为先进合理,铸造更简单,用于测天也更方便易行。明代仿制的简仪现存于南京紫金山天文台(图 4.7)。

历代之所以不惜工本地铸造浑仪,是因为浑仪在天文历法中具有重要作用。实测是天文学得以发展的基础,历史上每一次测天仪器的改进,几乎都伴随着天文历法理论的一次进步。

浑象是古代浑天家用来演示天球周日运动的仪器,类似于现代的天球仪,其基本结构是一个圆球,在球面上标有星辰和黄道、赤道等圈线。有明确记载的浑象首次出现在张衡的作品中(132 年),张衡在浑象上装置了一套齿轮机械转动系统,利用漏壶流水的稳定性,推动浑象均匀绕轴转动。调节浑象的转动速度,可以使浑象显示的天象与真正的天象完全符合。张衡还用这套装置带动一个机械日历,能随着月亮的盈亏演示一个阴历月中日期的推移。因此张衡发明的这种水运浑象同时还是天文机械钟的祖先。后人沿着张衡这条技术路线,不断改进设计,到北宋苏颂领导建造的水运仪象台,达到了空前宏伟、复杂的程度。

水运仪象台由苏颂和韩公廉于北宋元祐元年(1086)开始设计,到元祐七年(1092)完工。台高约 12 米,宽约 7 米,共分三层。最上层设置浑仪且有可以开闭的屋顶,中层安置浑象,下层是报时系统。这三层用一套传动装置和一组机轮连接起来,用漏壶水冲动机轮,带动浑

图 4.7 明代仿制的郭守敬简仪
1437年仿制,现存于南京紫金山天文台。

象和报时装置一起转动。可通过控制水流速度来调节枢轮向某一方向等时转动,使浑象的转动与天体运动保持同步。在中层密室中的观测者看到浑象上演示某一恒星上中天,另一观测者在上层可用浑仪观测加以验证。在下层报时装置中巧妙地利用了160多个小木人和钟、鼓、铃、钲四种乐器,可以显示时、刻,还能报昏、旦时刻和夜晚的更点。水运仪象台的机械传动装置,类似现代钟表的擒纵器,被英国的李约瑟认为"很可能是欧洲中世纪天文钟的直接祖先"。① 但也有学者对李约瑟的这种说法表示怀疑。② 水运仪象台在1127年金兵攻陷汴梁时遭到破坏。南宋朝廷曾经试图把水运仪象台恢复起来,始终没有成功。

在中国古代,天文仪器的研制和铸造需要奏请天子批准,仪器的日常操作和管理之权也在皇家及其代理人。当天文仪器有所损坏,对之进行修复显然是必要的,但也不能擅自进行,必须上奏天子,获得批准后方可进行修理。如明成化十四年(1478)二月十四日钦天监奏:"观象台内原设测验晷影堂俱已损坏,乞工修理。"皇帝于是命"取简仪于内官监修理,其余工部主之。"(《明宪宗实录》卷一七五)这里皇帝命令把观天仪器搬入内官监修理,以免无关人等轻易窥视,工部只是主修观象台的台基等辅助设施。

天文仪器在中国古代是严令禁止私人拥有的。《唐律疏议》中就有明确记载:"诸玄象器物、天文图书、谶书、兵书、七曜历、太一、雷公式,私家不得有,违者徒二年。私习天文者亦同。"《续资治通鉴长编》卷五六中也记载:"景德元年(1004)春,诏:图纬推步之书,旧章所禁,私习尚多,其申严之。自今民间应有天象器物、谶候禁书,并令首纳,所在焚毁。匿而不言者论以死,募告者赏钱十万。"从这些禁令中可以知道,从天文仪器到天文典籍在各朝都禁止私人拥有,自学天文也是违法行为。

---

① Joseph Needham, Wang Ling and Derek J. de Solla Price, *Heavenly clockwork, the great astronomical clocks of medieval China* (Cambridge: Cambridge University Press, 1986).

② 胡维佳:《〈新仪象法要〉中的"擒纵机构"和星图制法辨正》,《自然科学史研究》1994年13卷3期。

4.2.5 天文典籍的编制和管理

在世界各古代文明中，中国古代保存的天象资料最为丰富和完备，这一点是举世公认的。这些古代天象资料主要是通过编成书籍的形式得以保存。

中国古代最系统、最完整、记载资料最丰富的天文典籍当首推历代官史中的天文、律历、五行等志。自从司马迁"欲以究天人之际，通古今之变，成一家之言"(《报任少卿书》)，编制成中国古代第一部纪传体通史《史记》后，《史记》体例亦成为后世史官遵循的楷模，历代官史中的天文、律历、五行等志便是仿照《史记》"八书"中的律书、历书、天官书写成的。

天文志的内容一般包括该朝天文大事记、天文仪器的建造情况、天象记录以及天象对应的星占占辞和事验等，天文志是古代天象记录的主要来源。律历志（历志）的内容一般先叙述该朝与制定历法有关的大事，然后给出该朝主要历法的推步原理和基本数据，这些原理和数据是后人研究古代历法重要而且几乎是唯一的史料来源。五行志专述该朝灾异、祥瑞的情况，为各地灾异、祥瑞报告的汇总。

历代官史共二十五种，其中十八史有志，今将其中的天文、律历、五行等志的情况列表如下（如律与历分为二志，则只列历志）：

史记：历书，天官书。
汉书：律历志，天文志。
后汉书：律历志，天文志，五行志。
晋书：天文志，律历志，五行志。
宋书：历志，天文志，符瑞志，五行志。
南齐书：天文志，祥瑞志，五行志。
魏书：天象志，律历志，灵征志。
隋书：律历志，天文志，五行志。
旧唐书：历志，天文志，五行志。
新唐书：历志，天文志，五行志。
旧五代史：天文志，历志，五行志。
新五代史：司天考。
宋史：天文志，五行志，律历志。
辽史：历象志。
金史：天文志，历志，五行志。
元史：天文志，五行志，历志。
明史：天文志，五行志，历志。
清史稿：天文志，灾异志，时宪志。

历代官史中的天文、律历、五行等志中保存的天文历法史料以其正统性、完备性见长，除此之外，其他有关书籍中保存的天文史料对我们全面了解天文历法在古代的真实情形也很有帮助。这些典籍根据它们各自的特点可分为三大类：一是上古经史类，包括《尚书》《周礼》《诗经》《春秋》《国语》《吕氏春秋》等，这些典籍中保存的天文史料对我们研究天文学早期的产生、发展具有重要意义。二是个人著述类，这类典籍有东汉张衡的《灵宪》、唐李淳风的《乙巳占》、唐瞿昙悉达的《开元占经》、唐王希明的《步天歌》、北宋沈括《梦溪笔谈》中有关天文的章节等。明末西洋天文学来华之后，明清两代个人天文著述大大增加，在此不能一一枚举。三是古代由官方组织编撰的天文著作和大型类书中的天文历法部分，如宋王应麟所辑《玉海》分二十二门，其中第一门天文共五卷，第二门律历共六卷。官方组织编撰专门的天文著作主要始于明末（当然历代官史中天文、律历、五行等志的编撰也是一种政府行为），如明徐光启主持编撰的《崇祯历书》，清康熙御定的《灵台仪象志》《历象考成》，清乾隆御定的《仪象考成》等。

　　最后还值得一提的是，考古发掘出来的与天文学有关的史料对中国古代天文学的研究具有非常重要的意义，这类史料有殷墟甲骨上的卜辞、周代青铜器上的铭文、马王堆汉墓出土的帛书等等。

　　与对天文仪器的管理一样，天文典籍在中国古代原则上一直处于"禁书"的状态，非专业人员不得阅读。但是针对官修史书中的天文志和律历志，则一直处于比较暧昧的状态，因为朝廷毕竟不能禁止读书人阅读《史记》《汉书》。由于中国古代天文学的官方垄断经营的性质，给天文典籍文献的保存也带来正反两个方面的影响。一方面由于官方大量人力、物力的投入，使得天文文献得到大量保存；另一方面，由于官方禁止私人自学天文和拥有天文著作，许多天文文献的保存渠道少而窄，缺乏广泛传播和流通的渠道，减少了被保存的机会。事实上，由于官方的集中保存，常常因为战乱和火灾等原因使得很多天文典籍毁于一旦。

4.3　中国古代历法的基本问题和基本概念

　　历法在古代称为历或历术，在概念内涵上古代历法比现代历法更为丰富。古代历法研究的对象包括日、月和五大行星①，要解决的基本问题包括：① 年月日之间的协调问题，具体包括每月日数的分配、一年中月的安排和闰月的安插、节气的安排等等；② 对日月五星运行规律的掌握，进而对日月交食和行星动态进行解释和预报。

4.3.1　年月日的概念

　　年月日是历法中三个最基本的时间单位，根据不同的定义，年月日的具体含义也有所不同。民用历法中的年月日一般指回归年、朔望月和平太阳日。平太阳日是昼夜交替的平均周期，回归年是太阳从春分点再回到春分点的时间间隔，中国古代回归年定义为太阳从冬至点再回到冬至点的时间间隔，这两个定义是等价的（以下行文中如无特别说明，年月日均指回归年、朔望月和平太阳日）。需要指出的是，利用冬至点和太阳运动来定义年是在历法发

---

① 日月五星在古代合称七政（《尚书》），汉代以后又称七曜。日又称太阳，月也称太阴，五星又称五纬，为木、火、土、金、水五大行星。太阳、太阴和木、火、土、金、水等名称是在阴阳五行说出现之后，中国古代天文历法中五星的正式名称为岁星、荧惑、镇星、太白、辰星，分别对应于木、火、土、金、水五星，以上五星的排列次序是中国古代天文学中的标准次序。

展到相当成熟的阶段才出现的,在早期历史上年的概念与物候变化有关,如《说文》中"年,熟谷也"之类。

月亮作为夜空中一个十分显著的天体,最引人注目的是它周期性的月相变化。月相变化的一个周期称为一个朔望月。朔和望是这样两个时刻:前者指月亮正好运动到太阳附近,严格地讲是日月的地心黄经相等;后者是指月亮与太阳在黄道上遥遥相对,即黄经相差180°。所以朔时月亮是看不见的,望时月亮最圆。习惯上将包括朔和望这两个时刻的那两天就称为朔、望。事实上朔的前一天和后一天月亮也是看不见的。到朔后第二天黄昏月出于西方天空,这时的月亮状若弯眉,在中国古代将这一天称为朏。明确地将朔作为一朔望月的起点是较晚才出现的,从秦以前的文献来看,朏可能做过月首。西周青铜器铭文中有初吉、既生霸、既望、既死霸等描述月相的术语,但它们的确切含义还有待进一步讨论。

由于月亮运动非常复杂,朔望月并不是严格意义上的一个常数。中国古代历法通过长期观测统计求得的朔望月长度是一个平均长度。根据平均朔望月长度定出的朔与望称为平朔与平望。东汉李梵、苏统提出月行有迟疾,北齐张子信发现日行有盈缩,所以在平朔和平望的基础上需要加上太阳和月亮的运动不均匀性修正,修正后获得定朔和定望。两次定朔或定望之间的时间间隔是真实的朔望月长度,但真朔望月长度变化不定,一般所说的朔望月是指平均朔望月。

4.3.2 阴历、阳历与阴阳历

任何一种周期性运动都可以作为度量时间的标尺。月亮的朔望交替变化和太阳的周年视运动是两种即直观又较为精确的周期运动,古人选择它们来度量时间是不奇怪的。月亮的朔望交替变化和太阳的周年视运动又是两种相互独立的运动,用其中任何一种都可以来制定历法,因此由于选择的不同,中外历史上出现了三种类型的历法:阴历、阳历和阴阳历。阴历只考虑月亮的运动,以朔望月为基本周期,并规定多少个朔望月为一年,如伊斯兰教的历法就是阴历。阳历以太阳的周年运动为依据,不考虑月亮的运动,如现行的公历就是阳历。阴阳历则同时考虑月亮和太阳的运动,把朔望月和回归年并列为制历的基本周期,我国古代文献所载的历法几乎都是阴阳历。

中国古代早期历法 1 年长度定为 365.25 天,月分大小,大月有 30 天,小月 29 天,平年有 6 个大月和 6 个小月,即 354 天,这样 1 个回归年的天数比 12 个朔望月的天数多了 11.25 天,累计 3 年就多出 1 月多。而阴阳历同时考虑月亮和太阳的运动的目的就是要使季节变化(太阳运动的反应)与阴历年协调一致,比如使阴历岁首固定在春季,而不像伊斯兰历法中的新年那样在四季游走不定。对以上问题的解决归结为古代历法中一个比较重要的专题:闰月的安插。

4.3.3 闰月与闰周

从一些古代文献来看,古人很重视置闰,《尚书·尧典》有"以闰月定四时成岁"的说法,《左传·文公六年》也有"闰以正时"的记载。古代较早出现的闰法有"五年再闰"(《说文解字》),就是说 5 年中安插 2 个闰月,即 5 年共有 62 个朔望月;在下一个 5 年中闰月的安插同上一个 5 年,所以这个安插闰月的周期又叫闰周。1 个回归年的准确日数为 365.2422 天,5

年就有1826.2110天;1个朔望月的平均日数为29.5306,62个朔望月就有1830.8972天。可见5年中安插2个闰月仍不能使阴历和阳历协调一致,积累5年阴历比阳历多了4天多,所以后来又出现了"19年7闰"的闰周,这样19年中有235个朔望月。19个回归年有6939.6018天,235个朔望月有6939.6910天,两者的天数已经相差很小。"19年7闰"这一闰周在中国古代历法史上施用了较长时间,直到南北朝时北凉赵𩂣打破这个旧闰周,创用600年221闰;稍后南朝宋祖冲之创用391年144闰。

在历法史的早期,闰周的存在对历法的编制还有一定的帮助,但是朔望月和回归年分别是月亮运动和太阳运动这两种独立运动的周期,两者之间没有简单的数学关系,而闰周为两者强制性地确立了一种简单的数学关系。这样,朔望月可以从回归年求得。以《后汉四分历》为例,回归年长度为 $365\frac{1}{4}$ 天,那么:

$$1(朔望月) = \frac{19(回归年)}{19 \times 12 + 7} = \frac{19 \times 365\frac{1}{4}(日)}{235} = 29\frac{499}{940}(日)$$

反过来也一样,已知朔望月长度后,通过闰周也可以求得回归年长度。通过闰周把朔望月和回归年长度捆绑在一起的做法有根本的缺陷,两个本来可以各自独立测定的参数,现在通过其中一个求另一个,这样容易传递测量误差。又因为19年7闰这个闰周只是一个近似成立的关系式,这样如果朔望月测得非常精确,势必导致求得的回归年变得不精确,反之亦然。后来的治历者注意到了这一点,北凉赵𩂣首先打破旧闰周,南朝宋时何承天就已经主张不必在探求新闰周上下功夫。事实上,朔望月和回归年都可以各自独立测得,它们之间也不存在简单的整倍数关系,闰周的设立完全是多余的。到《麟德历》开始,古代历法不再推求新的闰周。

闰月安插在年中的什么位置,也有个逐渐进步的过程。早期历法闰月一般放在年终,称为"十三月",自汉《太初历》起,确定了无"中气"之月为闰月的置闰原则。

4.3.4 二十四节气以及平气和定气

采用二十四气是中国古代历法的一个主要特点,它属于阴阳历中的阳历部分,反映了太阳的周年运动①。在西周和春秋时期,人们通过用圭表测日影的方法确定了冬至、夏至、春分、秋分四气在年中的位置;《吕氏春秋》中已增加了立春、立夏、立秋、立冬四气;《淮南子·天文训》中已出现了完整的二十四气名称,它们的名称以及与十二月的对应关系为:

一月　立春、雨水

二月　惊蛰、春分

三月　清明、谷雨

四月　立夏、小满

五月　芒种、夏至

六月　小暑、大暑

---

① 因为二十四气是太阳运动的反映,所以在现行的公历(一种纯阳历)中二十四气的日期基本上是固定的。

七月　　立秋、处暑
　　八月　　白露、秋分
　　九月　　寒露、霜降
　　十月　　立冬、小雪
　　十一月　大雪、冬至
　　十二月　小寒、大寒

　　以上二十四气又分为两类,立春、惊蛰、清明等为节气,雨水、春分、谷雨等为中气,①节气和中气间隔排列。在历法计算中,以中气冬至为气首,在民用上节气立春是岁首。

　　二十四气起初是这样定义的:将一回归年的长度均分为二十四等份,每一份的长度就是一气的长度,每一个分点就是一气所在的位置。冬至在一年中的位置处于白天正午圭表所投日影最长的时侯,夏至则为正午日影最短的时候,其余节气和中气可以根据它们距冬至或夏至的时间间隔定出。用以上方法定出的二十四气称为平气。后来太阳周年视运动的不均匀被发现,使用平气不便于历法中许多项目的计算,人们将周天分成二十四等份,太阳运行到某一个分点时就是对应的某一气的时刻,这样定出的二十四气称为定气。可见,平气是对太阳周期运动在时间上的等分,定气是对太阳周期运动在空间上的等分。由于太阳在一个周期内的运动是不均匀的,所以每一个平气内太阳经过的路程是不等的,每一个定气的时间间隔也是不等的。

　　虽然早在隋唐之际,定气就已被发现,但在清代以前,历谱的编制均使用平气。由上文知道一平气的长度是一回归年的二十四分之一,即 15.2184 天,一个节气加上一个中气的长度(30.4368 天)大于一个朔望月的长度(29.5306 天),所以有可能在一个朔望月里只出现一气(只有节气或只有中气)。如果某一个朔望月里只有节气没有出现中气,那么就把该月设定为闰月,如果前一个月份序号为 X,那么该月为闰 X 月。汉代以来的历法就一直沿用无中气之月为闰月的置闰规则。

　　"二十四节气"作为中国古人通过观察太阳周年运动,认知一年中时令、气候、物候等方面变化规律所形成的知识体系,它既在回归年长度测定、历谱编排、闰月安排等传统历法项目推算中扮演重要角色,也在指导中国古人的传统农业生产和日常生活中发挥重要作用。

　　从节气的起源和形成过程来看,与古代人们的生产和生活密切相关。在先秦物候历《夏小正》中,以其正月所记物候为例,"启蛰、雁北乡、鱼陟负冰、囿有见韭、时有俊风、田鼠出、獭献鱼、桃则华"等动物行为、植物生长、天气现象等物候变化,以及"鞠则见、初昏参中、斗柄县在下"等天文现象,与"农纬厥耒、初岁祭耒始用畅、初服于公田"等人类生产生活活动,按照自然发生的先后顺序记载在一起,充分展示了人类按照自然的节奏展开生产生活活动的和谐景象。

　　在《淮南子》卷五《时则训》中,我们仍可以看到类似的人类活动安排,只不过关注重点聚焦在帝王将相身上了。以"孟春之月"为例,该月的对应天象是"招摇指寅,昏参中,旦尾中",该月对应的物候有"东风解冻,蛰虫始振苏,鱼上负冰,獭祭鱼,候雁北","天子衣青衣,乘苍龙,服苍玉,建青旗,食麦与羊,……朝于青阳左个,以出春令","立春之日,天子亲率三公、九卿、大夫以迎岁于东郊。"在十二个月中,天子分别做出诸如此类的行为,无非是表示自己顺

---

① 习惯上把二十四气统称为二十四节气。

天而行，祈求风调雨顺、国泰民安。

古人以上这些信念提出了精确测定节气日期的要求，因为如果节气定得不准，会导致他们的行为不能顺应天时。例如东汉元和二年(85)因为《太初历》的积累误差超过了一天，汉章帝下诏改历，其中提到："先立春一日，则四分术之立春日也。以析狱断大刑，于气已迕；用望平和随时之义，盖亦远矣。"这是说按照错误的《太初历》确定的立春之前的一天，是《四分历》的立春日，按照旧历法可以行大刑，但按照新历法，就不可以了，不然就会有违天和，带来"阴阳不调、灾异不息"的恶果。因此，按照精确的节气日期安排国家事务，这是古人政治生活中的大事。

二十四节气的每一气还被分成三候，这样一年就有七十二候。一些历法给出了推算每一候日期的方法。节气与物候的对应关系见表4.1。

表4.1 中国节气与物候的对应关系

月份	节气	初候	二候	三候
正月节	立春	东风解冻	蛰虫始振	鱼陟负冰
正月中	雨水	獭祭鱼	候雁北	草木萌动
二月节	惊蛰	桃始华	仓鹒鸣	鹰化为鸠
二月中	春分	玄鸟至	雷乃发声	始电
三月节	清明	桐始华	田鼠化为鴽	虹始见
三月中	谷雨	萍始生	鸣鸠拂其羽	戴胜降于桑
四月节	立夏	蝼蝈鸣	蚯蚓出	王瓜生
四月中	小满	苦菜秀	靡草死	麦秋至
五月节	芒种	螳螂生	鵙始鸣	反舌无声
五月中	夏至	鹿角解	蜩始鸣	半夏生
六月节	小暑	温风至	蟋蟀居壁	鹰始挚
六月中	大暑	腐草为萤	土润溽暑	大雨时行
七月节	立秋	凉风至	白露降	寒蝉鸣
七月中	处暑	鹰乃祭鸟	天地始肃	禾乃登
八月节	白露	鸿雁来	玄鸟归	群鸟养羞
八月中	秋分	雷始收声	蛰虫坯户	水始涸
九月节	寒露	鸿雁来宾	雀入大水为蛤	菊有黄华
九月中	霜降	豺乃祭兽	草木黄落	蛰虫咸俯
十月节	立冬	水始冰	地始冻	雉入大水为蜃
十月中	小雪	虹藏不见	天气上升,地气下降	闭塞而成冬
十一月节	大雪	鹖鴠不鸣	虎始交	荔挺出
十一月中	冬至	蚯蚓结	麋角解	水泉动
十二月节	小寒	雁北乡	鹊始巢	雉雊
十二月中	大寒	鸡乳	征鸟厉疾	水泽腹坚

以二十四节气和七十二候为基本架构编排出来的历谱,是指导古代民众日常生活的重要工具书。从保存至今的古代文献和出土历谱实物中,可以看到大量这种具体的日常生活指导。现在来看,无论是古代帝王将相的政治生活,还是普通民众的日常生活,古人基于精确节气日期来安排和规范自己的行为,以期达到顺应天时、趋吉避凶的目的,这种愿望固然是美好的,但却没有什么科学道理,不过这种愿望确实推动了天文历法对准确性的精益求精的追求。

无论如何,古人这种强调顺应天时、不与自然相脱节的生活方式肯定是有益的。什么时间吃什么、穿什么、干什么事情,都与春夏秋冬联系在一起。顺应自然,过健康、幸福、快乐的生活,无论古今,都是一致的。

2016年11月30日,联合国教科文组织保护非物质文化遗产政府间委员会经过评审,正式通过决议,将中国申报的"二十四节气——中国人通过观察太阳周年运动而形成的时间知识体系及其实践"列入联合国教科文组织人类非物质文化遗产代表作名录。中国古人发明的"二十四节气"为丰富人类非物质文化作出了重要贡献。

4.3.5 纪日与纪年

在中国古代还存在一套特殊的纪日和纪年的方法,虽然年月日的计法算不上什么深刻的历法内容,但中国古代的年月日计法特点鲜明、运用广泛,在文献中经常出现。

纪日用干支,干即天干,为甲、乙、丙、丁、戊、己、庚、辛、壬、癸;支即地支,为子、丑、寅、卯、辰、巳、午、未、申、酉、戌、亥。十天干和十二地支组合成六十干支,也称六十甲子,依次为:

0 甲子	10 甲戌	20 甲申	30 甲午	40 甲辰	50 甲寅
1 乙丑	11 乙亥	21 乙酉	31 乙未	41 乙巳	51 乙卯
2 丙寅	12 丙子	22 丙戌	32 丙申	42 丙午	52 丙辰
3 丁卯	13 丁丑	23 丁亥	33 丁酉	43 丁未	53 丁巳
4 戊辰	14 戊寅	24 戊子	34 戊戌	44 戊申	54 戊午
5 己巳	15 己卯	25 己丑	35 己亥	45 己酉	55 己未
6 庚午	16 庚辰	26 庚寅	36 庚子	46 庚戌	56 庚申
7 辛未	17 辛巳	27 辛卯	37 辛丑	47 辛亥	57 辛酉
8 壬申	18 壬午	28 壬辰	38 壬寅	48 壬子	58 壬戌
9 癸酉	19 癸未	29 癸巳	39 癸卯	49 癸丑	59 癸亥

以上每一个干支用来表示一天,如某天为戊子日,则下一天为己丑日,前一天为丁亥日;癸亥日的下一天为甲子日,这样六十干支周而复始用来纪日。完整的六十干支符号在殷墟甲骨卜辞中就已出现(图 4.8),连续的干支纪日则从鲁隐公三年(前720)二月己巳日起,直到现在未有间断。至于鲁隐公三年以前的干支纪日有无间断还有待于考证。显而易见,干支纪日是一种独立的纪时方法,在年代学上具有重要意义。

关于纪年,有一种岁星纪年法,根据木星大约十二年运行一周天的规律,将周天分成十二次,自西向东依次为星纪、玄枵、诹訾、降娄、大梁、实沉、鹑首、鹑火、鹑尾、寿星、大火、析木等,木星每年行经一次,因此就可以用木星所在的星次来纪年,这种纪年法在春秋、战国之交

图 4.8 商帝乙或帝辛时期刻有干支表的牛骨(左)和干支表拓片(右)

十分盛行。有些典籍如《史记·天官书》中的十二次名称借用了十二地支的名称，只是十二次的次序与十二地支的次序正好相反。

木星在星空背景下的移动速度并不均匀，有时还有逆行，用这样一种运动来作为时间的标尺并不理想。所以古人设想了一个与岁星运行方向相反、移动速度均匀的"太岁"（又名"岁阴"）在天上自东向西运行，并且按与十二次相反的方向把周天分成十二辰，名称用十二地支表示，依次为：子、丑、寅、卯、辰、巳、午、未、申、酉、戌、亥。同时又给十二辰各取了一个奇怪的专名，依次为：困敦、赤奋若、摄提格、单阏、执徐、大荒落、敦牂、协洽、涒滩、作噩、阉茂、大渊献。太岁每年行经一辰。这样，根据"太岁"的运行也可以纪年，这叫作"太岁纪年法"。

岁星实际上是 11.86 年运行一周天，经过 84 年，岁星的实际位置将超过计算位置一个次，因此岁星纪年法行用时间过久之后，就与实际天象不符，比如按照岁星纪年法应是"岁在大火"，而实际上岁星已经运行到析木之次了，这样显然要引起混乱，所以后来岁星纪年法逐渐被干支纪年法所代替。西汉太初元年（前 104）以后，岁星纪年法一度与干支纪年法并用，东汉建武三十年（54）后则完全废除了岁星纪年法，只用干支纪年法。

与干支纪日法类似，干支纪年法也是以六十干支循环使用，其十干叫作岁阳，十二地支叫作岁阴。作为岁阳的甲、乙、丙、丁、戊、己、庚、辛、壬、癸，各有一个专用名称，依次为：阏逢、旃蒙、柔兆、强圉、著雍、屠维、上章、重光、玄黓、昭阳；作为岁阴的子、丑、寅、卯等对应的专用名称就是十二辰对应的专名。因此，甲子之岁可以叫作阏逢困敦之岁，辛亥之岁又叫作重光大渊献之岁。

干支纪年法与干支纪日法一样，是独立于天象的，可以循环往复地使用。中国古代历史上皇帝年号更替频繁，又由于改朝换代，历法也经常变革，但历史上的年月日仍然能搞得清清楚楚,这正是古人不间断地使用干支纪日和干支纪年这两种自成体系的纪时方法的结果。

4.3.6 月名、月建与三正

一年十二个月的名称在古代最常用的办法是以序数记,如一月、二月、三月等,一月作为岁首月份又叫正月。与四季搭配后,一、二、三月属春季,四、五、六月属夏季,七、八、九月属秋季,十、十一、十二月属冬季,一月到十二月的名称又分别叫作:孟春之月、仲春之月、季春之月、孟夏之月、仲夏之月、季夏之月、孟秋之月、仲秋之月、季秋之月、孟冬之月、仲冬之月、季冬之月。在先秦十二月又各有别名,依次为:陬、如、寎、余、皋、且、相、壮、玄、阳、辜、涂(《尔雅·释天》),类似的古怪名称还见于长沙子弹库战国墓出土的楚帛书。

古人又将十二月与十二地支相配,以冬至所在之月为建子之月,以下依次为建丑之月、建寅之月……建亥之月等,这就是所谓的"月建"概念。春秋战国时代,不同地区所用的历日制度并不统一,孔子曰:"我欲观夏道,是故之杞,而不足征也,吾得夏时焉。"(《礼记·礼运》)这里的夏时现在看来不大可能真的是夏代流传下来的历法。当时不同地区流行着以子月、丑月和寅月为正月的三种历法,分别称周正、殷正和夏正。秦始皇统一中国后,以建亥之月为岁首,但不称正月,四季与月份的搭配仍同夏正,汉初因秦制,太初元年(前104)行用太初历,改建寅之月为岁首,施行夏正,以后王莽和魏明帝时一度改用殷正,唐武后和肃宗时一度改用周正,其余都用夏正。现今与公历并行的农历用的就是夏正。

4.3.7 时刻制度

日是历法的一个基本时间单位,但由于各种各样的需要,比如要确定祭祀的正确时刻、记录天象发生的时间、发布军队按时集合的命令等等,都要求对一日之内的时间进行划分。

从出土的殷墟甲骨卜辞来看,殷商时代将一天的时刻划分为:明(旦)、大采、大食、中日、昃、小食、小采、暮等时间段落。《周礼》里记载着许多与掌握时刻有关的官职,如夏官挈壶氏"掌挈壶以令军井,……以水火守之,分以日夜",秋官司寤氏"掌夜时,以星分夜"等等,这些资料说明当时已用漏壶计量时间,不但划分了白天的时间,而且也划分了夜晚的时间,有专职的报时人员和复杂的报时制度。《左传》昭公五年(前537)条载:"日之数十,故有十时。"《隋书·天文志》记述古代漏刻制度时说:"昼,有朝、有禺、有中、有晡、有夕。夜,有甲、乙、丙、丁、戊。"《淮南子·天文训》中又将白天分成十五段:晨明、朏明、旦明、蚤食、宴食、隅中、正中、小还、铺时、大还、高舂、下舂、悬车、黄昏、定昏。

从以上这些时段名称来看,它们主要反映了人们白天的活动,从天亮开始,到天黑结束,夜间人们进入休息状态,在民用上夜间时刻的划分不是很有必要。但一种完整的计时制度对白天和黑夜的时间应该都有均匀的划分。事实上,在以上这些民用时刻制度出现的同时,有两种较为成熟的时刻制度也已经出现,即在后世天文历法中成为两种主要时刻制度的十二时辰制和百刻制。十二时辰制和百刻制是两种相互独立的时刻制度,十二时辰制将一昼夜均分为十二等份,每一等份就是一个时辰,名称分别用十二地支表示,以夜半子时为一天的开始。将一天的起点定在夜半而不是天明时刻,这是天文学发展到一定阶段的结果。所以十二时辰制与天文上的用途有关。百刻制是与漏壶相配套的时刻制度,漏壶用一支浮箭指示时间,箭上刻上一条条刻痕,一昼夜被分成均匀的一百刻。

十二时辰制符合天文上的习惯,但划分较粗。百刻制划分较细,但不便在天文历法中使用。十二时辰制和百刻制不能相互代替,在古代一直并行使用。由于十二与一百之间没有简单的倍数关系,所以十二时辰制和百刻制之间不能简单地相互转换。历史上也曾有过几次对百刻制进行改革的做法,如汉哀帝和王莽改行过一百二十刻,为时均很短;梁武帝先后改行过九十六刻和一百零八刻,九十六刻行用了三十七年,一百零八刻行用了十六年。直到明末西洋天文学传入,传来二十四小时制,才又提出九十六刻的改革,在清代成为正式的时刻制度。

对时刻制度进行改革往往会背上"违经背古"的罪名,所以古人在保留百刻制的基础上,想出了几种与十二时辰制相配的调和方法,如允许十二时辰中每个时辰的刻数不等;把一刻分成六十分,这样一个时辰就有八刻二十分。另外,在历法计算中,每一部历法往往都有它们自己特殊的分法。

十二时辰制将子时的正中定为夜半,与现代的二十四小时的对应关系见表4.2。

表 4.2 十二时辰和现代的二十四小时的对应关系

十二时辰	二十四小时
子时	23:00—01:00
丑时	01:00—03:00
寅时	03:00—05:00
卯时	05:00—07:00
辰时	07:00—09:00
巳时	09:00—11:00
午时	11:00—13:00
未时	13:00—15:00
申时	15:00—17:00
酉时	17:00—19:00
戌时	19:00—21:00
亥时	21:00—23:00

宋代以后又规定把每个时辰平分为初、正两个部分,如子初 = 23:00—24:00,子正 = 0:00—01:00 等等。初、正两个部分都等于一个时辰的二分之一,叫作一个"小时",小时之称便由此而来。这样每小时有四刻又六分之一刻,四个整数刻分别称初刻、一刻、二刻、三刻,这是正刻,余下的六分之一刻是零刻。

4.4　中国古代的宇宙学

中国古代的宇宙学说可分为宇宙创世学说和宇宙结构学说两部分。中国古代关于宇宙创世的学说,与神话传说和哲学思辨混杂在一起,还很难说得上是一种具有数理内容的科学宇宙学说,但这些古代宇宙创世学说无疑也反映了中国古人对于宇宙是怎么来的这个问题的严肃认真的思考。

4.4.1 宇宙创世学说

一种在古代比较流行的神话是说自盘古开天辟地之后宇宙得以创生。根据三国时徐整《三五历纪》中的说法:

> 天地浑沌如鸡子,盘古生其中。万八千岁,天地开辟,阳清为天,阴浊为地,盘古在其中,一日九变。神于天,圣于地。天日高一丈,地日厚一丈,盘古日长一丈。如此万八千岁,天数极高,地数极深,盘古极长,故天去地九万里。

盘古开天辟地的神话故事是相对晚出的,在此前的一些先秦和两汉的文献当中,对宇宙的创生有更多一些偏哲学思辨性的描绘。《老子》中提到:"有物混成,先天地生。寂兮寥兮,独立而不改,周行而不殆,可以为天地母。"《淮南子·天文训》中的叙述更为详细一点:

> 天坠未形,冯冯翼翼,洞洞灟灟,故曰太昭。道始生虚廓,虚廓生宇宙,宇宙生气。气有涯垠,清阳者薄靡而为天,重浊者凝滞而为地。清妙之合专易,重浊之凝竭难,故天先成而地后定。天地之袭精为阴阳,阴阳之专精为四时,四时之散精为万物。

在这里我们可以看到,古人认为天地不是一下子创生出来的,它的创生要经历几个阶段。最初的阶段叫作"太昭",后来才生出"虚廓","虚廓"才生出"宇宙",在"宇宙"中才演化出"天地"。在张衡的《灵宪》中对这样一个过程有更为具体的阐释:

> 太素之前,幽清玄静,寂漠冥默,不可为象,厥中惟虚,厥外惟无。如是者永久焉,斯谓溟涬,盖乃道之根也。道根既建,自无生有。太素始萌,萌而未兆,并气同色,浑沌不分。故道志之言云:"有物浑成,先天地生。"其气体固未可得而形,其弥速固未可得而纪也。如是者又永久焉,斯为庞鸿,盖乃道之干也。道干既育,有物成体。于是元气剖判,刚柔始分,清浊异位。天成于外,地定于内。……天有九位,地有九域。天有三辰,地有三形;……过此而往者,未之或知也。未之或知者,宇宙之谓也。宇之表无极,宙之端无穷。

张衡的《灵宪》是一篇将近1500字的长文,从宇宙的创生一直说到宇宙的尺度、星辰的排列、天球的运行,是一篇非常重要的古代宇宙学文献。其中一些内容涉及宇宙的结构,可以与他的另一篇文献《浑天仪注》结合起来读。

秦汉之后,思考宇宙创世的仍不乏其人。如朱熹在这个问题上曾经说过:

> 天地初间只是阴阳之气。这一个气运行,磨来磨去,磨得急了,便拶许多渣滓,里面无处出,便结成个地在中央。气之清者便为天,为日月,为星辰,只在外,常周环运转。地便只在中央不动,不是在下。

在朱熹的论述中,虽然没有明确说明地与天相比在尺度上是否可以忽略不计,但俨然有西方地心说的影子了。

关于宇宙是否必然有一个创世,这在中国古代也不是没有疑问的。明代董谷在《碧里杂存》里写道:

> 或问天地有始乎?曰:无始也。

> 天地无始乎？曰：有始也。
>
> 未达。曰：自一元而言，有始也；自元元而言，无始也。

这一段虚拟对话反映了一种相当深刻的宇宙学思想。套用现在的多宇宙理论来理解的话，就是说对某一个宇宙，譬如我们生存于其中的宇宙，它是有始的。但对于由无限多这样的宇宙组成的宇宙系统来说，却是无始的。明代王夫子在《张子正蒙注·大心篇》中写道："天地本无起灭，而以私意灭之，愚矣哉！"在这里王夫子明确提出了宇宙无始无终、不生不灭的观点。这大致与西方现代宇宙学说中的稳衡态宇宙学说暗合。

4.4.2 宇宙结构学说

随着古人天文知识的积累，开始对天地的结构、天体的存在和运动等提出各种理论，试图对常见的天文现象加以系统化的、一致的解释。据《晋书·天文志》记载：

> 古之言天者有三家，一曰盖天，二曰宣夜，三曰浑天。汉灵帝时，蔡邕于朔方上书，言"宣夜之学绝，无师法。周髀术数具存，考验天状，多所违失。唯浑天近得其情"。

《晋书·天文志》随后总结了中国古代三家主要的宇宙学说，并引用蔡邕的话评点了三家学说的优劣。

4.4.2.1 盖天说

蔡邕朔方上书中所提到的"周髀术数具存"，是指保存在《周髀算经》中的关于天地的测算方法和数据。"周髀"中的"周"是指周代的国都，泛指中原地区。"髀"是圭表，一种测天仪器。根据现代学者的推算和考证，一般认为《周髀算经》大约成书于公元前100年，书中叙述了一种宇宙结构学说，称为盖天说。

《周髀算经》开明宗义，就强调数学的重要性，用数学来解决"天不可阶而升，地不可得尺寸而度"的困难。进而提出了要解决的问题有：日之高大、光之所照、一日所行、远近之数、人所望见、四极之穷、列星之宿、天地之广袤等等。

《周髀算经》还在科学研究的方法论层面给出启发，提出"通类""言约而用博""同术相学、同事相观"等思想，采用范例论证的方法从特殊性导出一般性。

《周髀算经》盖天说的基本天文测量仪器是圭表，即八尺周髀，它的基本测量法是勾股定理。利用这些测量和数学工具，《周髀算经》测算出了太阳的直径。利用"日影千里差一寸"这条"定理"测算出了天地的尺度。

《周髀算经》还解释了太阳的周年视运动变化、日出日落方位的变化、昼夜长短的变化，以及北极附近的极昼极夜现象。

盖天说认为"天似盖笠，地法覆盘，天地各中高处下。北极之下为天地之中，其地最高……"（《晋书·天文志》）。关于盖天说的天地结构具体为何，历代学者也众说纷纭，现在基本考定为：天与地为相距八万里的平行平面，在北极之下大地中央矗立着高六万里、底面直径为二万三千里的上尖下粗的山峰。天始终与地保持相同的形状。太阳绕北极而转，一年四季有不同的运行轨道，称为"七衡六间"；太阳光照的范围是有限的，为十六万七千里。照着阳光的地方是白天,照不到阳光的地方是黑夜。① 据此模型,盖天说可以解释昼夜的交替和四季的变换。

盖天说提出之后,也不乏质疑之声。大约到了西汉末年,浑天说思想开始形成,浑天说支持者开始对盖天说的缺点提出严厉的批评。其中扬雄提出了著名的《难盖天八事》。扬雄按照盖天说的原理和思路,推出了与事实不符合的8条。这8条及其推理过程都保存在《隋书·天文志》中,这里给出摘要:

(1) 二十八宿周天当五百四十度,今三百六十度,何也?
(2) 春秋分之日夜当倍昼。今夜亦五十刻,何也?
(3) 北斗亦当见六月,不见六月。今夜常见,何也?
(4) 以盖图视天河,起斗而东入狼弧间,曲如轮。今视天河直如绳,何也?
(5) 以盖图视天,星见者当少,不见者当多。今见与不见等,何也?
(6) 今从高山上,以水望日,日出水下,影上行,何也?
(7) 视物近则大,远则小。今日与北斗,近我而小,远我而大,何也?
(8) 以星度度天,南方次地星间当数倍。今交密,何也?

这8条对盖天说的质疑中,有几条盖天说支持者或许还有辩解的余地,但有几条确实是抓住了盖天说的致命弱点。譬如第6条,按照盖天说的说法,太阳随天绕北极平转,那么在高山上望日出,太阳不应该从水下升上来,而是应该由远而近,仿佛从一面竖立的镜子中破镜而出的样子。

扬雄之后,桓谭、郑玄、蔡邕、陆绩等学者各自对《周髀算经》中的盖天说进行了批评,认为与实际情况多有不符。与此同时,浑天说已经慢慢形成,并占据了主导地位。

4.4.2.2 浑天说

一般认为浑天说的形成稍晚于盖天说。杨雄在《法言》中说:"或问浑天。曰:落下闳营之,鲜于妄人度之,耿中丞象之。"这里的浑天是指浑天仪,即公元前104年太初改历时落下闳等人为测定历法数据而制作的仪器。对浑天说作最完备叙述的是被认为是东汉张衡所作的《浑天仪注》(约123年):

浑天如鸡子。天体圆如弹丸,地如鸡子中黄,孤居于内,天大而地小;……周天三百六十五度四分度之一;又中分之,则一百八十二度八分度之五覆地上,一百八十二度八分度之五绕地下,故二十八宿半见半隐。……天转如车毂之运也,周旋无端,其形浑浑,故曰浑天也。

总结张衡《浑天仪注》和其他有关浑天说的记载,可将浑天说归纳为以下几个要点:

(1) 天与地是尺度相近的球形,天包地。
(2) 以北极为天体绕转的中心。
(3) 使用二十八宿体系记录和描述日月五星的运动,周天被分为三百六十五度又四分之一度。
(4) 基本测量仪器是浑天仪。

---

① 李志超:《周髀——科学理论的典范》,载《天人古义:中国科学史论纲》,河南教育出版社,1995,第227-235页。

东汉以后浑天说基本上是中国古代的标准宇宙模型。这里还有一点需要提醒的是,"浑天如鸡子"的说法常被解读为浑天说有了球形大地的概念。这样的解读基本上是不成立的。古希腊的球形大地概念包含着一个非常重要的要素,即大地的尺度与天穹相比是可以忽略不计的。而在中国古代的天地观中,无论是盖天说还是浑天说,或者在其他哲学的或文学的语境中,天与地的尺度相当,始终处于对等的地位上。

4.4.2.3 宣夜说

关于宣夜说,蔡邕在朔方上书中提到它已经失去传承,博学大儒如蔡邕,也只闻其名,不知其具体内容了。据《晋书·天文志》记载:

宣夜之书亡,惟汉秘书郎郗萌记先师相传云:天了无质,仰而瞻之,高远无极,眼瞀精绝,故苍苍然也。……日月众星,自然浮生虚空之中,其行其止皆须气焉。是以七曜或逝或住,或顺或逆,伏见无常,进退不同,由乎无所根系,故各异也。故辰极常居其所,而北斗不与众星西没也。摄提、填星皆东行,日行一度,月行十三度,迟疾任情,其无所系著可知矣。若缀附天体,不得尔也。

这一段文字要说明的意思是,天是没有形质的,是一片虚空,日月中星浮于虚空之中,自由自在地运行着。这种说法与现代宇宙学颇有形似之处,常常在被作适当发挥之后,号称是中国古代最先进的宇宙学说。但是,宣夜说认为日月五星"或顺或逆""伏见无常""迟疾任情",夸大了天体的自由运行,不去关注天体运行的规律,也没有给出关于天地结构的任何定量化描述,所以不能据此学说对基本的天文现象给出定量解释。盖天、浑天之名皆有来历,宣夜一词作何解释,目前还不能知其究竟。

除盖天、浑天、宣夜三种学说以外,还有其他几种宇宙学说,比如六朝时期吴姚信的昕天论、东晋虞喜的安天论和虞耸的穹天论。有人合称以上六家学说为"论天六家",事实上后三家影响所及不出六朝时期,在天文学史上远不及前三家。

4.5 古代的中外天文学交流

在古代中外天文学的交流史上,有三次大规模的域外天文学输入:① 汉末到宋初随佛教传入中国的印度天文学;② 元明之际随伊斯兰教传入中国的阿拉伯天文学;③ 明清之际随基督教传入中国的西方古典天文学。

无独有偶,这三次域外天文学来华都与宗教结伴,其中以发生在中古时期的第一次印度天文学的输入为期最久。在从东汉末年到北宋初年将近八百年的时间里,印度古代的天文学——其源头又可追溯到古巴比伦和古希腊的天文学——几乎不间断地随佛教经典的汉译传入中土。后两次天文学来华在内容和输入形式上与宗教不是非常密切,主要表现在出现了大量官方的和民间的天文学家对这两种异域天文学的研究,并伴有大量出版物。因此研究输入中国的伊斯兰天文学或西方古典天文学,可以使用伊斯兰教或基督教之外的经典。而印度天文学来华则不然,官修的《天文志》《律历志》等正史中虽然偶尔也有提及"天竺天文"的,但为数不多,不足以依此对印度天文学来华进行系统研究。而作为宗教典籍的汉译佛经中却保留了大量印度天文学资料。因此,汉译佛经是研究来华印度天文学非常重要的原始资料。

4.5.1 随佛教来华的印度天文学

佛教传入中土早期,就已经有天文学内容相当丰富的佛经被翻译成汉文。这以三国吴时的《摩登伽经》(230 年竺律炎和支谦译于金陵)为代表。更早译出的佛经中没有发现比较纯粹的天文学内容,但像汉代安世高这样的早期译经师本身就精通天文,不能排除这个时期印度天文学以非佛经的形式传入的可能。

西晋时期,若罗严的《时非时经》和竺法护的《舍头谏太子二十八宿经》也是含有相当多天文学内容的汉译佛经。《时非时经》通篇由全年 24 组正午日影长度数据组成。《舍头谏太子二十八宿经》是 70 年前《摩登伽经》的异译本,但结尾部分增加了正午日影长度周年变化的描述。

4 世纪末到 5 世纪中,在南方相当于东晋末年到刘宋元嘉年,有徐广的《七曜历》和何承天的《元嘉历》。尤其何承天与慧严争辩天竺历法一事,说明了从印度传入的天文历法有实质性的进步,可能含有优于中国本土历法的内容。该时期在北方相当于十六国晚期到北魏初期。虽然是战火纷飞、动荡不安的年代,但佛教却很昌盛,是北魏佛经汉译比较集中的一个时期。著名的译师有竺佛念、佛陀耶舍、鸠摩罗什、佛陀跋陀罗、法显、昙无谶等。该时期虽然没有出现天文学内容比较集中的经典,但鸠摩罗什译出的《大智度论》卷四十八中对四种月概念的区分和定义给人留下了深刻印象。

5 世纪中期到 6 世纪中期,少见有随佛经译出的天文学内容。该时期似乎是对早期传入的印度天文学的消化和吸收时期。以何承天在《元嘉历》中的大肆改革为契机,梁武帝则在长春殿召开御前学术会议,欲以一种改编自印度古代宇宙模型的盖天说代替当时流行的浑天说。北朝则有北雍州沙门统道融成为共修《正光历》九家之一家。最后是张子信的一系列神秘而突然的天文学发现,这些发现导致了隋唐历法发生质的飞跃。

6 世纪中期到 7 世纪初,相当于南北朝后期到隋代。该时期在南朝活动的天竺僧人真谛译出了含有大量天文学内容的毗昙部经典《立世阿毗昙论》。在北朝,北天竺那连提耶舍译出的《大方等大集经》和北天竺揵陀罗国人阇那崛多译出的《起始经》中也有相当多的天文学内容。尤其是"摩勒国沙门达摩流支,奉敕为大冢宰晋阳公宇文护译《婆罗门天文》二十卷"(《续高僧传》卷一)一事令人瞩目。可以猜想,这二十卷的《婆罗门天文》应该是对印度天文历法较为全面的介绍。在印度古代,各大天文学派都宣称他们的天文学知识受到至高无上的天神婆罗门的启示而得。因此在汉译佛经中常常可以看到精通天文的婆罗门外道,而许多精通天文的佛徒,往往原先也是婆罗门外道,后再皈依佛教。在《隋书·经籍三》中注录了多种婆罗门天文书籍,其中《婆罗门天文经》二十一卷,《婆罗门竭伽仙人天文说》二十卷,与达摩流支译的《婆罗门天文》二十卷可能有某种联系。但以"婆罗门天文"为名的书籍未见于唐代及以后的各代史志。

入唐以后,佛经翻译的数量大量增加。就天文学的输入而言,可分为两个时期。前期主要是玄奘译出的毗昙部经典中包含的对印度天地结构、日月运行等宇宙论方面的天文学知识介绍。后期主要是中唐时期随密教经典传入的天文学内容。密教中的占灾攘灾等仪轨,与天文学有密切的关系。在《大正藏》密教部经典中，专辟有一个宿曜吉凶法类别，共收录了《七曜攘灾诀》等十四部佛经。这十四部密教佛经中所包含的天文学资料比较集中地反映了随佛教传入中国的印度天文学内容概貌。其中以《七曜攘灾诀》中保存的数理天文学内容最为丰富，该经的主体构成就是五大行星和罗睺、计都两颗隐曜这七个天体的星历表，是迄今为止所见的最早星历表实物。

在唐代还有大量非佛经天文学资料传入，并且有不少印度天文学家活跃于唐朝官方天文机构。其中以所谓的"天竺三家"——迦叶氏、俱摩罗氏和瞿昙氏——最为著名。三家中又以瞿昙家族最为显赫。根据文献记载，并以出土墓志为佐证，可知瞿昙家族来华的第一代叫作瞿昙逸，史称其"高道不仕"。瞿昙逸子瞿昙罗在麟德年间（664—665）任太史令，[①]瞿昙罗子瞿昙悉达在开元初任太史监，父子皆为官方天文机构的最高长官。瞿昙悉达子瞿昙谦最高任至司天少监，相当于皇家天文台副台长。瞿昙谦子瞿昙晏任至冬官正，相当于部门主任。

瞿昙悉达于开元六年（718年）奉召翻译的印度历法《九执历》是研究中印古代天文学交流极其珍贵的史料。《九执历》保存在瞿昙悉达奉召编撰的《开元占经》中，主要内容是有关日月运动和日月交食预报的计算方法。它鲜明的域外天文学特征主要表现在：① 使用360°圆周划分和六十进制；② 采用黄道坐标系和几何学方法计算天体运动，不同于中国传统之赤道坐标系和代数方法；③ 确定远地点在夏至点之前10°，符合当时天文实际，而中国古代历法一直没有能够区分近地点和冬至点、远地点和夏至点的差别；④ 给出推算月亮视直径大小变化的方法，中国古代历法中不考虑日、月和地球之间直线距离的远近变化问题；⑤ 引进了正弦函数算法和正弦函数表。

与"天竺三家"在唐代官方天文机构中的活动形成对照的是建中年间（780—783）术士曹士芳及其有印度渊源的《符天历》在民间的活动和流行。五代马重绩的《调元历》采用了《符天历》中的一些做法，可以看作是唐代印度天文学在民间大量流传的结果。

宋代译经以宋代初期的中印度人法贤、北印度人施护和天息灾最为著名，但传入的天文学内容相当有限。宋代以后佛经汉译已停止，不再有印度天文学随佛经传入汉地了。

4.5.2 元明之际传入中国的阿拉伯天文学

蒙古人建立起地跨欧亚的大帝国，使得东西方的文化交流变得畅通和活跃。作为中国天文学与西亚天文学交流、碰撞的代表人物，可举耶律楚材（1190—1244）和丘处机（1148—1227）两人。

耶律楚材出身于契丹贵族家庭，秉承家族传统，自幼学习汉籍，精通汉文，博及群书，旁通天文、地理、律历、术数及释老医卜之说。初仕金，后应召辅助成吉思汗。1219年随蒙古军远征西域。在撒马尔罕（今乌兹别克斯坦撒马尔罕州首府）与当地天文学家就两次月食发生争论。《元史·耶律楚材》载："西域历人奏：五月望夜月当蚀，楚材曰：否。卒不蚀。明年十月，楚材言月当蚀，西域人曰不蚀，至期果蚀八分。"耶律楚材造《西征庚午元历》，首次处理了因地理经度差造成的时间差，这应是受到了具有球形大地观的西方天文学影响的结果。事实上，耶律楚材本人也通晓伊斯兰历法，元代学者陶宗仪在《南村辍耕录》中对此有所记

[①] 《新唐书·历志二》载：麟德二年（665）起颁用《麟德历》，与太史令瞿昙罗所上《经纬历》参行。

述:"耶律文正工于星历、筮卜、杂算、内算、音律、儒释、异国之书无不通究。尝言西域历五星密于中国,乃作《麻答把历》,盖回鹘历名也。"

另一位足迹西至撒马尔罕的中土人士是中国道教史上非常著名的人物丘处机。他是奉召西去为成吉思汗讲授养生长寿秘诀的。丘处机于1221年到达撒马尔罕,与当地天文学家讨论了该年五月发生的日偏食。据丘处机的弟子李志常在《长春真人西游记》中的记载:

时有算历者在旁,师因问五月朔日食事。其人云:"此中辰时食至六分止。"师曰:"前在陆局河时,午刻见其食既;又西南至金山,人言巳时食至七分。"此三处所见各不同。按孔颖达《春秋疏》:"月体映日则日食。"以今料之,盖当其下即见其食既,在旁者则千里渐殊耳。正如以扇翳灯,扇影所及,无复光明,其旁渐远,则灯光渐多矣。

这里丘处机留意到东西方向上不同地点对同一次日食所报告的食分大小和食既发生的时辰都不相同,观测地点越在东面,报告的时辰越晚。丘处机用扇子遮蔽灯光的比喻来解释不同地点所见食分大小之不同,但没有解释食既时辰的早晚。后者正是耶律楚材认识到的地理经度差造成的地方时之差。

除了西去的中国人之外,西域天文学家也来到中国。元世祖忽必烈至元四年(1267),一位据推测是来自马拉盖天文台①的波斯天文学家扎马鲁丁在元大都创制出7件西域天文观测仪器。《元史·天文志》记录这7件天文仪器的大致结构和功能,现列出这7件仪器的名称如下:

(1) 咱秃哈剌吉,汉言混天仪也。
(2) 咱秃朔八台,汉言测验周天星曜之器也。
(3) 鲁哈麻亦渺凹只,汉言春秋分晷影堂。
(4) 鲁哈麻亦木思塔余,汉言冬夏至晷影堂也。
(5) 苦来亦撒麻,汉言浑天图也。
(6) 苦来亦阿儿子,汉言地理志也。
(7) 兀速都儿剌不,汉言定昼夜时刻之器。

第一件即浑仪,但究竟是赤道式浑仪还是黄道式浑仪,学界还有争议。第二件是用来测量恒星的星位尺。第三和第四件分别用来测量春秋分和冬夏至的准确时刻。第五件即天球仪,中国古代叫作浑象。第六件即地球仪,这是首次向中国人演示球形大地的仪器。最后一件是在西方非常流行的星盘。这7件仪器后来下落不明,对它们的形制和用途等方面还有待进一步研究。

至元八年(1271),忽必烈下令在上都(今内蒙古自治区锡林郭勒盟正蓝旗境内)建立回回司天台,任命札马鲁丁为提点(即天文台台长),职责是用西域仪器观测天象,编制回回历。这座专门从事伊斯兰天文学研究的天文台在伊斯兰天文学史上具有相当重要的地位,在马拉盖天文台和撒马尔罕天文台之间起到承前启后的作用。它也是13—14世纪中国研究阿拉伯天文学的中心,对中国天文学的发展起了积极推动作用。

两年之后,忽必烈下令把回回司天台和汉儿司天台统一归于秘书监的领导之下。根据

---

① 马拉盖(今伊朗北部)天文台在波斯的蒙古统治者、成吉思汗的孙子旭烈兀的主持下于1259年动工建造。关于马拉盖天文台的天文学家取得的成就,详见第5章中的介绍。

元代王士点、商企翁撰写的《秘书监志》记载,上都天文台曾经收藏了一批伊斯兰天文、数学书籍,这份书目共列了13种图书:

(1)《四擘算法段数》15部。

(2)《允解算法段目》3部。

(3)《诸般算法段目并仪式》17部。

(4)《造司天仪式》15部。

(5)《诀断诸般灾福》。

(6)《占卜法度》。

(7)《灾福正义》。

(8)《穷历法段数》7部。

(9)《诸般算法》8部。

(10)《积尺诸家历》48部。

(11)《星纂》4部。

(12)《造浑仪香漏》8部。

(13)《诸般法度纂要》12部。

相信这些图书对后来郭守敬编制《授时历》起到了一定的参考作用。

蒙古人在中原的政权并不长久。明朝兴起之初,也仿照元朝制度,建立回回和汉人两套天文机构。据《明史·历志》记载:

洪武元年(1368)改(太史)院为司天监,又置回回司天监。诏征元太史院使张佑、回回司天太监黑的儿等共十四人,寻召回回司天台官郑阿里等十一人至京,议历法。三年改监为钦天,设四科:曰天文,曰漏刻,曰《大统历》,曰《回回历》……十五年(1382)九月,诏翰林李翀、吴伯宗译《回回历书》。

《回回历书》(即《回回历》)是一部伊斯兰数理天文学著作,后来(1475年左右)贝琳据此整理成《七政推步》,成为中国古代系统介绍伊斯兰天文学的一部重要著作。洪武年间(1368—1398)译成的伊斯兰天文书籍还有《明译天文书》,该书由明洪武刊本题阿拉伯阔识牙耳撰、明西域默狄纳国王马哈麻(今译默罕默德)等译。此书又有《天文宝书》《乾方秘书》《天文象宗西占》等名,是一本伊斯兰星占学著作。

4.5.3 明清之际来华的西方古典天文学

明代初年虽然进行了伊斯兰天文学书籍的翻译,但要历数整个明代的天文学成就,可用乏善可陈来总结。直到明朝末年,王朝摇摇欲坠之时,才兴起了一股大量译介西方天文学的高潮。整件事情与来华传教的基督教耶稣会士有关。

一般认为利玛窦(Matteo Ricci,1552—1610)是耶稣会在华传教的开创者(图4.9)。他于万历十年(1582)到达澳门,经过多年的活动和努力,终于在万历二十九年(1601)获准觐见皇帝,并获允留居京师。当时《大统历》已显得疏漏不堪,推算日食屡屡失误。朝廷改历之议已持续多年。利玛窦了解到这一情况后,在给万历帝的奏表中自荐能够参与历法的修订。尽管利玛窦的初步尝试没有获得回应,但从此开启了耶稣会士打通这条"通天捷径"的努力,他们希望利用先进的天文历法知识打通进入明代宫廷的道路,以利传教。

图 4.9　利玛窦、汤若望和南怀仁

来华耶稣会士在欧洲都受到过良好教育,有些甚至专门在天文台受过名师指点。这些耶稣会士在与中国官员的交往中所展示出来的天文学造诣,给官员留下了深刻印象。一些官员纷纷上书朝廷,推荐耶稣会士参与修历。

据《明史·历志》记载,万历三十八年(1610),钦天监推十一月壬寅朔日食分秒及亏圆之候,职方郎范守己上疏驳其误。礼官因请博求知历学者,令与监官昼夜推测。于是五官正周子愚上言:

大西洋归化远臣庞迪峨、熊三拨等,携有彼国历法,多中国典籍所未备者。乞视洪中译西域历法例,取知历儒臣率同监官,将诸书尽译,以补典籍之缺。

利玛窦之后,庞迪峨(Diego de Pantoja, 1571—1618)、熊三拨(Sabatino de Ursis, 1575—1620)、邓玉函(Joannes Terrenz, 1576—1630)、汤若望(Johann Adam Schall von Bell, 1592—1666)等接踵而至,他们都精研天文历法。于是礼部便乘机上奏:

精通历法,如云路、守己为时所推,请改授京卿,共理历事。翰林院检讨徐光启、南京工部员外郎李之藻亦皆精心历理,可与迪峨、三拨等同译西洋法,俾云路等参订修改。

没过多久,邢云路、李之藻等都应召入京,参与修历。邢云路可谓自学成才,李之藻则以西法为宗。

万历四十一年(1613),李之藻已改任南京太仆少卿,奏上西洋历法,提到钦天监推算日月交食时刻亏分之谬,并力荐庞迪峨、熊三拨及龙华民(Nicolas Longobardi, 1559—1654)、阳玛诺(Emmanuel Diaz, 1574—1659)等人。他在奏章中说道:

其所论天文历数,有中国昔贤所未及者,不徒论其数,又能明其所以然之理。其所制窥天、窥日之器,种种精绝。今迪峨等年龄向衰,乞敕礼部开局,取其历法,译出成书。

但当时"庶务因循,未暇开局"。直到崇祯二年(1629)五月乙酉朔日食,时为礼部侍郎的徐光启根据西法预推,得顺天府见食二分有奇,琼州食既,大宁以北不食。《大统历》《回回历》所推结果与徐光启的结果相差很大。实测结果证明徐光启的结论正确,皇帝狠狠地责备了钦天监官员。当时的五官正戈丰年等上疏:

《大统》乃国初所定,实即郭守敬《授时历》也,二百六十年毫未增损。自至元十八年(1281)造历,越十八年为大德三年(1299)八月,已当食不食,六年六月又食而失推。是时守敬方知院事,亦付之无可奈何,况斤斤守法者哉？今若循旧,向后不能无差。

这段出自皇家天文台一个"部门主任"的辩解,意思是说,《大统历》其实就是《授时历》,260年来没有修改过一丁点儿。《授时历》制订18年后就出现了当食不食,21年后又有一次交食没能成功预报。当时郭守敬还担任着皇家天文台台长,他也无可奈何,何况我们这些墨守成规的呢？如果继续照着旧法推算,以后还会出现偏差。

面对上面这种尴尬局面,钦天监的上级主管部门礼部上奏朝廷建议开历局改历,并令徐光启督修历法。徐光启举荐南京太仆少卿李之藻、西洋人龙华民、邓玉函参与修历,获得批准。九月癸卯历局正式开张。崇祯三年(1630)邓玉函去世,又征召西洋人汤若望、罗雅谷(Jacques Rho,1593—1638)译书演算。徐光启升任礼部尚书,仍督修历法。

至此,耶稣会士的"通天捷径"终于走通了。同时,中国古代天文学的发展也走向了一个重大转折。在官方天文机构中一直以来都占据着主导地位的中国传统天文学将被一种来自西方的天文学彻底取代。

徐光启于崇祯六年(1633)去世,李天经继续主持修历工作,完成了余下的工作。到崇祯七年(1634),这个由中外天文学家组成的修历班子,完成了一部137卷的《崇祯历书》。徐光启深受西方知识体系的影响,注重将知识建立在对基本原理的牢固掌握之上。《崇祯历书》共分为法原、法数、法算、法器和会通等基本五目,其中法原一目是天文学的基础理论部分,占到全书三分之一的篇幅。其中系统介绍了欧洲古典天文学的理论和方法,着重阐释了托勒密、第谷、哥白尼等三人的天文学工作,对开普勒和伽利略的天文工作也有介绍。全书的重要天文参数和大量天文数表都源自第谷的天文学体系。第谷体系的精度明显高于托勒密体系和哥白尼体系,所以在当时具有其先进性和优越性。

在《崇祯历书》的编撰过程中,徐光启、李天经等人面临着守旧派人士如冷守中、魏文魁等人的不断质疑和批评。冷、魏极力诋毁西法,主张使用中国传统历法。徐、李则努力捍卫西法的优越性。这种争论在《崇祯历书》完成之后又持续了10年,《明史·历志》说:"是时新法书器俱完,屡测交食凌犯俱密合,但魏文魁等多方阻挠,内官实左右之。以故帝意不能决,谕天经同监局虚心详究,务祈画一。"等到崇祯终于"深知西法之密",决定采用西法改进大统历法颁行天下时,闯王进京、清兵入关,明朝灭亡了。

1644年清军进入北京,汤若望将《崇祯历书》略作增删,献给清廷。顺治御笔题名为《西洋新法历书》,以此为基础编成《时宪历》颁行天下。汤若望本人被任命为钦天监监正,开启了清廷任用耶稣会传教士负责钦天监的传统。

4.6 中国古代天文学的政治、社会和文化功能

4.6.1 天人感应与分野理论

在古代中国人心目中天是有意志、有情感、是人格化的。天与人之间存在着某种互动机制：人间做出什么举动,上天会给予某种响应；天上发生某种天象,昭示人间某时某地要发生

某件事情。这种互动机制就叫作天人感应,是基于古代天人合一的哲学基础之上的。

但这里有个技术问题,首先要解决:天下之大,天象如何与人间万事对应起来呢?先要有个确定的对应法则。这种确立天地对应关系的法则就是古代的分野理论。

分野之说在中国起源很早,《周礼·春官宗伯》中就有"以星土辨九州之地,所封封域,皆有分星,以观妖祥。以十有二岁之相观天下之妖祥"的说法。《史记·天官书》也有"天则有列宿,地则有州域"的说法。但是天上恒星相对固定,地上州域却变化不定,所以分野理论在不同的年代也有所不同,这里选取一种比较精致和规范化的分野体系以作介绍,见表4.3。

表 4.3 分野体系

十二次	地支	古国	州域	二十八宿
寿星	辰	郑	兖州	轸$_{12}$角亢氐$_4$
大火	卯	宋	豫州	氐$_5$房心尾$_9$
析木	寅	燕	幽州	尾$_{10}$箕斗$_{11}$
星纪	丑	吴越	扬州	斗$_{12}$牛女$_7$
玄枵	子	齐	青州	女$_8$虚危$_{15}$
诹訾	亥	卫	并州	危$_{16}$室壁奎$_4$
降娄	戌	鲁	徐州	奎$_5$娄胃$_6$
大梁	酉	赵	冀州	胃$_7$昴毕$_{11}$
实沉	申	魏	益州	毕$_{12}$觜参井$_{15}$
鹑首	未	秦	雍州	井$_{16}$鬼柳$_8$
鹑火	午	周	三河	柳$_9$星张$_{16}$
鹑尾	巳	楚	荆州	张$_{17}$翼轸$_{11}$

以上分野体系见于《晋书·天文志》,出自唐代李淳风之手,但上表第三列古国的名称显示该分野体系起源于战国时代。根据表4.3,天地之间具体的对应关系就是:从二十八宿轸宿十二度到氐宿四度这一天区,即寿星之次,对应地上的兖州,即古之郑地;以下依次类推。所以,如果在柳宿九度到张宿十六度这一天区之间,即鹑首之次内发生某天象,往往应验到雍州,即古秦地发生的事情。

分野理论常被古代的文人所应用,近似于用典。理解了分野理论后,诸如"以鹑首而赐秦,天何为而此醉"(庾信《哀江南赋》)、"星分翼轸"(王勃《滕王阁序》)、"扪参历井"(李白《蜀道难》)之类的语句就不难明白了:秦在十二次分野体系中对应鹑首;翼轸对应古楚地,即滕王阁所在;参井对应益州,即蜀地。

4.6.2 天命的确立及其变化

天命的观念是中国古代儒家政治理论中的重要组成部分,简单地说,天命是指人类某种行为——一般仅指与帝王有关的行事——的权威性和合法性是经过上天确认的。在早期的儒家经典如《尚书》《诗经》中经常提到天命,从这些经典对天命观念的论述中,可以归纳出天命有这样三点性质:① 天命可知;② 天命会改变;③ 天命归于"有德"者。

那么通过何种手段可以知道天命呢？天文学就是其中最重要的手段。天命如果有所改变也会通过天象昭示天下。所以古代圣王都十分重视天文,尧帝"历象日月,敬授人时"(《尚书·尧典》)、舜帝"在璇玑玉衡,以齐七政"(《尚书·舜典》)都被作为重大事件记录在册。《易·象·贲》也说:"观乎天文,以察时变。"

天命是会发生改变的,但是天命又不是变化无常的。李淳风在《乾坤变异录·天部占》中说:"天道真纯,与善为邻。夫行善事,上契天情,则降吉利,赏人之善故也。……纣不知过,不能改恶修善,致武王伐之,契合天心。"就是说,天命归于"有德"者。但是对于获得天命眷顾、已经确立统治大权的"有德"者来说,同样要关心天命的变化转移。因为"有德"与否,终究是个价值判断,而非逻辑判断,没有必然性。

因为天命是如此的重要,以至于对"天命究竟通过何种机制为世人所知?""理解和解释天命又遵循何种原则?"这些问题的论述在中国古代形成了一套详尽的理论。首先,帝王既然得到天命眷顾,上天是不会随便抛弃他的。如果某帝王行事不符合上天的道德规范,上天就会通过日食、月食、彗星等天象向人间帝王示警。然后,帝王在得到天文官员关于上天已有或将有所示警的天象报告之后,应该根据天文官员所建议的方法对天变进行祈禳。最后上天根据帝王对天变的反应,决定是否转移天命。

古代星占理论认为"太上修德,其次修政,其次修救,其次修禳,正下无之"(《史记·天官书》),所以应付天变的高明做法是在"修德""修政"上下功夫,"修救""修禳"虽是下策,但不能"正下无之",否则天命就会转移,就要亡国灭种了。

上天与帝王之间通过天文来交流,天文学家在中间充当翻译者,这样一种天人之间的对话,就是中国古代天人合一、天人感应的宇宙图景。

4.6.3 天文垄断

天文学家和天文学研究机构在中国古代的地位非常特殊,天文学研究机构是政府的一个部门,天文学家则是政府官员。《尚书·尧典》中就有尧任命天文官员的记载,《周礼·春官宗伯》记载的各种官职中,至少有六种明显与天文有关。《周礼》中讲述的官制基本上包括了古代中国社会中央政府的结构,对后世政府机关的构成产生过重大影响。"春官宗伯"所属各官即为后世礼部。两千年间,天文机构也确实一直在礼部的领导之下。其中"春官宗伯"的属官"大史"(即太史)的职掌包括王室文书的起草、策命卿大夫、记载军国大事、编史、管理星占、历法、祭祀等,后来太史成了天文机构的专职负责人。

虽然在中国古代天文学得到帝王重视,政府还常设天文机构,但是天文学并不是一门受到广泛提倡和鼓励的学问。政府甚至颁布法令,禁止人们私自学习天文,对犯禁者要依律科以重罚。最早的禁止私习天文的法令见于晋泰始四年(268)颁布的《泰始律》,当时规定私习天文者要被处以两年徒刑。以后唐、宋、明、清的法律中都有类似规定,并且处罚愈见严厉,如宋太平兴国二年(977),将各地搜得的天文星占术士351人,选用68人留司天台工作,余者黥面发配海岛;景德元年(1004)诏,民间所有天文图籍器物统统交官焚毁,匿藏者处以死罪,告发者赏钱十万。明洪武六年(1373)诏,钦天监人员永不许迁动,其子孙只准习学天文历算,不学者发南海充军。

天文学在中国古代既受到帝王的高度重视,又被视为"禁脔",不许人们私习。这种表面上看起来有点自相矛盾的心理,在中国古代却有其深刻的思想根源。

如上文所述,在古人心目中天人之际是可以相通的。在中国上古神话中,描述了一条天地相通的物质通道。但这种物质通道毕竟不存在,所以人们进而相信天人之间可以进行精神上的沟通,并且出现了专职从事通天事务的人员和专门进行通天活动的场所。很自然地,对通天事务包括与通天事务有关的人员、场所、仪器、典籍等的垄断成了王权得以确立的依据和象征。

掌握通天手段既然是获取统治权的必要条件,而天文手段是各种通天手段中最直接、最重要的一种,所以企图夺取统治权的人必须先设法掌握通天手段以享有天命,之后方能确立王权。那么靠什么方法向世人昭示某人已获得天命,并且进而得到世人的确认呢?这就要靠天文手段。专职的天文学家时时刻刻在观测天空,由他们去发现和指出上天呈现的一些征兆并加以解释。阅读史书,可以发现不少这类与天命转移、改朝换代有关的天象记录。

至此我们不难明白,为什么中国古代如前所述的那样,既重视天文又严禁私习天文。因为天文与王权有上述这样密切的联系,如果不对它加以控制,难免被"别有用心"之徒利用,从天象中找证据,造妖言惑众,来从事不利于现政权的活动。

这里再举一个古代打破天文垄断的实例。在《诗经·大雅·灵台》一章中有这样的句子:"经始灵台,经之营之。庶民攻之,不日克之。"这是一首颂扬周文王的诗歌。说的是周文王发动群众搞人海战术,赶工建造灵台的事。灵台就是古人观天的场所。《诗·灵台》孔颖达疏引公羊说:"天子有灵台,以观天文,……诸侯卑,不得观天文,无灵台","非天子不得作灵台。"这意思说得很明白,只有天子才有资格拥有灵台,以观天文。诸侯的地位低,不得观天文,不能拥有灵台。周文王当时的身份是殷商的一个诸侯,他赶工建造灵台,就是要打破纣王的天文垄断,摆明了要造反。这一点,后世儒家无法为被奉为儒家先贤的周文王回避。实际上,周人是特别讲究和关注天命的,在武王伐纣战役当中,他们记录下了一系列天象。《国语·周语下》记载着:"昔武王伐殷,岁在鹑火,月在天驷,日在析木之津,辰在斗柄,星在天鼋,星与日辰之位皆在北维。"《淮南子·兵略训》记有"武王伐纣,东面而迎岁,……,彗星出而授殷人其柄"的天象。这些天象记录的一个意外功能就是为我们现在确定武王伐纣的年代提供了线索。

4.6.4 为王权作论证

天文与王权有如此密切的关系,因此为王权作论证无疑是天文学最重要的社会功能之一。在王权确立的过程中,天文学上的证据起着至关重要的作用。对每一次王朝的更替,史书几乎都记载有象征该次天命转移的天象。如汉高祖刘邦得咸阳,五星聚于东井;李世民将发动玄武门政变,太白见秦分等等。就是像王莽、刘裕等篡位或禅位者也大量延引天文上的证据,以证明他们的政权交接的合法性。如《宋书·武帝纪》载:"陈留王虔嗣等二百七十人及宋台群臣并上表劝进,王犹不许。太史令骆达陈天文符瑞数十条,群臣又固请,王乃从之。"其实刘裕很想篡位,但是别人多次劝进,他都不从,直到太史令说出"上天的旨意",他才装作勉为其难地答应了。

有时王权虽然得以确立,但华夏大地上政权并立,这就更需要引用天文证据来证明王权唯其一家是正统的。如三国时代天下鼎立,魏明帝就问黄权到底何地才是正统,黄权回答说:应当从天文上来验证,前些时候"荧惑守心"而汉帝驾崩,吴、蜀却无事,这说明魏乃天下正统。又如南北朝北魏末年"荧惑入南斗",南朝梁武帝虽然国家无事,但也不顾年迈亲自赤脚到殿下走了一遭,以应"荧惑入南斗,天子下殿走"的说法。后来听说北魏孝武帝被他的丞相高欢赶出都城,西奔关中,梁武帝很不好意思地说:"朕亦应天象耶?"对南北朝时期,当时和后世的大多数人都认为南朝是正统所在。所以虽然"天子下殿走"绝不是好事,但应在"北朝"却让梁武帝颇不甘心,好像自己的正统地位被动摇了。

4.6.5 指导军政大事

指导国家的军政大事,是中国古代天文学另一个重要的社会功能。为了对此有一个直观的了解,我们选取典型的天文星占著作——《史记·天官书》为例,对其中的占辞作一统计分析,得到前五类占辞及数目:战争 93 条;水害灾害与年成丰歉 45 条;王朝盛衰治乱 23 条;帝王将相之安危 11 条;君臣关系 10 条。其中前三类占辞数目之和占总数的 67%。所列五类大事无不是与王朝兴衰息息相关的军政大事。而战争尤被列在首位。不论是逐鹿中原的诸侯混战,还是廓清边患的边防战争,它们的结果直接影响一个政权或一个国家的前途和命运,所以战争这个主题尤其为中国古代帝王和天文学家所关心。

至于引用天文上的证据直接制定或干预作战策略的事例,在史籍中也常有所见。如汉宣帝时,老将赵充国奉命全权经略西羌军事,他持重缓进,引起急欲建功的宣帝不满。于是宣帝下诏以"今五星出东方,中国大利,蛮夷大败;太白出高,用兵深入敢战者吉,弗敢战者凶"(《汉书·赵充国传》)为理由,催促赵进兵。两国交战,关系着数万人的性命;皇帝的诏书更不是戏言,如此重大的军事决策竟然仅凭"五星出东方"和"太白出高"两项天象及其对应的占辞。同样地引用天文上的证据制定作战策略的还见于北魏崔浩的事迹。崔浩主张西伐赫连昌、北讨蠕蠕(一支游牧部落),都是从天文上找到有力证据,驳倒反对意见,并且都取得了胜利(详见《魏书·崔浩传》)。

除了预测战争结果外,中国古代天文学对军政大事的指导还遍及古代社会的各个方面,像帝王个人的安危、大臣进退、天灾人祸等等,都是与王朝兴衰密切相关的方面。

为日常行事提供趋吉避凶的指导是中国古代天文学又一项重要的社会功能。从某种程度上说正是为了保证该项功能的正常发挥,从而促使了中国古代天文历法的不断进步。

在古代中国人的宇宙图像中,时间与空间密切联系在一起,人生天地之间,每行一事,都力求选择合适的时间与地点——时空点——来完成。古人相信只有这样方能吉利有福,反之则有祸而凶。这种思想有文字记载的源头可以追溯到《尚书·尧典》"历象日月星辰,敬授人时"一语。之后《礼记·月令》《淮南子·时则训》等篇可谓是对"历象日月星辰,敬授人时"一语的详细注释。

"敬授人时"是古人"在特定的时间和空间里做特定事情"这一观念的具体反映。对这一观念的重视,使其逐渐形成一门"择吉"学说,并与中国古代的历法相结合,形成了中国古代特有的内容非常丰富的历书。历书指导人们在日常行事中何时可以做什么——趋吉、何时不可以做什么——避凶。早期的择吉事项似乎也只与帝王有关,如"利侵伐""不可出师"之类。大约唐代以后,或许是受到了随佛教传入的西方生辰星占学的影响,择吉项目开始趋于平民化,并形成了一个庞大的历注[①]体系(图 4.10)。

[①] 根据历法编制成的历谱,是关于年月日的安排。在历谱中注上吉凶宜忌等事项,这就是历注。带有历注的历谱就是朝廷颁行天下的历书。

4.6.6 粉饰太平、进谏和打击异己

古代天文学有时还被用来粉饰太平,这种事例也不乏见于史籍记载。开元十三年十二月庚戌朔(726年1月8日),唐玄宗正在东封泰山完毕后返回京师的半路上,按照当时历法推算这天应当发生日偏食。于是玄宗皇帝这天不吃饭、不听音乐、不打太阳伞、不穿颜色鲜艳的衣服,如此这般一番做作后,日食居然没有发生。当时跟去封泰山的群臣与八荒君长都"奉寿称庆,肃然神服"。张九龄还上了一道《贺太阳不亏状》:

右今月朔,太史奏太阳亏,据诸家历,皆蚀十分以上,乃带蚀出者。今日日出,百司瞻仰,光景无亏。臣伏以日月之行,值交必蚀,算数先定,理无推移。今朔之辰,应蚀不蚀。陛下闻日有变,斋戒精诚,外宽政刑,内广仁惠,圣德日慎,灾祥自弭。若无表应,何谓大明?臣等不胜感庆之至,谨奉状陈贺以闻。仍望宣付史馆,以垂来裔。

唐代"大天文学家"一行认为这次日食没有发生,一定是皇帝的德行感动了上天。因此大唐天子借这次所谓的"日应食不食"又进一步确立了他的崇高威望。现在我们知道开元十三年(726)的日食是确实发生的。这是一次最大食分为0.922的日环食,最大食分时本影落在北纬17.9°、东经34.3°,最大食分发生的时刻是北京时间17:13,当时太阳已经下山。因此这次日食只是不能被中国中原地区的观测者观测到而已。

图 4.10　敦煌卷子《显德三年(956)丙辰岁具注历》局部(编号 S.95)

在古代还往往利用天文上的理由对帝王进谏或打击政敌。东吴陆凯上孙皓疏中这样写道:

臣窃见陛下执政以来,阴阳不调,五星失晷,职司不忠,奸党相扶,……逆犯天地,天地以灾,童歌其谣,……昔桀纣灭由妖妇,幽厉乱在嬖妾,先帝鉴之,以为身戒,故左右不置淫邪之

色,后房无旷积之女。今中宫万数,不备嫔嫱,外多鳏夫,女吟于中。风雨逆度,正由此起……

陆凯在上疏中把话说得已经很难听了,但因为找的是天文上的理由,孙皓也不能拿他怎么样。

北宋王安石锐意改革,被保守派扣了个"三不足"的帽子,即所谓的"天变不足畏,祖宗不足法,人言不足恤"。熙宁三年(1070),翰林院要进行一次考试,翰林学士司马光就拟了这样一道"策问":

今之论者或曰:"天地与人,了不相关,薄食、震摇,皆有常数,不足畏忌。……"意者古今异宜,《诗》《书》陈迹不可尽信耶?将圣人之言,深微高远,非常人所能知,先儒之解或未得其旨耶?愿闻所以辨之。

司马光从反对变法的立场出发,要人评论王安石的"三不足"思想。虽然王安石从来没有宣称过"三不足"思想,但保守派还是抓住这一点对王安石展开思想攻势,把当时出现的种种天变说成是变法招致的天谴。王安石的变法招致众多反对意见,最后失败,这与他对待日食等天变的激进态度有一定的关系。事实上变法的支持者宋神宗也没敢跨出这一步。

课外思考与练习

1. 在中国古代作为一个政府部门的天文机构是如何运作的?
2. 中国古代有哪些主要的宇宙学说,它们各自的内容和特点是什么?
3. 中国古代的历法主要研究哪些内容?为了解决什么问题?
4. 中国古代天文学有怎样的政治、社会和文化功能?
5. 中国古代为什么要立法禁止个人私习天文?对违法者有什么样的惩罚?
6. 简述中国古代中外天文学交流的情况。
7. 名词解释:回归年、平气、定气、朔望月、闰周、干支纪日、分野。
8. 试理解以下祖冲之确定冬至时刻的方法。

在中国古代历法中,冬至被当作是一个回归年的起算点。所以冬至时刻的确定成了测定回归年长度的关键。古人利用立表测影的办法——冬至日正午表影为一年中最长——能准确确定冬至的日期,但是冬至正午不一定是冬至时刻。早期历法的回归年长度难以达到很高的精度。后来祖冲之提出了一种巧妙地测定冬至时刻的方法:

十月十日影一丈七寸七分半,十一月二十五日一丈八寸一分太①,二十六日一丈七寸五分强②。折取其中,则中天冬至应在十一月三日。求其蚤晚:令后二日影相减,则一日差率也。倍之为法,前二日减,以百刻乘之为实,以法除,得冬至加时在夜半后三十一刻。(《宋书·历志》)

该方法的原理如图 4.11 所示。以 A 为第一次测影的日期,a 为所测得的影长;B 为第二次测影的日期,b 为影长;C 为第三次测影的日期,c 为影长。D 为 A、B 的中点,即为冬

---

① "太"表示所记数值最小单位的四分之三。
② "强"表示所记数值最小单位的十二分之一。

至日期，E 为冬至时刻。祖冲之的方法实际上就是利用了冬至日前一次、后两次（须在相邻的两日测定）的测影数据，来求出 DE 的长度，即 E 点离开冬至日开始时刻的刻数。

图 4.11 祖冲之计算冬至时刻的方法

在祖冲之的计算思路中，实际上默认了冬至前后每日正午的影长变化是对称的，并且每日影长的变化是线性的。这样，我们可以假定在 B、C 两日之间存在一个假想的时刻 A_1，对应的虚拟影长为 a_1，令 $a_1 = a$。E 为 A 与 A_1 的中点，对应的虚拟影长为最长，即为冬至时刻。不难证明

$$DE = \frac{1}{2} BA_1$$

而根据线性变化的假定，可知

$$BA_1 = \frac{b-a}{b-c} \times 100 (刻)$$

因此有

$$DE = \frac{(b-a) \times 100}{(b-c) \times 2} = \frac{(10.8175 - 10.7750) \times 100}{(10.8175 - 10.7508) \times 2} = 31.86 (刻)$$

以上是对祖冲之推求冬至时刻计算思路的现代解读。祖冲之提出此法之后，后代制历者大多采用类似的方法来确定回归年的长度，使得回归年数值精度上升了一个台阶。但是由于该方法中的对称性假定和线性假定都不是严格成立的，用这种方法确定的回归年长度还有一定的误差。

延伸阅读

1. 《周髀算经 九章算术》，赵爽、刘徽注，上海古籍出版社，1990。
2. 房玄龄等：《晋书·天文志》，中华书局，1974。
3. 中国天文学史整理研究小组：《中国天文学史》，科学出版社，1981。
4. 江晓原：《天学真原》，辽宁教育出版社，1991。
5. 石云里：《中国古代科学技术史纲·天文卷》，辽宁教育出版社，1995。
6. 李志超：《天人古义：中国科学史论纲》，河南教育出版社，1995。

第5章 阿拉伯世界的天文学与伊斯兰宗教实践

632年,穆罕默德去世后不久,他所创立的宗教以惊人的速度在中东扩散,并越过北非,进入西班牙。762年,他的继任者建立新都巴格达。巴格达宫廷的穆斯林统治者们认识到翻译周边文明的古老而先进的知识是提升自身文化水平的捷径。786年起,任哈里发的哈伦·拉希德(Harun al-Rashid,763—809,786—809年在位)派人到拜占庭收购希腊手稿,启动大翻译运动。到9世纪初,哈里发马蒙(al-Ma'mun,786—833,813—833年在位)在巴格达建立起一个翻译中心,即著名的"智慧宫"。说叙利亚和阿拉伯语的学者,在基督徒胡那因·伊本·伊沙克·伊巴迪(Hunayn ibn Ishaq al-Ibadi,808—873)的领导之下,通力合作,将希腊文或古叙利亚文的希腊著作译成阿拉伯文。

这个时期的伊斯兰教所体现出的一种对其他宗教的宽容,进一步推动了阿拉伯学术的兴起。随着穆斯林势力的扩张,伊斯兰教统治到哪里,阿拉伯文就被哪里的人们熟悉,译成阿拉伯文的希腊著作得以广泛传播,以至于写成《古兰经》的语言成为了国际性的科学语言。12世纪,基督教收复伊比利亚半岛,这些著作又回到基督徒手中,被译为拉丁文。希腊著作以这种迂回的方式进入了拉丁世界,保持了天文学传统的连续性。

5.1 阿拉伯天文学概况

5.1.1 巴格达学派

阿拔斯王朝(750—1258,中国史称黑衣大食)于762年在巴格达建都以后,继承了古巴比伦和波斯的天文学遗产,又积极延揽人才,翻译希腊和印度的天文学著作。829年在巴格达建立了天文台,在这里工作过的著名天文学家有法干尼(al-Farghani,生年不详,卒于861年之后)等人。法干尼最重要的著作是写于833年到857年之间的《天文学基础》一书,该书对托勒密学说作了简明扼要、通俗易懂的概述,全书没有用到繁难的数学知识。此书有几个拉丁文版本流传,于12世纪到17世纪之间在欧洲被广泛阅读。另外,法干尼还有两种有关星盘的论著流传于世。

阿布·马舍尔(Abū Ma'shar,787—886,全名为 Abū Ma'shar Ja'far ibn muhammad ibn 'umar al-Balkhī)是一位波斯数学家、天文学家、星占学家,他的著作被翻译成拉丁文,在中世纪欧洲的星占学家、天文学家和数学家中间广为流传。他的《星占学巨引》一书是 1486 年德国奥格斯堡第一批印刷的书籍之一。马舍尔提出过一种行星运动模型,一些学者还认为这是一个日心模型,但这本论述行星运动的著作没有流传下来。

塔比·伊本·库拉(Thābit ibn Qurra,836—901)出生在美索不达米亚的哈兰(今土耳其东南部),曾在巴格达的智慧宫学习。他研习多种学问,包括数学、天文、星占、力学、医学和哲学。他的母语是叙利亚语,也精通希腊语。他把阿波罗尼乌斯、阿基米德、欧几里得和托勒密的著作翻译成叙利亚语。

塔比发现岁差常数比托勒密提出的每百年春分点退行 1° 要快,而黄赤交角则从托勒密时的 23°51′ 减小到了 23°35′。他把这两个现象结合起来,提出了颤动理论(the theory of trepidation)①,认为黄道和赤道的交点除了沿黄道西移以外,还以 4° 为半径,以 4000 年为周期,做一小圆运动。为了解释这个运动,他又在托勒密的八重天(日、月、五星和恒星)之上加上了第九重。按照哥白尼的说法,塔比确定一恒星年的长度为 365 天 6 小时 9 分 12 秒(比精确值只长了 2 秒)。哥白尼依据的是塔比著作的拉丁文版本,他的原著只有很少几种流传至今。

阿尔巴塔尼(Al-Battani,约 858—929,拉丁化名字为 Albategnius、Albategni 或 Albatenius)与他的前辈塔比一样,也出生在哈兰,他是一位天文仪器制造者的儿子,被称为穆斯林中最伟大的天文学家,伊斯兰天文学中的重要贡献,大多是属于他的。他广为人知的一项天文学成就是确定了 1 个回归年的长度为 365 天 5 小时 46 分 24 秒,因他父亲给他制造了更好的仪器,超过了希腊人所用的,从而获得了更为精确的回归年长度。

希腊天文学经托勒密的综合整理,由阿拉伯人保存下来,之后便无多大进展,而仅有的较小发展是阿尔巴塔尼做出的。阿尔巴塔尼仔细检查了托勒密的计算,做了少量改进。他发现太阳的远地点已不再位于托勒密所说的原来位置。由此,他推断远地点是在缓慢移动的,并相当准确地求出该移动值为每年 54.5″。他还将二分点的时间误差确定在一两小时之内,从而得出地轴与其公转平面的精确倾角值为 23°35′。但他采用了一个均匀的岁差常数,没有接受塔比的颤动理论,尽管该理论为穆斯林天文学家广为接受。

阿尔巴塔尼最重要的著作是一部 57 卷的《历算书》(al-Zīj al-Sābī),该书由意大利数学家柏拉图·迪布蒂努斯(Plato Tiburtinus)在 1116 年翻译成拉丁文,取名为《论星的科学》(De Motu Stellarum),哥白尼、第谷、开普勒等欧洲伟大的天文学家都受到过该书的影响。哥白尼在《天体运行论》中多次引用阿尔巴塔尼的工作。阿尔巴塔尼还第一个在天文计算中引入了正弦函数,完善了球面三角学计算方法,这是阿拉伯人在天文学上的贡献之一。

比阿尔巴塔尼稍晚的波斯天文学家苏菲(Abd al-Rahman al-Sufi,903—986)所著的《恒星之书》(Book of Fixed Stars,964 年出版),被认为是伊斯兰实测天文学的三大杰作之一。苏菲根据自己的观测,在书中绘制了精美的星图,给出恒星的位置、星等和颜色(图 5.1)。苏菲在书中给每一个星座绘制两幅图,一幅画成从天球外面看到的样子,一幅绘制成从地球上看到的情形。现在世界通用的许多星名,如 Altair(西文名天鹰座 α,中文名牛郎星)、Aldebaran(西文名金牛座 α,中文名毕宿五)、Deneb(西文名天鹅座 α,中文名天津四)等,都

---

① 一般都把中世纪的这一个文学理论归功于搭比,尽管塞翁(Theon of Alexandria,约 335—405)在注释托勒密的《实用天文表》(Handy Tables)时已经提出了相同的理论。

是苏菲定下的。

图 5.1　苏菲绘制的人马座

苏菲还确认了大麦哲伦云,在也门能够观测到这一天体。欧洲人直到 16 世纪麦哲伦环球航行时才观测到这一天体。他还在 964 年最早报告了对仙女座星系的观测,他把它描述为一朵"小云"。

巴格达学派的最后一位著名人物是波斯天文学家、数学家阿布·瓦法(Abū al-Wafā,940—998)。阿布·瓦法是 10 世纪阿拉伯天文学巴格达学派的代表人物之一。曾在巴格达天文台任职,并在当地建造了第一座观测天体的象限仪,对黄赤交角和分至点进行过测定,为托勒密的《天文学大成》写过简编本。他研究过月球的运动,有人把月球二均差的发现归功于他,但也有人认为这项发现还是应该归功于第谷。他在天文计算中运用了正切和余切这两种三角函数,计算了步长为 15′ 的正切函数表,并提出了正割和余割函数,证明了球面三角学中正弦定理的普遍性,设计了计算正弦函数表的新方法,给出了步长为 15′ 的正弦函数表。他还翻译并注释了希腊数学家欧几里得和丢番图的著作。他另有两部数学著作传世,一部为《办事人员和官员必读之算书》(Book on what is necessary from the science of arithmetic for scribes and businessmen),书中用很大篇幅来讲述分数计算,也有面积计算问题;另一部为《几何作图工匠必读》(A book on those geometric constructions which are necessary for a craftsman),其中有平面图形、多边形的作图方法。

阿布·瓦法死后,至阿拔斯王朝灭亡的一百六十多年中,巴格达学派再无重大发展。1258 年,蒙古军队灭亡阿拔斯王朝,建立伊尔汗国。1259 年,伊尔汗国开始动工建造马拉盖天文台(今伊朗西北部),并任命担任首相职务的天文学家纳西尔丁·图西(Nasir al-Dinal-Tusi,1201—1274)主持天文台工作。这个天文台拥有来自中国和西班牙的学者,他们通力合作,用了 12 年时间,完成了一部《伊尔汗历数书》(西方称《伊尔汗天文表》)。《伊尔汗历数书》中测定岁差常数为每年 51″,相当准确。100 多年后,帖木儿的孙子乌鲁伯格又在撒马尔罕建立一座天文台。乌鲁伯格所用的象限仪,半径长达 40 米。他对 1000 多颗恒星进行了长时间的位置观测,据此编成的《乌鲁伯格星表》是托勒密之后第一种独立的星表,达到了16世纪以前的最高水平。①

5.1.2 开罗学派

10世纪初,在突尼斯一带建立了法提玛王朝(909—1171,中国史称绿衣大食)。这个王朝于973年迁都开罗以后,成为西亚、北非一大强国,在开罗形成了一个天文中心。这个中心最有名的天文学家是伊本·尤努斯(ibn Yunus,约950—1009),他先后服务于法提玛王朝的两任哈里发阿齐兹(al-Aziz,975—996年在位)和哈基姆(al-Hakim,996—1021年在位),伊本·尤努斯把他的名著《哈基姆历数书》(al-Zij al-Kabir al-Hakimi)献给了后者。该书是一部包含了许多天文数表的便捷手册,收录了非常精密的观测数据,这些数据用巨型的天文仪器测得。伊本·尤努斯在书中还提供了计算的理论和方法,用正交投影的方法解决了许多球面三角学的问题。他还汇编了829—1004年间阿拉伯天文学家和他本人的许多观测记录。他记录了40次行星合和30次月食。977年和978年,他在开罗所作的日食观测和979年所作的月食观测,为近代天文学研究月球的长期加速度提供了宝贵资料。伊本·尤努斯的观测还是拉普拉斯研究行星轨道倾角变化和木星、土星长期加速现象的灵感之源。

与伊本·尤努斯同时在开罗活动的还有博学的伊斯兰学者阿尔哈增(al-Haytham,拉丁化名字为Alhacen或Alhazen,965—1039)。阿尔哈增的研究兴趣遍及光学、天文学、数学、哲学、物理学、工程学、机械学、医学、解剖学、眼科学、心理学等。他最感兴趣的领域是光学,因其所取得的成就而被称为"现代光学之父"。在希腊化时期希罗和托勒密都研究过光学,他们认为人能看见物体是靠眼睛发射出的光线被物体反射的结果。阿尔哈增则认为光是由太阳或其他发光体发射出来的,然后通过被看见的物体反射入人眼,显然他的观点是正确的。他还正确地解释了透镜的原理,即透镜的放大效果是其曲面造成的。他对光的反射和折射现象感兴趣,探讨了虹,研究了光通过透镜的聚焦,并制作了无透镜的针孔成像机。他研究了大气折射问题,他和托勒密一样认为大气层的高度是有限的。他注意到晨昏蒙影在太阳落到地平线以下19°左右时才发生,据此他估计大气层的高度为10英里②左右。他的著作《光学》(Book of optics)在12世纪末或13世纪初被翻译成拉丁文,在欧洲中世纪赢得了巨大声誉。

阿尔哈增在《论月光》(On the light of the moon)中对月球接受太阳光照射而发亮的问题进行了详细研究。在《光学》的第15、16卷中,阿尔哈增首先提出了天球层并非由固态物质组成的观点,他指出天层比空气要轻。这些观点对哥白尼和第谷的学说产生了影响。

阿尔哈增还解释了月亮大小错觉问题。月亮在靠近地平线时看起来比高悬在天空中要大。托勒密曾经把这解释成是大气折射造成的。阿尔哈增指出这是视觉的错觉造成的。通过罗切尔·培根(Roger Bacon,1214—1292)等人的介绍,这一心理现象慢慢被欧洲人接受,托勒密的解释则被抛弃。阿尔哈增还批评了托勒密的许多部著作,包括《至大论》《行星假说》和《光学》等。他指出了托勒密书中的许多自相矛盾之处,还进一步对托勒密天文体系的物理真实性提出了严厉的评判。

---

① 有关在马拉盖和撒马尔罕的这两个天文台的详细情况见5.3节"伊斯兰天文台"中的介绍。
② 1英里≈1.61千米,后同。

阿尔哈增(图 5.2)重视数学的严密性和实验证明。他区分了星占学和天文学,并拒绝研究星占学。因为他认为星占学家使用的是推测的方法而不是立足于经验基础。同时星占学与伊斯兰教条也相冲突。

阿尔哈增的多部著作被译为西班牙语、希伯来语和拉丁语。对欧洲科学产生过重大影响。在中世纪欧洲,他拥有一个"托勒密二世"的绰号。据说阿尔哈增为了给自己谋个一官半职,宣称他能为治理尼罗河洪水设计一种机器。这引起了哈里发的重视,他被任命专管此事。但不幸的是这位哈里发是反复无常、暴虐成性的哈基姆,被称为"最危险的戴着王冠的疯子"。哈基姆要求他立刻制造出这种机器,否则他将不得好死。阿尔哈增知道这绝不是开玩笑,只得装疯,一直装到1021 年哈基姆死去为止。

图 5.2　阿尔哈增

5.1.3　西阿拉伯学派

阿拉伯的倭马亚王朝于 750 年被阿拔斯王朝推翻之后,倭马亚家族成员被杀戮殆尽,唯一漏网的阿卜杜勒·拉赫曼逃至西班牙,并在那里建立了自己的政权,倭马亚王朝在西班牙得以延续,中国史称白衣大食。西班牙倭马亚王朝最早的天文学家是科尔多瓦的查尔卡利(al-Zarqālī,拉丁化名字为 Arzachel,1029—1087)。他居住在托莱多(Toledo),是那个时代杰出的阿拉伯数学家和第一流的天文学家,他将理论知识和实用技巧结合起来创制了精密的仪器用于天文观测。查尔卡利修正了托勒密的地理数据,特别是地中海的长度。他第一个毫无争议地证明了太阳远地点的进动,他测出的进动值为每年 12.04″,非常接近现代值的每年 11.8″。

查尔卡利的最大贡献是 1080 年编制的《托莱多天文表》。这个天文表的特点是其中有仪器的结构和用法的说明,尤其是关于阿拉伯人特有的仪器——星盘——的说明。在《托莱多天文表》中,还有一项重要内容,就是对托勒密体系作了修正。查尔卡利以一个椭圆形的均轮代替水星的本轮,从此掀起了反托勒密的思潮。这种思潮发端于阿芬巴塞(al-Sāyigh,拉丁化名字为 Avempace,?—1138)、阿布巴克尔(al-Andalusi,拉丁化名字为 Abubacer,英语化名字为 Abubekar,1105—1185)和比特鲁吉(al-Betrugi,拉丁化名字为 Alpetragius,?—1204)为其继承者。他们反对托勒密的本轮假说,理由是行星必须环绕一个真正物质的中心体,而不是环绕一个几何点运行。因此,他们就以亚里士多德所采用的欧多克斯的同心球体系作为基础,提出一个旋涡运动理论,认为行星的轨道呈螺旋形。

其后信奉基督教的西班牙国王阿尔方索十世(Alfonso Ⅹ)于 1252 年召集许多阿拉伯和犹太天文学家,把《托莱多天文表》翻译成西班牙语,以此为基础改编成《阿尔方索天文表》。

正当西班牙的天文学家抨击托勒密学说的时候,波斯学者比鲁尼(Bīrūnī,以 Alberuni 等名字行世,973—1048)已经提出了地球绕太阳旋转的学说。他还给出了一种测量地球半径的方法,测算得 1°子午线长为 106.4—124.2 千米。比鲁尼在写给著名医学家、天文爱好者阿维森纳(Abū-Alī Ibn Sīnā Balkhi,拉丁化名字为 Avicenna,981—1037)的信中,甚至说到行星的轨道可能是椭圆形而不是圆形。而阿维森纳也批评了亚里士多德认为的恒星受到太阳照射而发光的观点,他认为恒星本身会发光,他还观测了1032年5月24日的金星凌日,他得出结论说金星比太阳离地球更近。他写了一本《至大论概要》,对托勒密的《至大论》给出了评注。他的一名学生宣称阿维森纳解决了托勒密体系中的对点问题。

马拉盖天文台的纳西尔丁·图西在他的《天文学的回忆》中也严厉地批评了托勒密体系,并提出了自己的新设想:用一个球在另一个球内的滚动来解释行星的视运动。14世纪大马士革的天文学家伊本·沙提尔在对月球运动进行计算时,更是抛弃了偏心均轮,引进了二级本轮。两个世纪以后,哥白尼在对月球运动进行计算时,所用方法和他的一样。①

5.2 伊斯兰教的天文学课题

伊斯兰教鼓励它的信徒利用星星来确定行进的方向。《古兰经》中说:"真主为你布置了群星,让你在黑暗的大地上和海洋中得到指引。"在这样的教义鼓舞下,穆斯林们创制出了优良的实测和导航仪器,现如今绝大多数亮星的名字都源自阿拉伯语。

伊斯兰教既在一般意义上鼓励天文学研究,伊斯兰宗教实践活动也对数理天文学提出了非常具体的要求。穆斯林天文学家需要解决的问题包括伊斯兰历法中月首新月的测定、穆斯林祷告时刻的确定和遍布在广阔的伊斯兰文化区域内各地清真寺的朝向问题等。

5.2.1 月首的确定

《古兰经》中说:"按照安拉的意见,一年中月份的数目是十二。"所以,伊斯兰教的历法只能是每年有12个朔望月的纯阴历,不允许安插闰月。12个朔望月比1个回归年少11天多,所以使用纯阴历的后果之一就是使穆斯林的神圣月份斋月(Ramadan)可以出现在一阳历年中的任何季节。

伊斯兰历法还规定一个月的第一天不是朔所在的这一天,而是新月初见于西方天空的那一天——类似于中国古代西周时期作过月首的"朏"。由于月球绕地运动的复杂性,这样的新月初见于西方天空的日子有时在朔后的第二天,有时在第三天,并没有简单的规律可循。所以月首需要靠实测来确定。但是天空并不总是晴朗的;即使是晴朗的日子,一个城市的观测者也许在某个黄昏看到了新月,但是相邻城市观测者这一天可能没有看到,结果这两个城市将会在不同的日子开始同一个月份。

为了更好地解决月首问题,必须辅以一些理论上的预测。早期的穆斯林天文学家利用了一条来自印度天文学的判据:如果太阳和月亮在当地地平线落下的时刻差在48分钟以上时,新月就可以被观测到。后来翻译成阿拉伯语的《至大论》中关于月亮运动的理论提供了足够的精度来计算新月的出现,但《至大论》是用黄道坐标来描述月亮位置的,为了描述新月的可见与否,需要将黄道坐标化为地平坐标。这里穆斯林天文学家们面临的是一个相当复杂的球面几何问题。后来的穆斯林天文学家们编制出一些精巧的数表来帮助计算每月之始

---

① 相关内容将在5.4节"阿拉伯的行星天文学"中作详细介绍。

新月的可见情况,但时至今日,这个问题在穆斯林世界仍是一个具有挑战性的难题。

5.2.2 祷告的时刻

根据伊斯兰教义,每一位穆斯林,不分男女,每天都必须按时作 5 次祷告:
(1) 晨礼:在早晨东方黎明初现,晨光直至太阳将出之间进行。
(2) 晌礼:在中午过后太阳偏西,直到影子长度是原物两倍的这段时间内进行。
(3) 晡礼:从晌礼末时直到太阳将落之前进行。
(4) 昏礼:从日落开始至晚霞消失前举行。
(5) 宵礼:从晚霞散尽开始直到黎明之前举行。

如何准确确定这 5 个祷告时间段的起讫时刻点,是穆斯林天文学家面临的一个难题。早期那些发布祷告时刻的授时者依据的可能是阿拉伯民族原有的简单办法。到了 9 世纪前半叶,一位巴格达智慧宫的成员、数学家、天文学家阿尔·花剌子米(al-Khwārizmī,约 780—850,图 5.3)吸收了来自印度天文学的方法,编制了一份对应巴格达纬度的祈祷时刻表。随后第一部根据巴格达地区太阳地平高度确定白昼时刻和根据亮星地平高度确定夜间时刻的天文表也被编制出来。

花剌子米著有一部《印度历算书》(*Zīj al-Sindhind*),共 37 卷,内容是关于天文和历法计算的,其中有 116 个数表给出了历法、天文和星占学的数据,包括日月五星的运动历表,特别引人注目的是其中还有一份正弦函数表。在众多基于印度天文学方法写成的阿拉伯历算书中,花剌子米的历算书是第一部。此书被称为伊斯兰天文学的转折点,此后的穆斯林天文家沿着他的研究路径翻译、学习外来的天文学。

花剌子米还是一位在数学史上产生重要影响的阿拉伯数学家。830 年,他写了一本有关代数的书 *Hisab al-jabr wa'l-muqabalah*。书名中 al-jabr 意为恢复平衡,在这里指完成移项后等式两边又恢复平衡。wa'l-muqabalah 为简化之意,在这里指的是合并

图 5.3　1983 年苏联发行的纪念花剌子米诞生 1200 周年的邮票

消去同类项。因此书名可意译成《移项和消项的学问》。之后,此书被译成拉丁文,书名逐渐简化,最后成了 *Algebra*,并产生了"代数"(algebra)一词。花剌子米又引进了印度数字,发展算术,被输入到欧洲后,逐渐代替了欧洲原有的算板计算和罗马记数系统。欧洲人就把 alkhwarizmi 这个名字拉丁化,称用十进位阿拉伯数字来进行的计算规则为 algorithm。现在 algorithm 这个词的含义变成一般性的"运算法则"。

为了方便地确定时间,花剌子米在从印度和希腊先辈们那里继承的遗产基础上,对日晷的理论和构造做出了几项重要的改进。他还为日晷编制了一些数表,这样可以避免专业和繁琐的计算,很方便地读出时间。他制造的日晷还不受地点的限制,可以在地球上任何地方使用。从那时起,日晷成了清真寺的常备计时仪器,为祷告者提供正确的时间。花剌子米还

发明了象限仪,祷告者用它白天观日、夜晚测星,以确定祷告时间。花剌子米发明的象限仪在中世纪非常流行,仅次于星盘。花剌子米的上述工作,均基于对球面三角学知识的熟练运用。

由于祷告时间的确定是一门复杂的学问,所以到后来专门为每一座清真寺配备了一位专职的授时官[①],叫作穆瓦奇特(muwaqqit)。这样的职位至少为那些有能力的天文学家提供了一个制度上的避风港,因为伊斯兰教义排斥星占学,所以天文学家很难通过星占学挣钱,但他们成为授时官,在社会上就可以获得安全和受人尊敬的地位。这样一个制度所产生的积极影响就是,相关的天文学著作不仅在数量上飞速增长,而且在质量上也有很大提升。

5.2.3 清真寺的朝向

伊斯兰教的许多宗教法令都规定遍布从西班牙到中亚各个地方清真寺必须朝向麦加的宗教圣殿"克尔白"(Kaaba)[②]。还有些人采用"克尔白"自身的方向,其主轴面向老人星(船底座α星)升起的方位,副轴则顺着夏季日出和冬季日落方位。各地穆斯林做祷告时也要面向麦加,这个朝向有一个专门的名称叫作"奇布拉"(qibla)。显然,"奇布拉"也是朝圣者向麦加出发的方向。

确定不同地点的"奇布拉"是一个专门的球面三角形问题。在好几个世纪里,伊斯兰天文学家一直在研究如何运用已知的地理学数据从数学上确定"奇布拉"。他们获得了基本的球面三角学公式,并从中计算出各种简便数表。

大约到11世纪,穆斯林天文学家们在这个问题上取得了显著的成就。他们研制出了一幅为以麦加为中心的网格地图,从这样的地图中,可以直接读出到麦加的方向和距离。到约1375年,大马士革的天文学家哈里里(al-Khalili)制作了一张数表,给出了从北纬10°到56°之间、从麦加东西各60°之间每一度的"奇布拉"。这项工作要用到一系列复杂而精确的球面三角公式,并经过浩繁的计算来完成。

5.2.4 球面天文学的建立

无论是预测新月的出现,还是确定祷告的时间和清真寺的朝向,要解决这些问题,都依赖于数学上球面三角学的发展。而球面三角学这一个数学分支的发展,正是伊斯兰天文学家作出的贡献。

当初托勒密在解决一些天文问题时,虽然也需要根据天球上球面三角形已知的边或角来求解未知的边和角,但他运用的是较为笨拙的弦函数。到9世纪,三角学中的六个函数已经被发现。正弦函数从印度被介绍到了伊斯兰,一同被介绍进来的还有在计算影长时非常重要的正切函数和余切函数。

大约在830年,在巴格达的波斯天文学家、数学家哈西卜(al-Hasib,生年不详,卒于864到874年之间)编制了步长为15′的正弦表,并且还编制了间隔为1°的正切表。如前文所提

[①] 本章最后提到的著名伊斯兰天文学家沙提尔就是大马士革一座清真寺的授时官。
[②] 该圣殿在麦加大清真寺广场中央,殿内供有神圣黑石。

及的,后来阿布·瓦法进一步编制出了步长间隔为 15′ 的正弦表和正、余切表,特别是比鲁尼还利用二次内插法编制了正弦、正切函数表。

阿尔巴塔尼把三角学进行了系统化整理。他提出了正弦、余弦、正切、余切等三角学术语。正割、余割这两个术语则是阿布·瓦法最早引入的。阿尔巴塔尼发现了其中几个基本的三角函数关系式,他还发现了球面三角形的余弦定理(A、B、C 为球面三角形的三个角,a、b、c 为对应的边,图 5.4):

$$\cos a = \cos b \cos c + \sin b \sin c \cos A$$

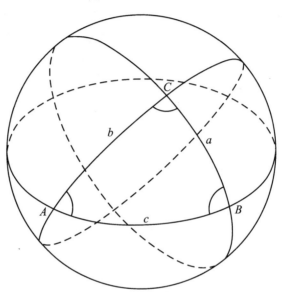

图 5.4 球面三角形的边和角

阿布·瓦法和比鲁尼等人进一步丰富了三角学公式。阿布·瓦法证明了平面和球面三角形的正弦定理。比鲁尼则证明了正弦公式、和差化积公式、倍角公式和半角公式。这些伊斯兰天文学家发现的三角学基本恒等式,大大简化了天球上球面三角形所涉及的计算。

到了马拉盖天文台的纳西尔丁·图西那里,平面和球面的三角学已经成熟到开始脱离天文学成为一门独立的数学分支。他所著的《论完全四边形》(*Treatise on the quadrilateral*)是一本纯粹的三角学专著。该书系统阐述了平面三角学,明确给出了正弦定理,讨论了球面完全四边形,对球面三角形进行了分类,特别是首次给出了球面直角三角形的 6 种边角关系。设球面三角形 ABC 中,a、b、c 分别为角 A、B、C 的对边,A 为直角,则:

$$\cos a = \cos b \cos c$$
$$\cos a = \cot b \cot c$$
$$\sin b = \sin a \sin B$$
$$\cos C = \cot a \tan b$$
$$\cos B = \sin C \cos b$$
$$\sin c = \tan b \cot B$$

这些定理和公式,正是现在球面天文学的基本内容。在纳西尔丁·图西的书中,三角学基本上已经达到了现代形态。

5.3 伊斯兰天文台

5.3.1 仪器大型化和天文台的建造

对《至大论》的翻译有效提升了阿拉伯行星天文学的水平。然而托勒密行星模型的有效性，不仅依赖于它们自身的几何构造，也依赖于其中所用参数的精确程度。好几个世纪过去了，《至大论》里的参数显然有必要重新测定，这就需要足够精度的测量仪器。

伊斯兰天文学家最初使用的仪器是小型和便携式的，但他们相信更大型的仪器能带来更高的测量精度。在这种信念的支配下，阿拉伯天文学仪器走上了大型化的道路。许多穆斯林君主和有财有势的赞助人都在出资建造这类仪器。因为这些大型仪器不再方便携带，需要有个固定的地方安置它们，就兴建了许多伊斯兰天文台。但是部分宗教权威对星占学的敌视，或者某个赞助人的死亡，都会给某个天文台带来末日。所以，许多伊斯兰天文台存在的日子并不长久，影响有限。

在开罗，根据法蒂玛王朝哈里发的维齐尔(vizier，伊斯兰国家对高级长官和大臣的称谓)的命令，于1120年开始建造一个天文台，次年这位维齐尔被谋杀之后，工程在其继任者的领导下继续进行。但是到了1125年，仪器已经造好而房屋尚未完工，新的维齐尔被哈里发下令杀死，他所谓的罪名中包括"与土星沟通"。之后天文台被摧毁，职员们被迫逃生。

伊斯坦布尔天文台(图5.5)是土耳其苏丹穆拉德三世(Murad Ⅲ)为天文学家塔奇丁(Taqi al-Din，1526—1585)建造的，于1575年动工，1577年完工，与第谷的天文台属同时代。伊斯坦布尔天文台颇似一个现代研究机构，它的主体建筑中包含一个图书馆和员工生活区。一些小型建筑中安置着塔奇丁设计的天文仪器，其中包括一架大浑仪和一台天文钟。

塔奇丁原本想利用这些仪器来改进旧的伊斯兰历算书"积尺"中的日、月、行星运动历表，然而在天文台完工之年天上正好出现大彗星。尽管塔奇丁将这一天象解释成是苏丹对波斯作战的吉兆，但是土耳其人并未取得令人满意的胜利，接着又暴发瘟疫，接连几位要人死亡。到1580年，宗教领袖说服了穆拉德三世，使他相信试图觊觎未来的秘密只会带来不幸。于是苏丹下令将天文台彻底摧毁。

众多伊斯兰天文台中，有两个天文台存在时间稍久，产生的影响也较为深远。它们是马拉盖天文台和乌鲁伯格天文台。

5.3.2 马拉盖天文台

马拉盖(Maraga，今伊朗北部)天文台由波斯的蒙古统治者旭烈兀(Hulagu，1217—1265，1256—1265年在位，成吉思汗之孙，拖雷之子)为波斯天文学家纳西尔丁·图西建造。旭烈兀相信他的一系列军事胜利受惠于天文学家(也是星占学家)——特别是图西——的建议。因此当图西抱怨他的天文数表老旧而过时的时候，旭烈兀就特许他选择一个地方建造

图 5.5　伊斯坦布尔天文台的工作场景

一座新天文台。

马拉盖天文台是那个时期最大的天文台，于 1259 年动工，建于一个山顶之上，由一系列建筑群组成。如今在马拉盖天文台的遗址残存了不少地基。在 340 米长、150 米宽的天文台建筑场地中矗立着一幢高 4 层、直径 28 米的圆柱形建筑（图 5.6）。天文台的仪器露天安放，其中包括一座半径不下于 14 英尺①的墙象限仪，一座半径约 5 英尺的浑仪，和许多较小一些的仪器。墙象限仪沿着子午面安装。借助天文台的仪器，图西和其他杰出天文学家经过 12 年的紧张工作，于 1271 年完成了一部包含他们的观测结果和行星模型的《伊尔汗历数书》(Zij-i ilkhani)。这部历数书在旭烈兀的儿子阿巴哈汗（Abaqa Khan, 1234—1282）统治时期出版，一直流行到 15 世纪。《伊尔汗历数书》中的天文表以通过该天文台的子午线为本初子午线，使得马拉盖天文台的地位有点像后来的格林尼治天文台。

马拉盖天文台还拥有一个包括各种科目、藏书达 40000 册的图书馆。被称为 13 世纪最博学的叙利亚学者巴·赫布雷乌斯（Bar Hebraeus, 1226—1286）晚年定居到了天文台附近，就是为了能方便地使用天文台中的图书，他留下了一些描述天文台的文字。

在天文台与图西一起工作的天文学家来自波斯、叙利亚、安纳托利亚（Anatolia, 即小亚细亚）、拜占庭，甚至古代中国。现在知道至少有 20 位知名知姓的天文学家曾在这个天文台工作。如来自大马士革的穆伊丁·马格利比（Muhyi al-Din al-Maghribi, 约 1220—1283），

---

① 1 英尺≈0.3048 米，后同。

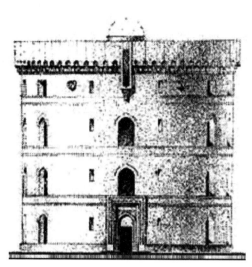

图 5.6　马拉盖天文台的圆柱形建筑

穆阿伊丁·乌尔迪（Muayyid al-Din al-Urdi,？—1266），波斯天文学家库特丁·施拉兹（Qutb al-Din al-Shirazi,1236—1311）；来自非伊斯兰世界的如来自拜占庭帝国的格里高利·寇耐德（Gregory Choniades,？—1302），他跟随马拉盖天文台的沙姆斯丁·博卡里（Shams al-Din al-Bukhari,约1254—？）学习，后来他把《伊尔汗历数书》翻译成拜占庭希腊语，并传播到拜占庭帝国。很可能是他把图西的"双本轮"（Tusi-couple）设计传播到欧洲，并对哥白尼的日心体系产生了重大影响。学者相信有几位来自中国的天文学家曾在此工作，并引入了几种中国算法，帮助改进了托勒密体系。另外，大约超过100位学生在图西的指导下学习天文学。

马拉盖天文台天文学家的研究还形成了一个对后世产生重大影响的学术派系，史称"马拉盖学派"。该学派的天文学研究传统始于马拉盖天文台，并由大马士革和撒马尔罕的天文学家延续。最重要的马拉盖学派天文学家有穆阿伊丁·乌尔迪、纳沙尔丁·图西、乌玛尔·卡提比·夸兹维尼（Umar al-Katibi al-Qazwini,？—1277）、库特丁·施拉兹、萨德尔·沙里亚·博卡利（Sadr al-Sharia al-Bukhari,？—1347）、沙提尔、阿里·古什吉（Ali al-Qushji,1403—1474）、阿波德·阿里·比尔詹地（Abd al-Ali al-Birjandi,？—1528）和沙姆斯丁·卡弗利（Shams al-Din al-Khafri,？—1550）等。这些马拉盖学派的天文学家与他们的西阿拉伯学派的安达卢西亚（Andalusian）先驱们一样，试图解决托勒密体系中的对点问题，并提出可取而代之的行星运动模型。在提出消除了对点和偏心运动的非托勒密模型方面，他们比他们的安达卢西亚先驱们更为成功。在预测行星位置方面，他们的模型也比托勒密模型具有更高的数值精度[①]。

马拉盖学派的天文学家还热烈讨论了地球自转的可能性，这场讨论后来延续到了撒马尔罕和伊斯坦布尔的天文台。马拉盖学派中支持地球自转的天文学家有图西、尼扎姆丁·尼萨布利（Nizam al-Din al-Nisaburi,？—约1311）、塞伊德·沙里夫·诸尔詹尼（al-Sayyid al-Sharif al-Jurjani,1339—1413）、阿里·古什吉和阿波德·阿里·比尔詹地等。图西使用

---

①　关于马拉盖学派天文学家消除托勒密体系中的对点和偏心圆的工作见5.4节"阿拉伯的行星天文学"中的介绍。

彗星相对于地球的位置首次提供了地球自转的观测证据。古什吉则详细阐述了进一步的观测证据证明地球的自转，并全面拒绝亚里士多德派的自然哲学。他们对地球自转的辩护与哥白尼后来在《天体运行论》中对地球自转的辩护很相似。

一些学者把马拉盖学派在反对托勒密天文学的过程中取得的成就叫作"马拉盖革命""马拉盖学派革命"或"文艺复兴之前的科学革命"。这场革命的一个重要之处在于，马拉盖学派的天文学家们意识到天文学应该致力于用数学语言描述作为物理实体的天体的运动，而不应该只停留在数学假设层面上拯救现象。马拉盖天文学家们也认识到亚里士多德所认为的宇宙中只有圆周运动或直线运动的观点是不正确的，譬如图西的双本轮设计就表明了直线运动可用圆周运动产生出来。

马拉盖天文学家不像古希腊和希腊化时期的天文学家，后者不甚关心数学的行星模型是否能够成为物理上的真实，马拉盖天文学家则坚持数学模型必须与他们周围的真实世界相一致。他们对真实世界的观点逐渐从基于亚里士多德物理学的实在世界进化成以沙提尔的工作为基础的一种以经验的和数学的物理学为基础的实在世界。因此，马拉盖革命以一种哲学基础的转换为特征，从亚里士多德宇宙学和托勒密天文学转向更加重视和强调经验观察与对天文学和总的自然界的数学化，这些特征典型地展示在沙提尔、古什吉、比尔詹地和沙姆斯丁·卡弗利等人的著作当中。

图西死后，他的儿子被任命为天文台的台长。后来天文台遭受了一系列地震被损坏，又由于运转资金短缺，到14世纪中期被废弃。伊朗国王阿巴斯（Shah Abbas the Great，1571—1629）曾计划修复该天文台，然而直到他早逝之前都没有机会实施。乌鲁伯格访问了一次这个天文台的废墟之后，决定在撒马尔罕建造一个大天文台来延续马拉盖学派的传统。

5.3.3　乌鲁伯格天文台

撒马尔罕（Samarkand，今乌兹别克斯坦境内）行省统治者帖木儿（Timur，1336—1405）的孙子乌鲁伯格（Ulugh Beg，1394—1449）于1420年建立的天文台，是最为著名的一座伊斯兰天文台。这个天文台里最热心的、很可能也是最博学的天文学家，就是乌鲁伯格本人。

乌鲁伯格年纪轻轻就成了撒马尔罕行省的统治者，在他的治理下，撒马尔罕变成了帖木儿帝国的智慧中心。从1417年到1420年，乌鲁伯格在撒马尔罕的雷吉斯坦广场（Registan Square）建了一座马德拉萨（madrasa，相当于大学或研究所），他邀请了大量伊斯兰天文学家和数学家到此进行研究。这座马德拉萨的建筑至今犹存。

乌鲁伯格自己的兴趣在于天文学。他所建造的天文台叫作"古尔罕尼"（Gurkhani），类似于后来第谷的"天堡"（Uraniborg）和塔奇丁在伊斯坦布尔的天文台。当时没有望远镜来帮助观测，乌鲁伯格想到通过增加他的六分仪的尺寸来提高测量精度。这架被叫作"法克里"（Fakhri）的六分仪（图5.7）由两堵间隔约20英寸[①]的南北方向的大理石墙构成，半径达40米，光学分辨率为180″。

先前的一些阿拉伯星表大多只是在托勒密星表基础上加上岁差改正而成，乌鲁伯格发现了其中的一些严重错误，于是下定决心重新测定主要亮星的位置。乌鲁伯格使用他的六分仪，在1437年编制了包括近1000颗恒星位置的《乌鲁伯格星表》。该星表被认为是介于

---

① 1英寸＝0.0254米，后同。

托勒密星表和第谷星表之间重要的恒星星表之一，是独立于苏菲的《恒星之书》之外的另一项重要工作——其中有27颗恒星的位置取自苏菲的星表，因为它们的位置太过靠南，在撒马尔罕观测不到。这份中世纪最重要的原创星表，分别在1665年由托马斯·海德（Thomas Hyde，1636—1703，英国著名东方学家）、1767年由格里高利·夏普（Gregory Sharpe）、1843年由佛朗西斯·贝利（Francis Baily，1774—1844，贝利珠的发现者）介绍到欧洲。

1437年，乌鲁伯格还测得恒星年的长度为365.2570370天（365天6小时10分8秒，比准确值长58秒）。为了获得这个结果，他使用了50米的高表，进行了多年测量。88年后的1525年，哥白尼把恒星年的精度又提高了28秒。而根据哥白尼的转引，塔比·库拉的恒星年长度只比准确值长2秒。

乌鲁伯格还编制了精确的正弦表和正切表，它们的数值精度准确到小数点后面第8位。

乌鲁伯格在科学上的才能与他的统治技巧并不相称。在与敌对王国作战中，他输掉了几场战争。1448年，他在赫拉特（Heart）取得一次胜利之后进行了大屠杀。1449年，他在去麦加朝圣的路上被他的亲生儿子阿波德·拉蒂夫（Abd al-Latif）谋杀。此时天文台正要度过它的30岁生日。随着主人的去世，天文台的观测工作也就寿终正寝。乌鲁伯格的坏名声被莫卧儿帝国（Mughal Empire）的建立者巴布尔（Babur，1483—1531）洗刷，后者把他的遗骸安葬在撒马尔罕帖木儿王族的陵墓中，1941年被考古学家发掘出来。

图5.7　乌鲁伯格的巨型六分仪残基
图片由石云里教授拍摄。

5.4　阿拉伯的行星天文学

5.4.1　从《悉檀多》到《至大论》

770年左右，一个印度使团来到巴格达，带来一部梵语《悉檀多》（Siddhānta），启动了阿拉伯的行星天文学研究。巴格达智慧宫的花剌子米，留下了一部共37卷的早期《积尺》（Zīj al-Sindhind）①。后来的阿拉伯版《积尺》使用的大部分参数和计算程序，都来自印度天文

---

① 梵语Siddhānta和阿拉伯语Zij都是历算书的意思，Sind和Hind是阿拉伯人对印度的称呼，所以花剌子米写的这部《积尺》又可译成《印度历算书》。

学。巴斯的阿德拉德(Adelard of Bath,约 1080—1152)在 12 世纪把一部《积尺》译成拉丁文,这是印度方法传到中世纪西方的途径之一。

对托勒密《至大论》的翻译无疑是阿拉伯天文学提升其行星天文学研究水平的另一条重要途径。许多阿拉伯天文学家都对托勒密表达了足够的尊敬,但是对《至大论》中已显粗疏的天文参数进行了修订,阿尔巴塔尼就是其中之一。如 5.1 节中所述,阿尔巴塔尼是巴格达学派的重要成员,是他首次改进了托勒密的计算。他发现太阳的远地点已不再位于托勒密原来所说的位置,并推断出远地点进动值为每年 54.5″。他还改进了回归年长度,纠正了托勒密的岁差常数,仔细测量了黄赤交角,将正弦函数引进三角学。他的 57 卷《积尺》经过穆斯林所在的西班牙,传到了基督教世界。印刷术的发明使此书传播得更广,哥白尼对此颇多引用,在《天体运行论》中哥白尼提到《积尺》作者的名字不下 23 次。

与阿尔巴塔尼闻名欧洲相反的是,开罗学派的伊本·尤努斯的天文工作则未被中世纪的西方所知。他编纂的《哈基姆历数书》收录了非常精密的观测数据,他记录的 40 次行星合和 30 次月食,为近代天文学研究月球的长期加速度、行星轨道倾角变化和木星、土星长期加速现象提供了宝贵资料。

西阿拉伯学派的查尔卡利编制的《托莱多天文表》则很早就被翻译并广泛流传,成为 14 世纪早期《阿尔方索星表》的蓝本,支配着拉丁世界的天文学,直至文艺复兴。

5.4.2 托勒密体系的不完备性

通过比较《至大论》中的抽象几何模型和托勒密在《行星假说》中描述的关于宇宙的物理学观点,托勒密天文学的不完备性就可显现出来。早在 9 世纪,巴格达的塔比·伊本·库拉就已经注意到这方面的矛盾。到 10 世纪的阿拉伯天文学文献中,不断出现对托勒密天文学的"怀疑"。

托勒密天文学中最明显的怀疑内容就是关于"对点"的设计,这一设计使得行星运动时快时慢,直接违背希腊天文学最基本的原则——天体运动必须是匀速圆周运动。托勒密行星运动模型中的偏心圆运动也使得行星的圆周运动不再以地球为中心,这也是令人反感的。在一些阿拉伯天文学家和哲学家看来,甚至本轮也是与亚里士多德主义相冲突的。

关于偏心和本轮的争论起初主要发生在西阿拉伯学派的天文学家和哲学家中间。但任何试图抛弃偏心圆和本轮来预测行星运动的尝试都是不成功的。伊斯兰最伟大的亚里士多德学说解释者、安达卢西亚人拉什德(Ibn Rushd,1126—1198),试图用同心球层计算行星位置,但误差巨大。然而在 13 世纪早期,他的著作被译成拉丁文之后,他在自然哲学家中间居然获得了一些赞同。

开罗的阿尔哈增是拒绝托勒密"对点"的天文学家之一。他在《质疑托勒密》(*Aporias against Ptolemy*)一书中,批评了托勒密的多部著作,包括《至大论》《行星假说》和《光学》等。他指出了托勒密书中的许多自相矛盾之处。他认为托勒密在一些数学上的处理,尤其是对点的引入,违背了天体在物理上做匀速圆周运动的要求。他还进一步对托勒密天文体系的物理真实性提出了严厉的评判。阿尔哈增在《论世界之结构》(*On the configuration of the world*)一书中虽然还是支持地心学说,但他试图改造《至大论》中的行星模型使之具有物理上的实在性。他认为天空由同心球壳层组成,各层占据一定厚度,其间还有一些别的壳和球。用这种方法,他试图为托勒密模型中的每一个简单运动设计一个球体。

在《七大天体运动模型》(Model of the motions of each of the seven planets)一书中,阿尔哈增提出了一个非托勒密的行星运动模型。这是第一个拒绝对点和偏心圆运动的几何模型。阿尔哈增把物理实体还原为几何实体,提出了地球绕轴自转的可能性,认为所有运动指向地心这一点没有任何物理意义。在书中他还更早地实践了奥卡姆剃刀原则,他用了最少的假说来考虑天体运动。

5.4.3 马拉盖学派的反托勒密革命

成功地消除了托勒密体系中的偏心圆和对点、提出替代行星运动模型的是马拉盖学派的天文学家。

穆阿伊丁·乌尔迪是第一位提出非托勒密模型的马拉盖天文学家,他提出了一条新的定理,叫作"乌尔迪引理"(Urdi lemma),把偏心运动化为本轮运动。

马拉盖天文台的纳西尔丁·图西在他的著作《备忘录》(Tadhkira)中,成功地设计出了一个令人满意的替代品,他只使用匀速圆周运动就完成了行星运动模型的构建,代价是每个行星运动模型增加两个本轮。图西发明的这种双本轮设计,能使用两个圆周运动来产生直线运动。图西提出的双本轮设计,取代了托勒密提出的对点,避免了后者在物理真实性上的困难,从而解决了托勒密体系中的一系列问题。图西的设计在后来哥白尼构建的日心体系当中扮演了重要角色。图西还构想过一种椭圆轨道的模型;确定了每年51″的岁差值;改进了包括星盘在内的几种天文仪器的构造。

图西的学生库特丁·施拉兹在他的《天文学知识已有成就的局限》(The limit of accomplishment concerning knowledge of the heavens)一书中讨论了日心体系的可能性。在马拉盖天文台工作的乌玛尔·卡提比·夸兹维尼在他的一本书中也提出了一种日心模型,并为之辩护,但后来他放弃了他的观点。

偏心圆尽管没有对点那样离谱,但在物理真实性上仍然经不起推敲。试图净化托勒密模型中所有令人反感的性质,代之以能够从哲学上和实测上同时被接受的行星模型,这方面最出色的成果是由马拉盖学派在大马士革的延续者沙提尔(al-Shatir,1304—1375)于1350年左右做出的。

沙提尔在《关于行星理论修正的最后调查》(A final inquiry concerning the rectification of planetary theory)一书中,采用了乌尔迪引理,引入了一个额外的本轮,即采用了图西的双本轮设计,不仅从对点中而且也从偏心圆中解脱了出来。沙提尔的行星模型最终摆脱了托勒密体系的束缚,也解决了托勒密体系中存在的严重困难。

例如,沙提尔的月亮运动模型(图5.8)便避免了托勒密模型中必然导致的月亮视直径大幅度变化的情况。沙提尔使用双本轮,选定合适的圆周半径和旋转速度,使得月亮在天球上的运动可以被很好地再现,而且月亮与地球之间距离的变化也适中了。避免了托勒密月亮运动理论中一个引人注目的缺点:月亮与地球之间距离的变化多达2倍,导致月亮视大小变化应达4倍。

马拉盖学派早期的行星模型跟托勒密的模型在精度上大致相当,沙提尔的几何模型在精度上首次超越了托勒密的模型,也就是说与实测结果更为符合。能取得这样的成就,显然与沙提尔对待托勒密体系和整个天文学的基本态度有关。沙提尔非常重视测量精度和对理论进行实测检验。他是第一位为了在经验基础上检验托勒密模型而把实验引入行星理论的天文学家。例如,为了检测托勒密的太阳模型,沙提尔利用了月食观测来估测托勒密的太阳圆盘视大小的数值。因此他的太阳运动模型是基于对太阳视直径的新观测方式。

不同于先前的天文学家,沙提尔一般对托勒密天文学不作哲学上的排斥,他不想附会自然哲学的理论原则或亚里士多德的宇宙学,而是要提出一个跟经验观测更加符合的模型。他只关心他的模型是否符合他自己的实测结果。他经常对托勒密模型进行实测检验,如果发现与他的实测有任何不一致的地方,他就构造他的非托勒密模型,直到符合他的实测结果为止。例如,沙提尔首先出于测量精度的考虑,取消了托勒密太阳运动模型中的本轮,他这么说过:"关于太阳有一个本轮,这点也是可接受的,但是你从下面的太阳位置中可以看出这一点不符合精确的观测。"出于同样的考虑,他也取消了托勒密月亮运动模型中的偏心运动和对点。

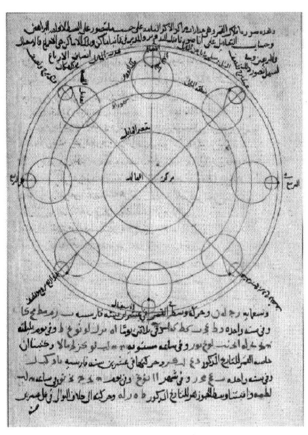

图 5.8　沙提尔的月亮运动模型

至此,沙提尔首次把自然哲学从天文学中剥离了出来。他是在经验基础上而不是在哲学基础上拒绝托勒密的行星模型。因此,他的工作标志着天文研究的转折点,可被视为"文艺复兴之前的科学革命"。

到 14 世纪中叶,拉丁世界翻译阿拉伯著作的狂热已经衰落,欧洲在发展着他们自己的天文学传统,图西和沙提尔的著作在西方似乎鲜为人知。

然而显得非常巧合的是,哥白尼使用的日心模型,等价于图西在马拉盖天文台所发展的模型。尽管沙提尔的模型是地心的,但他消除了托勒密的对点和偏心圆,他的体系在数学细节上与哥白尼在《天体运行论》中所展示的相一致;他的月亮运动模型与哥白尼的也毫无二致。有人甚至这样说：哥白尼所做的改变只是把联结太阳和地球的矢量调转了一个方向。

人们相信沙提尔的模型被哥白尼改编进了他的日心模型，但是人们还不确定这一切是怎么发生的。现在能够确定的是，包含了被沙提尔所采用的图西双本轮设计的拜占庭希腊手稿在15世纪传到了意大利，而哥白尼从1496年起在意大利度过了8年的留学生涯。另外，哥白尼给他的日心模型所绘制的图形和其中点的标记几乎与沙提尔地心模型中所绘制的图形和点的标记完全一样。这一切给人的感觉是，哥白尼很可能熟悉沙提尔的工作。现在我们从《天体运行论》中看到被哥白尼引述的伊斯兰天文学家有阿尔巴塔尼、查尔卡利和阿维罗伊（Averroes）等人；阿尔哈增和比鲁尼的著作那时也为欧洲人所知。

沙提尔是一位阿拉伯穆斯林天文学家、数学家、工程师和发明家，他在叙利亚大马士革的倭马亚清真寺中担任授时官。作为天文学家和数学家的沙提尔所取得的成就已见正文所述。在此稍稍提及作为工程师和发明家的沙提尔所发明的几件重要的天文仪器。

在14世纪早期，沙提尔发明了第一台星盘钟（astrolabic clock），他还把日晷和指南针结合在一起发明了同时具有指示时间和方向功能的罗盘。沙提尔为大马士革倭马亚清真寺的尖塔制作的第一具极轴式日晷是一件杰作。先前的日晷不能指示均等的小时，小时的长度随季节而变化。冬天一个小时短，夏天一个小时长。根据早先阿尔巴塔尼在三角学方面的进展，沙提尔认识到使用一台晷针平行于地球极轴的日晷，将能指示出每天都相同的小时长度。1371年，沙提尔发明了第一具极轴式日晷。他的这具日晷是迄今存世的最古老的极轴日晷（因为日晷面平行于赤道，所以也叫赤道式日晷）。同类的日晷在欧洲至迟要到1446年才出现。沙提尔将天文仪器组合在一起，设计出了一种综合性多功能天文仪器，其中合成的仪器当中包括了一台照准仪和一台极轴日晷。这样的多功能仪器后来在文艺复兴时期的欧洲很流行。

课外思考与练习

1. 简述阿拉伯天文学三大学派的基本情况和取得的成就。
2. 伊斯兰的宗教实践对天文学提出了哪些要求？它们如何推动了阿拉伯天文学的发展？
3. 以阿拉伯天文学为例，谈谈不同文明之间天文学交流的重要意义。
4. 穆斯林天文学家对托勒密体系做了哪些改进？
5. 试述马拉盖学派的反托勒密革命及其与哥白尼革命的关系。
6. 名词解释：《恒星之书》、乌鲁伯格天文台、马拉盖学派、图西双本轮设计。

延伸阅读

1. Owen Gingerich, "Islamic astronomy," *Scientific American* (1986).
2. David A. King, *Islamic mathematical astronomy* (London: Variorum Reprints, 1986).
3. Stephen P. Blake, *Astronomy and astrology in the Islamic world* (Edinburgh: Edinburgh University Press, 2016).

第 6 章　欧洲近代天文学革命与知识进步

从 410 年 8 月 24 日起,西哥特人对罗马进行了三天掠夺;继而在 476 年,日耳曼的雇佣军首领灭亡了西罗马帝国;529 年,东罗马皇帝查士丁尼封闭了雅典的柏拉图学院;641 年,阿拉伯人攻陷了亚历山大城,古希腊罗马文化的据点一个一个地消失在战火烽烟之中。作为文明力量的希腊和作为政治强国的罗马被毁灭了。欧洲的文明史就此进入了一个漫长的停滞时期。这个时期一般被称作中世纪,大抵指古代文化衰落(5 世纪)到意大利文艺复兴(15 世纪)之间漫长的一千年,也对应于西罗马帝国的首都罗马陷落(410 年)到东罗马帝国首都君士坦丁堡被穆斯林攻陷(1453 年)这段时间。后来随着人们对中世纪历史、艺术和宗教研究的加深,发现在那一千年里,欧洲社会的各个方面还是有所变化的。所以史学界也有学者主张把中世纪的范围缩小到专指"黑暗时期"以后①、文艺复兴以前的约四百年时间。

6.1　希腊传统的延续

6.1.1　中世纪和文艺复兴时期的欧洲天文学

5 世纪前后,迦太基人马丁内斯·卡佩拉(Martianus Capella of Carthage,约 365—440)在他的著作《语言学和墨丘利的联姻》(*The nuptials of philology and Mercury*)中列出了文科七艺,即算术、声乐、几何、天文、语法、修辞、逻辑,并对它们进行了概述。其中对天文学的概述是当时用拉丁文写成的关于天文学最好的论述。从 11 世纪的一份手稿(图 6.1)中,我们可以看到卡佩拉在托勒密体系基础上作出的一个调整:金星和水星被设置成太阳的卫星,太阳带着金、水二星绕地球旋转,金星和水星绕太阳转动的天层是相交的,并又都与太阳绕地球转动的天层相交。三颗外行星(火星、木星和土星)则按照托勒密体系给出的方式绕地球转动。

---

① 这里的"黑暗时期"是指西罗马帝国灭亡到 800 年查理大帝即位这三百多年的时间。这段时间里,欧洲特别是西欧,战争频繁,强盗横行,饥馑、瘟疫猖獗,毫无秩序,被称为欧洲历史上最黑暗的时代。

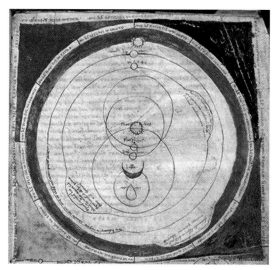

图 6.1　11 世纪一份佛罗伦萨手稿中给出的卡佩拉体系[①]

经历了"黑暗时期"之后,西欧的一些地方重新建立起了秩序,人们渴求知识的热情高涨起来。这时阿拉伯人继承和创造的知识显示了其特殊的历史地位。阿拉伯人建立的几乎包围地中海的庞大帝国,使得他们与欧洲有多种接触和交流的途径。阿拉伯知识通过叙利亚、意大利南部和西西里,特别是西班牙等各条途径流向欧洲各个主要城市,在一些地方形成了阿拉伯学术的研究中心。一些学术界的精英人物都从事阿拉伯学术的介绍、翻译和研究工作。法国人盖尔贝特(Gerbert,约 946—1003,999 年被选为教皇)曾到西班牙居住,进行数学和天文学研究。英国巴斯的阿德拉德,云游了法国、南意大利和近东地区,把阿拉伯文的数学和天文著作翻译成拉丁文。就这样,从学习阿拉伯天文学开始,欧洲天文学开始复兴。同时,阿拉伯的星占学也和天文学一起传播到欧洲,并变得跟在伊斯兰地区一样流行。

从阿拉伯文翻译过来的天文学著作使得原先的拉丁天文课本相形见绌。霍利伍德的约翰(John of Holywood,约 1195—1256)——他的拉丁名字萨克罗玻斯克(Sacrobosco)更为人们熟知,在 13 世纪中叶任教于巴黎。为了教学所需,他撰写了三册短小的天文学作品:其一是关于时间计算的概论;其二是满足天文学计算之需的算术;其三是《天球》(*Tractatus sphaera*)。萨克罗玻斯克的《天球》包括四篇:第一篇研究天球、天球的旋转、地球的球形和它的中心位置;第二篇定义了天体的赤道、黄道、黄道带、黄道带上的星座、子午线、天极的地平高度,以及地球上回归线和极圈的划分;第三篇研究了天体的升和落、白昼和夜晚在不同纬度和季节条件下的长度;第四篇给出了太阳、月亮和行星运动的简短描述,以及交食理论的纲要。

天文学在中世纪欧洲还完成了一个重要变化,那就是跟基督教结合。在 1493 年出版的世界历史著作《纽伦堡编年史》中,我们可以看到一个基督教化的宇宙(图 6.2):中心是四元素区,环绕中心的是七个行星天球,之外是恒星天球。亚里士多德主张的第一推动者也被反映在这个宇宙体系中:在恒星天层之外我们可以看到上帝正在加冕,旁边环列着九个等级的天使。

[①]　手稿信息来源为 *De nuptiis Philologiae et Mercurii*,Florence,Biblioteca Medicea Laurenziana,San Marco 190,f. 102r.

图 6.2 基督教神学下的宇宙体系

将亚里士多德的天球合并到基督教的宇宙图景中,产生了一个以既神圣又世俗的知识为基础的宇宙学,它具有很强的说服力。但是在七个行星天球层之外仍有不少问题:恒星球体的复合运动是如何得出的?这个球体和根据《创世纪》的故事在第一天创造的"上天"之间是什么关系?它和在第二天产生并在第四天出现的"天空"有什么关系?另外,除了基本的八个天球(七个行星天球和一个恒星天球)外,天文学家还需要增加一个天球来说明岁差——如果他们相信岁差速率是变动的话就需要增加两个天球,而神学家需要更多的天球来适应《创世记》中对天的描述。

到文艺复兴时期,由于欧洲印刷术和铅活字的发明和推广使用,一方面使得古代著作的学术编辑认真对待印刷书籍,并有效减少了传抄过程中的错误;另一方面印刷书籍也可以被较为廉价地获得。奥地利宫廷星占学家乔治·波伊巴赫(Georg von Peurbach,1423—1461)的《行星新理论》在 1474 年付印,并变成了极为畅销的教科书。该书将托勒密的行星模型用实心球详细给出了"物理真实替代物",哥白尼也许正是看到了这种替代的缺陷从而萌发了从事天文学研究的动力。

波伊巴赫和他的朋友雷纪奥蒙塔努斯(Regiomontanus)开始对《至大论》进行节略,波伊巴赫去世后,雷纪奥蒙塔努斯继续工作,完成了《至大论纲要》。该书篇幅为原著的一半,于 1496 年付印。随着该书在欧洲的广泛流传,托勒密的数理天文学终于不再是养在深闺、不可触摸的稀罕物事了。

雷纪奥蒙塔努斯原名约翰内斯·穆勒(Johannes Muller,1436—1476),1471 年起定居在纽伦堡。他的房子不仅是他的天文台,也是他的出版社。1474 年,他出版了第一本《天文年历》,给出了从 1475 年到 1506 年每天的天体位置,这是当时地理大发现时代航海船只的必备手册。哥伦布在第四次航行时携带了雷纪奥蒙塔努斯出版的《天文年历》。他在牙买加遭遇了当地土著的敌对情绪,哥伦布利用雷纪奥蒙塔努斯对1504年2月29日月蚀的预测(图6.3),谎称能救回牙买加人的月亮。土著相信了是哥伦布的祈祷挽救了月亮,于是给了他和他的船员们很多必要的食物。

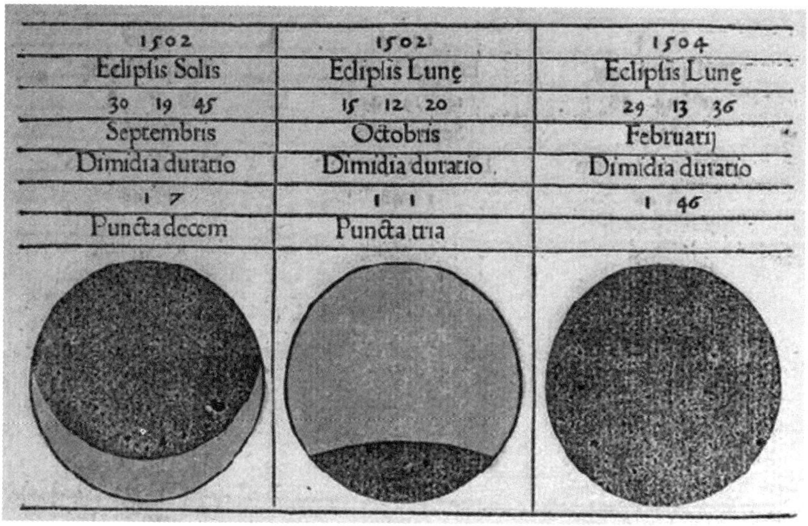

图 6.3　雷纪奥蒙塔努斯对 1504 年 2 月 29 日月蚀的预测

6.1.2　哥白尼和他的《天体运行论》

　　为了更准确地描述和预测行星的运动,托勒密的后继者们引入了越来越多的本轮,其体系的复杂程度大大背离了毕达哥拉斯派的柏拉图主义所追求的数学上的简单和完美性。哥白尼在思想上倾向于毕达哥拉斯派,认为天体应该有简单完美的运动,也应该有简单完美的数学描述。在哥白尼看来,托勒密体系在这一点上还不能算"合格"。尤其是托勒密引入的对点,使得天体不再做匀速圆周运动。所以他想到如果宇宙的中心是太阳而不是地球,那么对天体运行的理解和描述就可能会简单得多,同时也能遵守希腊人的完美运动原理。

　　哥白尼(图6.4)全名尼古拉·哥白尼(Nicolas Copernicus,1473—1543),1473年2月19日诞生于波兰托伦的一个富商之家。10岁丧父后,由其一位兼任主教的舅父抚养。其后多年在波兰的文化中心克拉科夫学习数学和绘画。1496年起,哥白尼到意大利游历,十年内先后在波洛尼亚、帕多瓦和斐拉拉等三所大学里攻读医学和宗教法规。在波洛尼亚学习期间,哥白尼与该校天文学教授迪·诺瓦拉(de Novara,1454—1504)有密切的接触,后者正是在自然哲学中复兴毕达哥拉斯思想的领袖。当时的意大利是欧洲文艺复兴的中心,学者向古希腊的遗产汲取思想的源泉,并在自由的氛围里对诸多现存的僵化学说和制度提出批评和挑战。在天文学上,托勒密的学说就是这样一种被批评的对象,人们讨论它的错误并改进它的可能性。

　　1505年,哥白尼返回波兰,任弗洛姆布克天主教堂的教士。在繁杂的行政事务工作之余,他开始思考如何把宇宙中心移到太阳上去。从1512年起,他开始在新假说基础上推算行星的位置。至少到1514年之前,哥白尼已经将他的日心学说写成概论,以手稿的形式在欧洲学者间广泛流传。这份名为《关于天体运动假说的要释》的手稿包含一个"绪论",然后依次是"论天球的序列""论太阳的视运动""论运动的均匀性不应对二分点而应对恒星决定""论月亮""论三颗外行星——土星、木星和火星""论金星""论水星"等章。到1532年左右，哥白尼已经完成对日心体系的详尽论证，但是他迟迟不正式公开地发表它。后来在数学家雷梯库斯（Rheticus，1514—1574）的强烈要求下，哥白尼最终同意出版他的全部论证。传说第一本书送到哥白尼手里几小时之后，他就与世长辞了，那是1543年5月24日。

该书的初版被冠以《托伦的尼古拉·哥白尼论天球的运行》（共六册）这样一个名称，后来一般简称为《天体运行论》（严格的叫法应该是《天球运行论》）。《天体运行论》的手稿曾经散佚了二百多年，1873年在托伦根据重新发现的手稿出了"世俗版"，这是该书的权威版本。

图6.4　哥白尼

在《关于天体运动假说的要释》的绪论中，哥白尼明确指出：

托勒密的理论，虽然与数值计算相符，但也吸引了不少疑问。的确，这种理论是不充足的……天体既不是沿着载运它的轨道，也不绕着它自身的中心在做等速运动。因此，这样的理论，既不够完善，也不完全合理。

这里哥白尼承认托勒密体系对天体位置的预测是有效的，但是违背了希腊天文学和哲学中的完美运动原理。哥白尼接着指出：

我注意到了这一点，于是就常常想，能不能找到这些圆的一种更合理的组合，用它可以解释一切明显的不均匀性，并且如同完美运动原理所要求的，每个运动本身都是均匀的。当我致力于这个无疑是很困难的而且几乎是无法解决的课题之后，我终于想到了只要能符合某些我们称之为公理的要求，就可以用比以前少的天球和更简便的组合来做到这一点。

哥白尼所说的公理共有七条，按照下列次序排列：

第一条：对所有的天体轨道或天球不存在一个共同的中心。

第二条：地球的中心不是宇宙的中心，而是重力中心和月球轨道的中心。

第三条：所有的天体都绕太阳旋转。太阳俨然是在一切的中央，于是宇宙的中心是在太阳附近。

第四条：日地距离和天穹高度的比小于地球半径和日地距离的比。因此，与天穹高度比起来，日地距离就是微不足道的了。

第五条：天穹上显现出的任何运动，不是天穹本身产生的，而是由于地球的运动。正是地球带着周围的物质绕其不动的极点做周日运动，而天穹和最高的天球始终是不动的。

第六条：我们看到的太阳的各种运动，不是它本身所固有的，而属于地球和其所在的天球。就像任何别的行星一样，地球和其所在的天球一起绕着太阳运动；这样，地球就具有几种运动了。

第七条：行星的视顺行和逆行不是因为它们在运动，而是由于地球在运动。因此，只要用地球运动这一点就足以解释所见到的天上的许多种不均匀性了。

最后哥白尼还不忘强调了一下："大家不要以为，我们是和毕达哥拉斯学派一样草率地主张地球运动说，在我关于圆的论述里人们会找到严格的论证。"

哥白尼声称他的宇宙体系比托勒密体系优越，是因为他的体系更简单和完美。这点在《天体运行论》的第一册中得到了淋漓尽致的体现。在内容丰富的第一册中，哥白尼描绘了他的宇宙图景（图6.5）：太阳位于宇宙的中心，水星、金星、地球带着月亮、火星、木星和土星依次绕着太阳运行，最外围是静止的恒星天层。根据这幅宇宙图像，哥白尼可以很简洁地解释行星视运动中的"留""逆行"等现象，以及水星和金星的大距。而在托勒密体系中，为了解释同样的现象，需要引入许多特设的假定，从而破坏理论的完整性。

图6.5　哥白尼的日心体系（《天体运行论》第一册中的插图）

但《天体运行论》第二册到第六册中的论述却在简单和完美性方面打了折扣。在具体描述和推算行星的运动时，哥白尼也不得不引入偏心圆和本轮，从而在数学上，太阳不能理直气壮地被当成行星的绕转中心了。因此通常称"哥白尼体系"为"日心说"是不严格的。另外，哥白尼共引入 34 个本轮来推算行星的运动，这比托勒密体系最多时的 80 个本轮少多了①，但是推算工作仍不能称简单。或许我们对哥白尼声称的其学说的简单性可以这样来理解：只有在对行星运动进行定性描述时，它才是简洁的、和谐的。

毋庸讳言，哥白尼从托勒密那里获益匪浅，他从《至大论》中得到了许多观测数据和几何方法，以及编制星表的资料。有些问题的处理完全因袭《至大论》。哥白尼甚至比托勒密还接近古希腊的天文学家和哲学家，他坚持用匀速圆周运动这种天体所应有的"完美运动"来描述行星的运动。以至于当代一些学者评论说，《天体运行论》与其说是在解释宇宙，还不如说是在解释托勒密。

《天体运行论》初版的序言称该书只是提供了一种解释行星运动的数学方法。据考证，这篇序言不是出自哥白尼原意，而是监督该书出版的路德派教士奥西安德擅自加入的。把哥白尼体系看成是一种数学模型，还是一种宇宙的真实图景，这将直接影响教会对《天体运行论》的态度。

《天体运行论》出版之后，有少数数学家接受了哥白尼的学说，而一些著名学者如弗朗西斯·培根等则明确表示反对地动说。因此哥白尼学说的影响还很有限，并未构成对纳入经院学派的托勒密学说的冲击。并且按照当时的物理学和天文学知识，人们还无法理解地球在运动这一事实。哥白尼学说遭受着各种"合理"的责难。如果地球在绕太阳运动，那么我们会遇到如下问题：应该可以观测到恒星的位置有一个周年的变化，即周年视差（图6.6）；上抛的物体不该掉到原地；地球有被瓦解的危险等等，对这些问题的解答确实要等到物理学和天文学进一步发展之后。

图 6.6　恒星周年视差示意图

在无法获得观测事实支持的情况下而接受一种学说，多少带有一点信仰的成分。伽利略就是这样一位哥白尼学说的信仰者。但伽利略除了信仰之外，还进行了有说服力的研究，

---

① 按照美国天文学史家欧文·金格里希的说法，历史上从未出现过 80 个本轮的托勒密体系。

他的许多物理学和天文学发现都直接驳斥了亚里士多德派的物理学和托勒密的天文学,从而对哥白尼学说形成有力的支持。因此当伽利略满腔热忱地宣传哥白尼学说时,亚里士多德派占多数的学术界便催促教会采取措施,在1616年禁止了伽利略公开发表言论,并由红衣主教柏拉明宣布哥白尼学说是"错谬的和完全违背圣经的",《天体运行论》在未改正之前不被允许发行,哥白尼学说则可以当作一个数学假说来讲授。

当然,科学界对哥白尼学说的接受不必理会教廷的裁决,也不必等到证明地球是在绕日运动的直接证据的发现。伽利略如此,开普勒如此,后来的笛卡儿和牛顿也是如此。正是这些科学巨匠的权威确立了哥白尼学说的地位。事实上,1822年教廷正式裁定太阳是行星系的中心的时候,直接证明地球在绕太阳运动的证据并没有被发现。直到1838年白塞尔用精密的仪器发现了恒星周年视差之后,才直接证明了地球确实是在绕太阳运动。

从科学史的角度来看,哥白尼的地动思想不是独创的。因为在古希腊天文学体系当中,并不是所有的体系都是"地心系"的。萨摩斯的阿利斯塔克在综合毕达哥拉斯和赫拉克雷迪斯的一些观点的基础上就提出过日静地动的思想。然而在托勒密体系被教会指定为唯一正确的宇宙模型之后,哥白尼再提出一个地动日静的学说,并在几何严格性方面堪与托勒密体系相匹敌,确实需要非凡的见识和勇气。从某种程度上说,哥白尼学说在思想方法上给予后人的深刻启发,甚至大于它在天文学上的影响。首先它带来天文学基本概念的革命,其次它是人类认识自然界的一次巨大飞跃,最后它引起西方人在价值观念上的转变。当然,也有人把哥白尼工作的意义仅仅局限于天文学方面,认为哥白尼只是把天球和天体的周日和周年运动归结为地球绕自转轴转动和绕太阳公转的反应而已。

6.2 天文学革命

1543年哥白尼《天体运行论》的出版,标志着始于公元前4世纪柏拉图主义色彩的对行星几何模型的追求达到高潮,也标志着这种几何风格的结束。这种几何风格致力于揭示行星在固定恒星背景下的运行规律,其主要的兴趣在于行星是如何运动的,而不在于是什么使它们运动的。

哥白尼在其目的、方法和技术上都是一个传统主义者。但是他的《天体运行论》带来了新的问题:何以稳定的地球不仅可以旋转,而且当它疾驰穿过空间时,它的乘客根本感觉不到正在发生的一切?还有地球何以成为球形?对亚里士多德来说答案是简单的:任何土质的已离开了它们在宇宙中心自然位置的物体,都要自然地向其中心运动,因此,它们聚集成一个近似的球体是不奇怪的。哥白尼只能够提出这样的解释:地球质的物体聚集在一起形成作为行星的地球,就像金星质的物体聚在一起形成金星。

为了解释地球的周日运动,哥白尼认为地球必定是个天然的球,天然的球就会天然地旋转。他还设想了地球是嵌入到一个巨大的看不见的球体里面的,这个球旋转着并带着地球在它的周年轨道上绕太阳公转。哥白尼改进了行星运动学问题的解决方式,但是产生了动力学上的新问题:是什么原因使得行星特别是地球运动起来的?在回答这些问题的过程中出现了四个关键的人物:第一个是第谷·布拉赫,他的主要贡献在于给出了精确和完备的观测。第二个是约翰尼斯·开普勒,他将天文学从几何学的应用转换成了物理动力学的一个分支。第三个是伽利略,他利用望远镜揭示了天体隐藏着的真相,并且发展了运动的新概念,巩固了哥白尼的主张。第四个是勒内·笛卡儿,他构想了一个无限的宇宙,在这个宇宙里没有什么位置和方向是特殊的,太阳只不过是我们的区域性的恒星而已。

6.2.1 第谷的精密测量和天地界限的打破

哥白尼的日心说对中世纪思想的冲击是巨大的,但是在实际运用方面,当时迫切需要精确的星表,而这需要精确和系统的观测资料。第谷·布拉赫对那个时代的需要看得很清楚,并全力以赴地去满足这个需要。

第谷(Tycho Brahe,1546—1601)于1546年12月14日出生于一个丹麦的贵族家庭,还是一个孩子时就进了哥本哈根大学。一次在预报时间里发生的日食引起了他对天文学的兴趣,于是他不顾正常学业,找来托勒密的著作读起来。之后他在多所大学求学,求教于一流的数学和天文学教师。

1563年,木星与土星在恒星天空背景下发生"合"(conjunction),16岁的第谷对这一简单的天文学现象十分感兴趣。他发现13世纪根据托勒密行星模型计算出的《阿尔方索星表》对于"合"日期的预测误差达到一个月,即使基于哥白尼模型的《普鲁士星表》也有两天的误差。这使他确信必须在精确观测的坚实基础上,对天文学进行一次改革,而这样的精确性只能来自经过改进的仪器和经过改进的观测技术的结合。

1572年11月,大自然送给了人类一个惊喜:一个像星一样的物体,亮得足以在白天被看见,出现在仙后座。天上出现了一颗新星吗?这是前所未闻的。权威的亚里士多德宇宙学早有教导:天空不会有新生事物。

第谷对这颗"新星"作了详细观察,他使用的天文学仪器在精度上虽然不是最好的,但是他对于这个物体是"固定的"或"接近固定的"这一点很有信心。他的观测表明它在月亮上面很远的地方,所以是天体。第谷认识到了问题的关键:这个"天体"和亚里士多德的彗星理论相矛盾。彗星来了还会走,属于四元素区域内的变化,所以从亚里士多德时代开始就认为彗星是地球质的物体,而不是天体;对它们的研究不属于天文学,而是属于"形而上学"。天文学家在观测彗星时很少测量它的高度,但是第谷现在证明了这种变化可以发生在天上。因此他自己许下诺言,如果有一天彗星出现,他将仔细测量它的高度,看它是否真是地球质的。

1577年,大自然满足了第谷的愿望,一颗明亮的彗星真的出现了,第谷的观察也表明它是天体。更精确的是,它位于行星际空间。然而如果是这样,它就是正在毫不费力地穿过被认为携带着行星绕着中心地球运动的那些看不见的天球层。这使得第谷彻底明白了:这些球体实际上根本不存在。但是,如果这个天球是不存在的,行星是在轨道上独立运行着的天体,这对于解释它们的运动原因将是很困难的。结果为了给出一个答案,天文学家不得不从运动学转向动力学,从几何学转向物理学。

第谷对新星和大彗星的观测,使用的是商业上可得到的仪器;但是直到大彗星出现之际,第谷一直在致力于仪器和观测技术的基本改革。为此目的,他将需要王室级别的资金资助。1575年,第谷拜访了黑森伯爵威廉四世——也是一位非常热心的天文观测者。可能是在伯爵的推荐下,次年第谷被丹麦国王授权掌管了在丹麦海峡的汶岛(Hven)。在那里,第谷有了空间、时间和财政来源,建立了基督教在欧洲第一个重要的天文台。当第一个天文台天堡(Uraniborg)显得太小时,第谷又在附近建造了第二个天文台星堡(Stjerneborg)。第谷年复一年地建造、测试、调整、再测试他的仪器,直到能够使测量精度高于 $1'$。第谷的工作场景可见图 6.7。

1588 年丹麦国王去世之后,第谷失宠。他不改挥金如土的习性,但各项津贴和俸禄被逐渐取消。到 1597 年他不得不举家迁离汶岛。1599 年鲁道夫二世赐予他一笔资金,将他安排在布拉格附近的一个城堡里。第谷在这里建起了一座天文台,并为将来的研究工作物色助手。这时一位年轻的德国天文学家开普勒加入第谷的工作。但是在新天文台的工作真正开始前,第谷突然病倒,于 1601 年 10 月 24 日去世。

第谷的天文学工作主要在实测方面,他研究了精密天文学的大多数问题,包括研制建造高精度的天文仪器,获得精确而系统的观测资料,以很高的精度测定了许多重要的天文常数。

图 6.7　描绘第谷工作的场景图

但第谷本人也许更愿意被看作是一位宇宙学家。他对新星和彗星的观测结果表明,以亚里士多德哲学为基础的托勒密地心说是不能坚持了,但第谷也不接受哥白尼的日心说。如果保留哥白尼提出的几何学方案,同时宣称地球是绝对静止的,那将兼备两大宇宙体系之长。于是他提出了一个后来被叫作第谷体系(图 6.8)的太阳系模型:水星、金星、火星、木星和土星围绕太阳旋转,太阳和月亮围绕地球旋转;地球仍是宇宙的固定不动的中心;最外层是不同的恒星天层。而前文已经提到,在 5 世纪卡佩拉描述的体系中,金星和水星已经被安排成是太阳的卫星。

第谷不接受哥白尼学说的理由是:沉重而呆滞的地球在运动的说法与物理学的原理相违背,同时也不符合《圣经》的教义。再者,自古以来人们就知道,如果地球绕太阳转动,那么

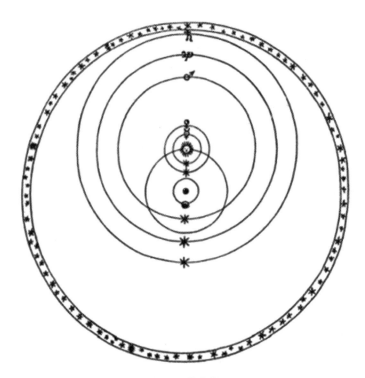

图 6.8　第谷体系

恒星的位置必将产生周年视差。但是从来没有人观察到这种移动,第谷本人也无法观测到它。而第谷有充足的理由可以为自己的观测精度感到满意。关于第谷未能发现周年视差的原因有两种解释:哥白尼是错的,地球上的观测者事实上是静止的;或者是恒星太远了,以至于它们呈现的位移太小,依靠第谷的仪器还观测不到。第谷估计,在后一种情况下,恒星应当比最外层行星远 700 倍或更多。这将导致行星和恒星之间有一个巨大的空间断层——恒星能够在那么远的地方还显得那么大,它必须拥有非常大的体积。对于第谷,这样的一个宇宙是根本难以想象的。

对天文学后来的发展最有意义的是第谷对行星的观测。他积累了大量的行星观测资料,但是他在还未根据这些观测结果建立一个数值行星理论时就已离世。他在病榻上把这项工作托付给开普勒。据说他嘱咐开普勒要按照第谷的体系,而不是按照哥白尼的体系构建新理论。

6.2.2　开普勒的行星运动定律

激励开普勒(Johannes Kepler,1571—1630,图 6.9)进行研究的一个基本信念是:上帝按照某种先存的和谐创造世界,这种和谐的某些表现可以在行星轨道的数目与大小以及行星沿这些轨道的运动中追踪到。开普勒最初试图发现构成宇宙结构基础的简单关系而取得的一些成果载于《宇宙的奥秘》一书中。《宇宙的奥秘》遵循了柏拉图主义的信条:宇宙是按照几何学原理来构造的。

开普勒早期接受的教育主要是神学方面的,后来认识了数学和天文学教授梅斯特林(Michael Maestlin,1550—1631),于是开始对数学和天文学感兴趣,并开始信仰哥白尼的学说。他日趋自由的思想使得他没有资格在教会中任职,后来才谋得一个天文学讲师的资格。在业余时间他开始了行星问题的研究,于1596年出版了他的著作《宇宙的奥秘》。

开普勒寄送了一本《宇宙的奥秘》给第谷,两位天文学家从此开始通信。第谷对开普勒在书中展示出来的数学才能大为赞赏,也不以书中表现出来的哥白尼主义倾向为意,并写信热情邀请开普勒去汶岛与他一起工作,但是开普勒没有接受这个邀请。当第谷在布拉格再次写信邀请开普勒前去的时候,这次开普勒去了,并在第谷意外早逝之后接任了第谷原先担任的鲁道夫二世宫廷数学家的职位。

在《宇宙的奥秘》中开普勒作了一系列正多面体(图6.10),每个多面体有一个内切球和一个外接球。他发现,正八面体的内切和外接球面的半径分别同水星距离太阳的最远距离和金星距离太阳的最近距离成比例;正二十面体的内切和外接球的半径分别代表金星的最远距离和地球的最近距离。正十二面体、正四面体和立方体可类似地插入到地球、火星、木星和土星的轨道之间。

正多面体只有五种,而行星只有六颗,这很容易让人觉得它们两者之间联系的必然性。在开普勒看来,这俨然是上帝创造宇宙的"秘方"。实际上根据开普勒这种构造计算出来的行星距离与观测所得并不完全一致,但开普勒在当时简单地把这种偏差归咎于观测的误差。

图6.9　开普勒

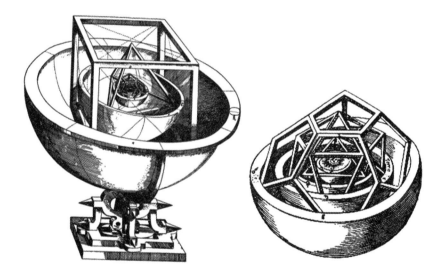

图6.10　开普勒的行星球模型(左)和内层放大(右)

开普勒最终能在行星运动理论上取得突破性的成就,得益于他能获得的三大遗产:哥白尼的日心体系、第谷的精确观测资料——火星的位置资料和吉尔伯特(William Gilbert,1544—1603)在《论磁》(*On the magnet*,1600年出版)中表达的地球是一个磁体的思想。

开普勒利用本轮和偏心圆模型对火星运动进行了计算,发现计算结果与观测值之间有$8'$的误差。开普勒对第谷的观测精度深信不疑,因此他抛弃了上述从托勒密到哥白尼一直使用的本轮和偏心圆模型。

为了寻找替代理论,开普勒暂时放开火星,开始研究地球的运动。刚开始研究地球运动,开普勒就发现,依然需要偏心圆。只是地球的偏心率比火星的更小。这样,为了搞清楚偏心问题,开普勒转而注意起行星的运动速度不均匀这一现象。

开普勒证实了行星在远日点和近日点的速度大致与行星到太阳的距离成反比。于是他把这个结论加以推广,认为行星的速度与离开太阳的距离成反比——事实上这个结论是错误的。

开普勒不把哥白尼体系当成纯粹的数学虚构,而是把它作为实在的东西接受,并进而考察行星绕日运动的物理原因。起先,开普勒怀着神秘的想法,认为行星具有灵魂或意志,它们有意识地使行星运动。等到发现行星的速度与到太阳的距离成反比这一结果,开普勒抛弃了灵魂的想法,提出了力(vis)作用于行星的见解。

吉尔伯特把地球看作一个大磁体。开普勒受他启发,认为行星受到磁力的推动而运动。他认为,这种力不是超距力,这种叫作 species 的非物质性的力是从太阳发出的,由于它的旋转而推动行星。这种力的大小与到太阳的距离成反比。

在这里,开普勒体现了一种对亚里士多德物理学的反叛和继承。在亚里士多德那里,天体运动是自然运动,没有必要作出更详细的说明。把天体运动看作是由力引起的,意味着抛弃以"固有位置"为根基的运动论。但是,这里开普勒只是把地上的亚里士多德力学推广到了天上。行星的速度和所受力都与到太阳的距离成反比,完全符合运动速度与所受力成正比的亚里士多德运动学规律。

获得以上重要但错误的结论之后,开普勒重新回到了火星的运动学。他首先提出了确定任意时刻火星的位置问题。这需要给出火星运动经过的路程,如圆弧 QM 和火星从 Q 到 M 所需的时间之间的关系(图 6.11)。这对当时的数学来说是不可能的。于是开普勒采取了如下近似法。圆弧上一点 M 处的速度与 MS 成反比。因此,通过 M 处一定长度的弧所需要的时间可用 MS 的长度来表示。这样一来,通过弧 QM 所需要的时间是动径 MS 的和。

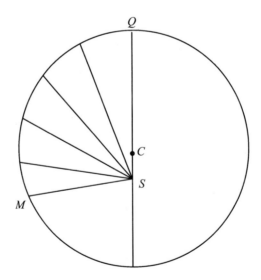

图 6.11 开普勒推求任意时刻火星位置的示意图

按照阿基米德的理论,动径之和就是扇形的面积。但是阿基米德的这个结论只有在 S 位于圆心 C 处时才正确。而开普勒却大胆认为它在偏心圆的情况下也成立。于是给出了动径扫过的面积与时间的关系成正比的结论。从推理过程来看,这是一个很粗糙的结论。但由此得到了面积速度恒定的定律——开普勒第二定律。

开普勒就这样找到了计算给定时刻行星位置的方法。据此,从给定的三个位置就能计算出该行星的远日点位置、偏心率。开普勒挑选了火星的几组三个位置进行计算,发现结果互相不一致。于是开普勒抛弃了从柏拉图以来把天体看作沿圆形轨道运动的信条,并得出结论:火星轨道不可能是圆形。

为了找到正确的轨道形状,开普勒起先考虑卵形轨道,但计算结果难以与面积定律符合。后来他尝试椭圆,经过冗长的计算和"简直发疯似的思索",最后他确认,唯有椭圆才是火星的轨道。并且,开普勒再次大胆地把从火星得来的规律推广到所有行星。

差不多一个世纪以前,哥白尼已经开始寻找满足几何简单性要求的行星系统。开普勒解决了哥白尼的问题,他所达到的简单性在天文学史上超出了前人的梦想。仅仅一种圆锥曲线就足以描述所有行星的轨道。偏心圆和本轮的全部复杂性淹没在椭圆的简单性中了。

当然接受椭圆的简单性是有代价的,那就是抛弃圆及其拥有的完美无缺、不易性和有序性的古老内涵。开普勒心中也许从来没有忘记圆所具有的诱惑力。在他看来,面积定律的价值在于它提出了新的一致性来取代圆周运动的一致性。

我们既可以说开普勒完善了哥白尼学说,也可以说他破坏了哥白尼学说。在1609年出版的《新天文学:基于原因或天体的物理学,关于火星运动的有注释的论述》(以下简称《新天文学》)中,开普勒发表了行星运动的第一定律和第二定律,把作为几何学一个分支的天文学转变成了物理学的一个分支。

在《新天文学》中,开普勒研究了单个行星绕日旋转时的行为,但是他长期坚持的要理解上帝创造的全部世界结构的雄心,需要对诸行星轨道之间的关系给出一个结论。在1619年出版的《世界的和谐》一书中,他对此展开了探索。对世界和谐的研究可追溯到毕达哥拉斯,开普勒本人早在撰写《宇宙的奥秘》时就关注此问题。在《世界的和谐》中他写道:

> 我在22年前由于有些地方尚不明了而置于一旁的《宇宙的奥秘》中的一部分,必须重新加以完成并在此引述。因为借助于第谷·布拉赫的观测,通过黑暗中的长期摸索,我弄清楚了天球之间的真实距离,并最终发现了轨道周期之间的真实比例关系。……倘若问及确切的时间,应当说,这一思想发轫于今年,即1618年的3月8日,但当时的计算很不顺意,遂当作错误置于一旁。最终,5月15日来临了,我又发起了一轮新的冲击。思想的暴风骤雨一举扫除了我心中的阴霾,我在第谷的观测上所付出的17年心血与我现今的冥思苦想之间达到了圆满的一致。起先我还当自己是在做梦,以为基本前提中就已经假设了结论,然而,这条原理是千真万确的,*即任何两颗行星的周期之比恰好等于其自身轨道平均距离的3/2次方之比*。[①]

上述引文中最后一句斜体字标注的话就是开普勒提出的行星运动第三定律。现在开普勒提出的三条行星运动定律一般表述为:

(1) 行星沿椭圆轨道绕太阳运动,太阳位于椭圆的一个焦点上。

(2) 从太阳到行星的矢径在相等时间里扫过相等的面积。

(3) 各行星公转周期的平方与轨道半长径的立方成正比。它们被称作开普勒定律,为牛顿发现万有引力定律奠定了基础。

---

① 约翰内斯·开普勒:《世界的和谐》,张卜天译,云南人民出版社,2023,第23-24页。

但是所有的精彩只是理论上的,开普勒天文学尚未面对传统的实际考验:能够据此编算更高精度的星表吗?第谷对天文学的兴趣正是对基于哥白尼模型的《普鲁士星表》感到不满意引起的。1601年,当第谷将开普勒介绍给鲁道夫二世的时候,皇帝就已经给他分派了任务,就是和第谷一起制作一份新的行星历表。这份行星历表将叫作《鲁道夫星表》。

《鲁道夫星表》完成于1627年,它的精确性在4年后惊人地显示出来。1631年11月7日,距开普勒去世一年,法国天文学家皮埃尔·伽桑迪(Pierre Gassendi,1592—1655)首次观测到水星凌日。开普勒星表对该次水星凌日的推算误差仅仅只有太阳半径的1/3,但是被该表取代的哥白尼星表的误差是开普勒星表误差的30倍。如果开普勒星表确实是非常精确的,那么基于这个星表的行星定律将是值得认真考虑的。

6.2.3 伽利略和哥白尼主义的传播

伽利略(Galileo Galilei,1564—1642,图6.12)在两个层面上展开对哥白尼学说的支持。第一个层面是以通过望远镜作出的天文发现支持哥白尼学说。第二个层面是通过重新评价运动的概念,反驳了对地动说的经典驳难,从物理上支持哥白尼学说。

伽利略于1564年2月15日生于比萨。1581年进比萨大学学习医学,随后转到了数学,并成为比萨大学的数学教授。1592年起又到帕多瓦大学任数学教授,他一直在那里任教了18年。1610年,他凭借新近发明的望远镜所作出的发现,获得了托斯卡纳大公首席数学家和哲学家的职位,并拥有这个职位直到1642年1月8日去世。

尽管有托斯卡纳大公的庇护,但伽利略对哥白尼学说的热情支持和宣传,最终还是导致了罗马的宗教法庭采取措施。1616年,宗教法庭宣布,《天体运行论》将被停止传播,直到它被修正为止。红衣主教罗伯特·贝拉明(Robert Bellarmine,1542—1621)口头警告伽利略不可以再相信哥白尼体系是真实的,或为其辩护。

1623年,伽利略的朋友红衣主教马费奥·巴尔贝里尼成为教皇乌尔班八世,伽利略以为事情出现了转机。1624年,伽利略到罗马晋见了教皇。1630年,伽利略再到罗马谋取他的一部新作的出版许可证。在通过了教皇指定的审查班子对书稿的审查之后,1632年,伽利略的《关于托勒密和哥白尼两大世界体系的对话》(以下简称《对话》)获得正式出版。

伽利略在《对话》中表现出的支持哥白尼学说的鲜明立场最终导致了教皇不悦,不久他便被召唤到罗马,并被指控违反了1616年的法令。最后,伽利略以将危害天主教会今后的名誉为理由公开放弃了哥白尼学说,宗教法庭判处他终身监禁,并命令他三年里每星期都要背诵《诗篇》中的七首忏悔诗。他的"牢房"是很舒适的,一开始他被监禁在锡耶纳大主教家里,后来被监视居住在佛罗伦萨附近他自己的家中。每周象征性地忏悔也由他女儿代替。《对话》于1835年从天主教的禁书录中被去掉。

伽利略在1609年听说了荷兰人发明的一种玩具——望远镜,它用两块透镜的组合可以把很远处的物体"拉近"从而看得更清楚。此时的伽利略正处在创造能力的顶峰,

图6.12 伽利略

他马上想到可以用望远镜来做天文观测,并且立刻亲自动手制造望远镜。在他于1610年出版的《恒星使者》一书中,伽利略介绍了他制造出第一架用于天文观测的望远镜的经过。据他自述,用这架望远镜观察物体时,"同肉眼所见相比,它们几乎大了1000倍,而距离只有1/30"。伽利略制造的望远镜本质上同荷兰望远镜一样,但是伽利略具备精深的光学知识,所以他的望远镜远比荷兰眼镜制造商们的产品好,以致荷兰人首先发明的这种构造的望远镜后来被称作伽利略望远镜。

当用望远镜观看恒星时,伽利略看到了许多肉眼无法看到的恒星。神秘的银河,现在他能解释为是由无数恒星所组成的,因此证实了两千年前亚里士多德的思索。

伽利略还发现,尽管行星的视圆面可以按望远镜放大倍数而扩大,但对于恒星就不行了。这对于哥白尼主义者来说是个好消息。第谷已经估计过,为了解释探测恒星周年视差的失败,哥白尼主义者将不得不把恒星放置到700倍于土星距离以外的地方,并且为了在如此远处还呈现视圆面,这些恒星必须是巨大的。现在伽利略证明这些恒星的视圆面只不过是一种错觉。

当伽利略在1610年1月7日第一次观测木星时,他发现木星位于三颗小星的中间,而这三颗小星令人惊奇地排成一条直线。木星那时正向西(逆行)运动,因此,伽利略推测在这之后的夜里,木星将运动到这些小星的西面。但事实上它却出现在了东面。第二晚是多云天气,但是到了1月10日,他发现木星到了两颗小星的西面,而第三颗小星不见了;到1月13日,小星变成了四颗;到1月15日,伽利略意识到所谓的恒星实际上是卫星,是绕木星旋转的、像被太阳带动的行星一样的、被行星带动的"月亮"。他的观测手稿可见图6.13。

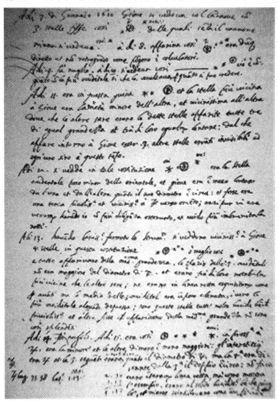

图 6.13　伽利略发现木星卫星的手稿

早在《天体运行论》卷一给出的哥白尼体系模型中就有一个严重的不规则现象,即地球一方面是一颗普通的行星,另一方面是唯一一颗带有一个卫星——月亮——而绕太阳旋转的行星。现在,望远镜揭示了还有另外的带着至少四个"月亮"的行星。木星卫星的发现使得哥白尼构想的太阳系有了一个令人信服的类比,并直接支持了哥白尼提出的"宇宙没有唯一的绕转中心"的猜想。

尽管外观并非白璧无瑕,但月亮被列在亚里士多德的天界之中,并且同属于完美的天体。然而伽利略的望远镜显示,它的表面是不规则的,和地球上一样也有山峰——这些山峰的真实性连同伽利略对它们实际高度的估算可以让读者想象着试图去攀登它们(图6.14)。

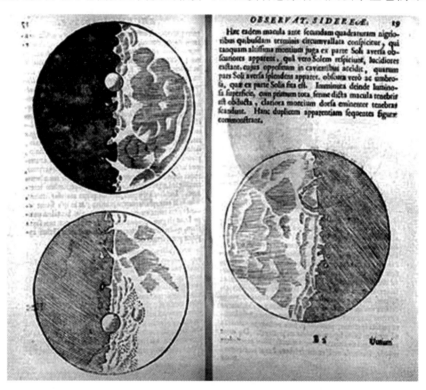

图 6.14　伽利略在《恒星使者》中描绘的月亮表面

伽利略急于利用他的发现来促进他的事业发展,他只花了几个星期就完成了《恒星使者》的写作,宣布了令人震惊的发现。为了谋求托斯卡纳大公首席数学家的职位,伽利略把新发现的木星的四颗卫星命名为"美第奇星"——而现在这四颗卫星被叫作伽利略卫星。

伽利略还用他的望远镜作出了进一步的重要发现。伽利略发现在传统宇宙理论中作为完美象征的太阳,其表面实际上是"斑斑点点、不洁净的",这就是太阳黑子。当然这项发现的荣誉还应该与他同时代的另外几位天文学家分享。开普勒已经知道太阳表面有黑子存在,甚至没有利用望远镜。法布里修斯在伽利略之前已经用自己的望远镜看到了太阳黑子。另一位很早观察到太阳黑子的是沙伊那。但伽利略正确地解释了太阳黑子应该附着在太阳表面,而不是像当时一些学者认为的漂浮在太阳上空。伽利略晚年双目失明,很可能与他长期使用望远镜观察太阳有关。

伽利略最为重要的发现是金星有着与月相一样的位相变化(图6.15),它有时呈现满月那样的圆面,有时则如一弯新月那样。这一现象完全不能与托勒密关于金星的几何学相容。

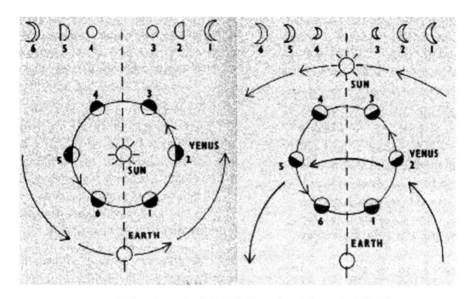

图 6.15　哥白尼体系(左)与托勒密体系(右)对金星位相变化的解释

哥白尼的地动学说曾经面临这样的驳难：如果说地球在自转的同时还在绕日公转，为什么我们完全感觉不到这种运动？一支箭垂直射向空中，为什么又落回到原地？因为按照亚里士多德的论证，地面上的物体除了寻找其固有位置的自然运动之外，别的运动都需要外力。如果地面从西往东在移动，那么垂直落下的箭因为没有横向的作用力，势必要落在偏向西面的地方。然而事实并非如此，所以地球在箭飞行的时间内是没有移动的。

面对这种驳难，伽利略在《对话》中采取了一种釜底抽薪的策略，也就是重新评价运动的概念。对亚里士多德来说，非自然运动的强迫运动需要一个原因，因此要求一个解释；而静止是不需要原因的。伽利略则对运动给出了一个不同的观点。他说，并不是运动本身需要原因，而是运动的变化需要原因。稳定的运动包括静止这个特例是一种状态，保持这种状态会感觉不到运动。这就是为什么地球上的人在地球绕太阳旋转的时候感觉不到自己的运动速度的原因。

伽利略在《对话》中提出了一个能够证明所有试图证明地球不动的实验都无效的思想实验：

把你和一些朋友关在一条大船甲板下的主舱里，再让你们带几只苍蝇、蝴蝶和其他小飞虫。舱内放一只大水碗，其中放几条鱼；然后挂上一个水瓶，让水一滴一滴地滴到下面的一个宽口罐里。船停着不动时，你留神观察，小虫都可以等速向舱内各个方向飞行，鱼向各个方向随便游动，水滴滴进下面的罐子中。你把任何东西扔给你的朋友时，只要距离相等，向这一方向不必比另一方向用更多的力，你双脚齐跳，无论向哪个方向跳过的距离都相等。当你仔细地观察这些事情后（虽然当船停止时，事情无疑一定是这样发生的），再使船以任何速度前进，只要运动是匀速的，也不会忽左忽右地摇摆。你将发现，所有上述现象丝毫没有变化，你也无法从其中任何一个现象来确定，船是在运动还是停着不动。①

---

①　伽利略：《关于托勒密和哥白尼两大世界体系的对话》，上海外国自然科学哲学著作编译组译，上海人民出版社，1974，第 242 页。

在封闭的船舱中做任何力学实验都不可能发现一只船是停泊在港口还是行驶在海上。这个说法现在称之为"伽利略相对性原理"。此后几乎花了三百年时间,这个原理才由爱因斯坦推广到在任何做匀速运动的封闭系统中观测到的光学和电磁现象都是一样的。

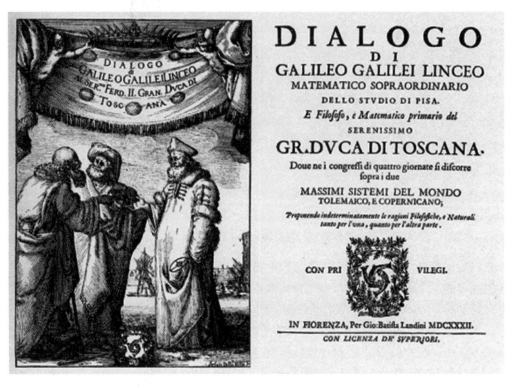

图 6.16　《对话》封面和扉页

《对话》用意大利方言写成,对于哥白尼宇宙学的优点给出了精彩的陈述,并且有望远镜的证据支持。该书采用三个朋友之间对话的形式。萨尔维阿蒂(Sakviati)代表伽利略;沙格列陀(Sagredo)是个很有理性的人,他赞同萨尔维阿蒂的观点;辛普利丘(Simplicio)是6世纪时亚里士多德著作的注释者,在书中扮演了传统和权威的捍卫者。这三个人在四天里做了四次内容广泛的谈话。第一天论证了地球和行星一样,是一个运动的天体;第二天讨论了周日运动;第三天讨论了周年运动;第四天讨论了潮汐问题。

6.2.4　笛卡儿的旋涡学说和无限宇宙

笛卡儿(René Descartes,1596—1650,图 6.17)比伽利略晚出生 32 年,但只晚去世 8 年,可以算是同时代人。笛卡儿的贡献是多方面的,他首次提出坐标系概念,对光学也有一定研究,还特别研究了碰撞运动,提出运动中的总动量守恒的思想,这是稍后的动量守恒原理的雏形。笛卡儿对惯性概念的发展作出了重要的贡献,他首先坚持惯性运动必须是直线运动,而在圆或曲线上移动的物体必然受到某种外部原因的制约。他因而提出了圆周运动中的离心倾向,这是从力学上分析圆周运动的第一步。

笛卡儿出生于法国拉埃镇。1604 年,笛卡儿进了当地一所刚开张几个月的耶稣会学校,一直学习到 1612 年。由于笛卡儿身体极差,学校特许他每天可以睡到上午 11 点起床。后来笛卡儿到巴黎进入布瓦杜大学就读法律专业,毕业后应征进入一所军事学校。在学校里笛卡儿觉得一切知识都是那么不确定,只有数学给他一种确定感。1618年,笛卡儿师从德国物理学家依萨克·比克曼(Isaac Beeckman)学习数学和力学,并开始寻求一种统一的关于自然的科学。1619年,他加入巴伐利亚军队,从1620年到1628年他在欧洲各地包括波西米亚、匈牙利、德国、荷兰、法国游历,最后选定荷兰作为他的长久居住地,并开始潜心著述。

图6.17　笛卡儿

笛卡儿于1628年完成《指导哲理之原则》,1634完成《论世界》,全书以哥白尼学说为基础,总结了作者在哲学、数学和许多自然科学问题上的看法。1632年,罗马教会对伽利略的迫害传到荷兰,笛卡儿未敢出版此作品。因此该书直到1664年笛卡儿去世后才出版。1637年,笛卡儿完成《方法论》,该书包含三篇独立成篇的附录:《折光学》《气象学》和《几何学》。在《几何学》中笛卡儿提出了重要的"笛卡儿坐标系"概念,代数学从此可以运用到几何学中,解析几何因此得以奠定基础,仅此一项贡献,笛卡儿便可名垂科学史。1641年,笛卡儿完成《第一哲学沉思录》,1644年完成《哲学原理》和《冥想录》。

1649年,瑞典女王克里斯蒂娜(Queen Christina)久仰笛卡儿大名,要拜他为师,笛卡儿欣然前往,应聘斯德哥尔摩宫廷哲学家一职。但是勤勉的女王要每周三次在清晨5点学习几何学知识,笛卡儿不得不改掉自幼年起便养成的每天11点起床的习惯,在北欧凌厉的寒风中一大早就赶到女王宫殿。几个月后的1650年2月11日,笛卡儿死于感冒引发的肺炎。

像伽利略被尊为"近代科学之父"一样,笛卡儿被尊为"近代哲学之父",其主要成就集中在哲学方面。从人到宇宙,在笛卡儿看来都是一台机器。笛卡儿建立的这种机械论哲学影响深远,成为后来科学家研究自然的基本思想方法。

尤其重要的进步是笛卡儿打破了仍旧禁锢在哥白尼、伽利略和开普勒等人脑袋里的有限宇宙概念,提出了无限宇宙的概念。笛卡儿的宇宙是一个充满物质的空间,这些充满空间的物质的运动形成无数的旋涡。笛卡儿提出,我们太阳系就处于这样一个旋涡中,这个旋涡如此巨大,以至于整个土星轨道相对于整个旋涡来说只不过是一个点。旋涡的绝大部分区域充满了微小的球,由于彼此之间不断地发生着碰撞,这些小球变成了完美的球体。笛卡儿把这些小球称作"第二元素"。而第一元素是极度精细的微粒,即所谓的以太——一个17世纪里发展起来的与亚里士多德的以太概念有所不同的概念。笛卡儿宇宙中还有第三种物质形式,它们是一些更大的微粒,构成行星等大物体。每一颗行星都倾向于逃离旋涡中心,但构成旋涡的其他物质的离心倾向所产生的反作用与之抗衡,在这种动力学平衡下,行星的轨道就被确定了。

笛卡儿的旋涡学说(图6.18)是第一个取代中世纪水晶球模型的宇宙学说。虽然,开普勒的行星运动理论具有更优越的简单性和数学上的严密性,但是开普勒定律所依据的原理来自毕达哥拉斯和柏拉图的哲学,还夹杂一些亚里士多德的物理学。这是近代的机械论哲学所不能接受的。所以,笛卡儿的旋涡模型一度成为17世纪占主导地位的宇宙学说。直到牛顿提出万有引力定律,旋涡学说才慢慢退出历史舞台。

从哥白尼到笛卡儿的一个世纪中,天文学和天文学家研究的宇宙都发生了改变。在天文学领域内积累的进步知识成为推动科学革命向纵深发展的主要力量,并伴随着牛顿主义的传播，带来欧洲社会的深刻变革。

图 6.18　笛卡儿的旋涡学说(左)和彗星的形成理论(右)
左：宇宙中有无数的旋涡，每颗恒星就是一个旋涡中心，旋涡可能会塌缩，恒星就可能窜入临近的旋涡；右：恒星 N 窜入太阳系旋涡并继续前行的路径，这就是彗星的形成。所以按照笛卡儿的观点，所有的彗星都是一次性的，而哈雷的预言彻底否定了笛卡儿的旋涡学说。

课外思考与练习

1. 为什么说哥白尼更像一个希腊人？
2. 简述《天体运行论》中的革命性和传统性。
3. 相对于地心说，哥白尼日心说有哪些改革和优越性？
4. 简述第谷的天文成就。
5. 第谷为什么不接受哥白尼的日心学说？
6. 开普勒的宗教使命感对开普勒的天文学研究起到了怎样的促进作用？
7. 开普勒是在哪些前人工作的基础上进行天文学研究的？
8. 简述开普勒导出面积定律的过程。
9. 伽利略用望远镜做出了哪些重要的天文发现？
10. 伽利略是如何宣传和支持哥白尼学说的？
11. 简述笛卡儿提出无限宇宙概念的意义。
12. 名词解释：卡佩拉体系、《天文年历》、周年视差、汶岛天文台、第谷体系、行星球模型、开普勒行星运动三定律、伽利略相对性原理、旋涡学说。

延伸阅读

1. N.哥白尼：《关于天体运动假说的要释》，载宣焕灿选编《天文学名著选译》，知识出版社，1989，第60-74页。

2. 哥白尼:《天体运行论》,叶式辉译,易照华校,北京大学出版社,2006。

3. 伽利略:《关于托勒密和哥白尼两大世界体系的对话》,上海外国自然科学哲学著作编译组译,上海人民出版社,1974。

4. Johannes Kepler, *The harmonies of the world*: V (Chicago: Encyclopaedia Britannica, Inc., 1980).

5. 约翰内斯·开普勒:《世界的和谐》,张卜天译,云南人民出版社,2023。

6. 库恩:《哥白尼革命:西方思想发展中的行星天文学》,吴国盛译,北京大学出版社,2003。

7. 柯瓦雷:《伽利略研究》,刘胜利译,北京大学出版社,2008。

第 7 章 牛顿主义的传播与天体力学的建立

开普勒行星运动三定律的精确性虽然通过《鲁道夫星表》获得有效验证,并且开普勒在推导第二定律的过程中也确实考虑了太阳作用在行星上的磁力,但是获得这些定律的方式和推导过程多多少少引起人们的疑虑,但这些定律本身实际上只是描述了行星是怎样运动的,而不是为什么运动,也不涉及引起行星运动的力。对于引起行星运动的原因,开普勒这样认为,行星本身是懒惰的,它之所以会保持持续不断地向前运动,是由于受到了旋转着的太阳发出的某种推动作用,否则行星就会立即进入静止状态。

此后笛卡儿明确指出,行星在未受外界影响的情况下,总是做匀速直线运动。只是笛卡儿的宇宙充满了物质,位于其中的行星永远都会受到外界的影响。笛卡儿认为行星处于太阳系旋涡中,受到宇宙物质四面八方的挤压作用,这些压力使得行星轨道脱离其直线状态而弯曲成一个近似的圆。

7.1 牛顿建立的框架

7.1.1 天体引力问题的提出

1662 年,罗伯特·胡克(Robert Hooke,1635—1703,图 7.1)成为新成立的皇家学会的"实验总监",他和好友克里斯托弗·雷恩(Christopher Wren,1632—1723)一起讨论了以下问题:行星如何在其轨道上运动? 彗星又遵循什么路径? 地球的磁引力如何随着距离的增加而减小? 1662 年和 1664 年,胡克曾两度试图证明地球的引力随高度的变化而变化。先是在威斯敏斯特大教堂,后又在圣保罗大教堂。在教堂高高的阁顶,他先测量了随身带上去的物体的重量,然后将重物悬吊到地面,再测量其重量。当然,他什么变化也没有测出来。

1674 年,胡克在《证明地球运动的尝试》一书中提出三个假设:

第一,所有的天体,不管它们是什么,都有一种指向其中心的引力或曰重力,它们不仅靠这种力吸引自己的各个组成部分,阻止这些部分飞散,而且还吸引位于其作用区域之内的别的天体。

第二,已经在做直线和简单运动的所有物体,不管它们是什么,都要沿直线继续向前运动。只有在受到别的有效的力的作用下,才会偏斜或弯曲成用圆、椭圆或别的更复杂的曲线所描述的那种运动。

第三,引力的作用是如此强劲,不管作用在其上的物体离得多近,引力仍然指向它们自身的中心。

胡克的这三点关于引力的猜测还是相当有道理的,但他始终没有获得正确的引力定律。在书中胡克还认为,引力随着距离的增加而减少。但是引力究竟是与距离本身成反比($f \propto 1/r$),还是与距离的平方成反比($f \propto 1/r^2$),或者是别的什么形式,他给不出确切答案。

图 7.1　胡克

1673 年,荷兰物理学家克里斯蒂安·惠更斯(Christiaan Huygens,1629—1695)在一本书中指出,抛射出去的物体向外的拉力与其速度的平方被半径所除的商(v^2/r)成正比,这是首次给出了离心力的表达式。通过对匀速圆周运动的受力分析,利用开普勒第三定律,可获得引力的平方反比形式。问题的关键是行星的真实运动并非匀速圆周运动,而是以变化的速度沿椭圆运动。那么,引力的平方反比定律一定能导致椭圆轨道吗?1684 年 1 月,雷恩和埃德蒙·哈雷(Edmond Halley,1656—1742)就此展开了一场辩论。胡克宣称他已经证明了引力的平方反比定律一定能导致椭圆轨道,但他不愿意拿出证明来。雷恩了解胡克爱说大话,于是悬赏征求对这一问题的解答:不管是胡克还是别的什么人,只要他能在两个月之内拿出真实的证据证明这一点,奖金就归他。这笔奖金最终无人认领。

1684 年 8 月,哈雷造访已经是剑桥大学教授的艾萨克·牛顿(Issac Newton,1643—1727,图 7.2),询问在太阳的引力遵循平方反比定律的情况下,行星运动轨道会是什么样子?牛顿给出了哈雷几乎都不敢指望得到的答案:行星运动轨道是椭圆。

7.1.2　万有引力的发现

伽利略的实验和笛卡儿严格表述的惯性定律表明,维持一个物体的匀速直线运动不需要外力,改变这种运动才需要一个外力。这就意味着,天文学家所需要解释的问题不是行星为什么不断地运动,也不是行星为什么不按严格的圆周轨道运动,而是行星为什么总是绕太阳做封闭曲线运动,而不做直线运动跑到外部空间去。牛顿对天文学的伟大贡献,正是在对这一问题的思考和回答中做出的。

1642 年的旧历圣诞节(新历为 1643 年 1 月 4 日),艾萨克·牛顿出生于英国林肯郡的一个中农家庭,他是遗腹子,又是早产儿。12 岁时进入当地一所文科中学念书。1656 年,牛顿第二次结婚的母亲再度成为寡妇,他被召回帮助料理农庄。显然牛顿是一个很差劲的农夫,所以又被送回学校。不过他的舅父发现牛顿的学识不凡,极力主张送他到剑桥大学深造。1661 年 6 月,牛顿进入剑桥三一学院学习。1665 年初毕业,获得文学士学位。

1665 年和 1666 年,为了躲避伦敦的鼠疫,牛顿大部分时间在他母亲的农庄中度过。其间他除了作出一些数学上的发现外,还做了一些关于颜色的实验。一直为人们传颂的牛顿看到一只苹果落到地上从而启发了他发现万有引力定律的著名事件就发生在这个时期。但是由于数学上的一些准备工作还没有做好,引力问题的研究被搁置下来。

1667 年,牛顿回到剑桥之后当选为三一学院的研究员,第二年获得文学硕士学位。

1669年,27岁的他就被授予数学卢卡斯教授席位。在这段时间牛顿恢复了光学研究,并造了第一架反射望远镜,还发现了白光的合成性质。1672年,牛顿被选入皇家学会,并向学会报告了他的有关太阳光的分光实验。此后牛顿做了一些数学和化学方面的研究。

牛顿与他的科学界的朋友们的谈话和通信使他的注意力不时回到引力问题上来。1684年8月,哈雷拜访牛顿,促使牛顿进入对引力问题的紧张研究,并于18个月后写成《自然哲学的数学原理》(以下简称《原理》)。该书在1687年7月出版。

图7.2 牛顿

也是在1687年初,牛顿作为剑桥大学的代表之一,到国会就剑桥大学的特权问题与詹姆斯二世(James Ⅱ,1633—1701,1685—1688年在位)辩论。从这个事件开始牛顿逐渐参与公共事务和社会活动。1689年,牛顿代表剑桥大学当选为国会议员,据说他在国会从不发言。有一次他站了起来,议会厅顿时鸦雀无声,恭候这位伟人发言。但牛顿只说了句"应把窗子关上,因为有穿堂风"。1690年国会解散后,牛顿回到剑桥,花费多年时间与精力致力于《圣经》经文的研究和诠释。他就圣经中最玄虚的章节写了150万字的考证文章,还计算了"开天辟地"的年代为公元前3500年左右。

1692年,牛顿忙碌的大脑终于衰竭了,他患了精神崩溃症,休息了将近两年。从那以后,牛顿的身体状况没有再恢复如初,但在思维敏捷性方面还是抵得上十个常人。譬如,1696年6月,约翰·伯努利(Johann Bernoulli,1667—1748)在莱布尼兹(Gottfried Leibniz,1646—1716)的杂志《教师学报》上刊登了一个挑战问题,后来给牛顿寄去了一份。据当时与牛顿生活在一起的他的外甥女凯瑟琳·巴顿(Catherine Barton,1679—1739)的记述:

> 1697年的一天(1月29日),收到伯努利寄来的问题时,艾萨克·牛顿正在造币局里忙着改铸新币的工作,直到下午四点钟才筋疲力尽地回到家里。但是,直到解出这道难题,他才上床休息,这时,正是凌晨四点钟。

伯努利在收到牛顿寄去的匿名答案时说:"我从这利爪认出了这头狮子。"

1695年,牛顿被任命为造币厂督办,他就兢兢业业地操守这个新的职务。当时银币的成色大大降低,督办的职责是监督重铸成色十足的银币,因此事关重大。1699年,在他圆满完成这个任务后,被任命为造币厂厂长,他担任这个职位直到去世。1699年,他还当选为法兰西科学院国外院士。1701年,他辞去了三一学院研究员和卢卡斯教授的职位,但还不时研究一些小的科学问题,以及准备《光学》的出版和《原理》的再版。1703年,牛顿当选为皇家学会会长,并年年连选连任,直到去世。1705年,安妮女王授封牛顿为爵士。

1727年,牛顿在主持一次皇家学会的会议时突然得病,两周后于3月20日去世,享年85岁。牛顿被安葬在威斯敏斯特教堂,与英国的英雄们葬在一起。诗人亚历山大·波普(Alexander Pope,1688—1744)为牛顿写下了这样的诗句:

> 自然和她的规律隐匿在黑暗中,
> 上帝说:让牛顿去吧,一切便显光明。

总的来说,在早期科学史上,像牛顿这样迅速在国内外得承认的天才寥寥无几。牛顿的幸运和伽利略的经历形成了一个鲜明的对照。据说拉格朗日常常说:"牛顿是有史以来最伟大的天才！"有一次他加了一句："也是最幸运的一位天才，因为我们无法再去建立一次世界的体系。"

根据一些可靠的资料，"苹果事件"很可能是真实的。但是从苹果落地到万有引力定律的发现，还有很多问题要解决。根据伽利略的抛射定律，牛顿一开始认为月球和其他行星的轨道运动与抛射体的运动（图7.3）相似，或者说是抛射体运动的一种极限情形：一块被抛射出去的石头由于自身的重量而不得不偏离直线路径，在空中划出一条曲线，最后落到地面。抛射的初速度越大，石块落地之前行经的路程就越远。因此可以设想，随着抛射体初速度的增加，石块落地之前在空中划出的弧长越长，直到最后跃出地球的界限，它就可以完全不接触地球而在空中飞翔。

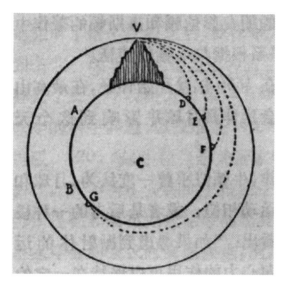

图 7.3 抛射体的向心运动

牛顿从苹果落地得到启发，想到把苹果拉向地面的力可能和地球控制月亮的力是同一种力。为了检验使苹果落地的力和维持月球在其闭合轨道上运动的力之间可能的关系，必须做到：① 弄清楚究竟根据什么定律，重力随着与地球距离的增加而减少；② 根据这一定律和所测得的在地球表面上的物体的加速度来计算，月球轨道处的重力加速度将会有多大；③ 假设月球的轨道是一个以地球为圆心的圆，计算月球的实际向心加速度是多少；④ 确定由②和③得出的加速度在数值上是否相等，从而可以认为两者是否由同一种力的作用所引起的。

牛顿的研究基本上也是按照这个思路进行的。牛顿首先通过对匀速圆周运动的分析获得了向心加速度的表达式。如果做匀速圆周运动的物体线速度为 v，周期为 T，半径为 r，向心加速度为 a，则有：$a = v^2/r$；然后利用开普勒第三定律，牛顿独立得到了引力的平方反比形式：物体下落速度的变化率与该物体距地心距离的平方成反比。

牛顿根据平方反比定律推算出月球距离上的重力确定的月球加速度。然而该数值与实测结果相差太大。牛顿对此非常失望。一些人认为，因为牛顿采用了较小的地球半径数值，所以导致了推算上的差异。但是更可能的原因是牛顿在确定地球和被吸引物体之间的有效距离上遇到了困难。能把地球这个大球体的引力看作只是从地心发出的吗？对这个问题的肯定回答，要等到1685年牛顿创立微积分这个数学工具之后才能作出。不管是什么原因，牛顿把重力问题搁置了 15 年。

1680 年,胡克写信给牛顿,建议他研究确定在一个按平方反比定律变化的引力中心附近区域里运动的质点的运动路径问题。牛顿看来没有答复这封信,但确实重新开始了他早年的计算,并计算出在平方反比定律的力的作用下的轨道是一个以吸引体为焦点的椭圆。这样行星的椭圆轨道就得到了一个合理的解释;接着牛顿又进一步证明,如果围绕引力中心的运动是椭圆运动,而此引力中心是椭圆的一个焦点,那么该力一定是平方反比例的力。

像牛顿一样,哈雷也根据开普勒第三定律推导出了平方反比定律,但未能走得更远。另一位科学家雷恩也推导出平方反比定律。直到哈雷于 1684 年 8 月拜访牛顿,问他若天体之间在平方反比引力作用下会怎样运动。牛顿回答说按椭圆轨道运动。哈雷问他如何得知,牛顿就讲述了 1666 年在农庄里的推算,只是那时的手稿丢失了。哈雷欣喜万分,鼓励牛顿把研究继续下去,并请牛顿答允把研究成果寄给皇家学会,以便将它们登记备案,确立其优先权。

这次的推算很顺利,因为当时已经获得了比较精确的地球半径值,而且牛顿创立的微积分使他能证明:一个所有与球心等距离的点上的密度都相等的球体在吸引一个外部质点时,形同其全部质量都集中在球心。因此牛顿完全有理由把太阳系各天体看作是有质量无体积的质点。据说面对越来越强烈的成功预感,牛顿激动得算不下去,只好让一位朋友替他算下去。

在哈雷收到的牛顿手稿中,牛顿已完成了引力的平方反比定律与开普勒三定律之间的充要证明。开普勒三定律的可信性最终得以确立。在其手稿中,牛顿还表明了开普勒第三定律也适用于伽利略所发现的木星卫星和新发现的土星卫星(惠更斯于 1655 年发现土卫六,多美尼科·卡西尼发现另外四颗)。这些卫星显然受到了它们所围绕的行星的平方反比引力的作用。如果土星吸引土卫六,它为什么不吸引太阳呢?

到几周后牛顿完成了对手稿的修订时,他在认识上实现了关键性的跨越:天体的确相互吸引。这一认识使他走上了通向万有引力之路,物理学史上翻起了新的一页。但即使牛顿本人,也会惊讶于这种复杂局面:天空有这么多的天体,它们彼此相互吸引,谁有能力去解开其中所涉及的大量力学问题? 牛顿自己说过:"如果我没有弄错的话,要同时考虑所有这些导致运动的原因,要用精确的定律通过简单的计算去定义这些运动,这超过了任何一个人的思维能力。"

哈雷很清楚牛顿这些工作的革命性意义,他开始耐心地劝说牛顿出版他的著作。为了详尽地阐述所有这一切,牛顿着手撰写一本书,并于 18 个月后写成,就是《原理》。

7.1.3 《自然哲学的数学原理》

《原理》初版(图 7.4)用拉丁文撰写,于 1687 年 7 月问世。《原理》之所以能够出版,哈雷功不可没。起初,皇家学会准备把牛顿的研究成果发表在《哲学学报》上,但在研究了前面几个部分后,便决定出资把这著作印成书本。但是当时皇家学会正处在长期的经济困难中,缺乏足够的资金出这本书,加上胡克宣称对发现拥有优先权,皇家学会因此放弃了原计划。于是哈雷自费承担了该书的出版,他还为牛顿搜集必要的天文资料、校订清样、指出文中的含混之处、安排印刷和插图等等。

《原理》共分三篇,以及非常重要的导论。《原理》一开头就对力学中的各个基本概念作

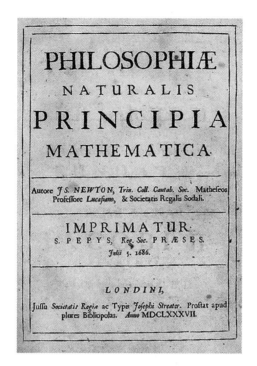

图 7.4 《自然哲学的数学原理》初版封面

了定义,包括质量、动量、力等。牛顿是第一个精确使用这些概念的人。在这些定义之后的一条附注中,牛顿假设存在绝对的、真实的和数学的时间,绝对空间和绝对运动。绝对时间均匀地流逝着而同任何外部事物无关;绝对空间始终保持相同和不动;绝对运动是物体从一个绝对位置向另一个绝对位置的平移。20 世纪物理学与牛顿物理学的根本决裂就是在于抛弃这些绝对的、独立的空间和时间概念。

《原理》接着叙述了著名的牛顿运动三定律:

第一定律:每个物体都保持其静止状态或直线匀速运动状态,除非受到外力的作用而被迫改变这种状态。

第二定律:物体的加速度与外力成正比,加速度的方向与外力的方向相同。

第三定律:对于每一个作用,总有一个大小相等、方向相反的反作用。

其中第一、第二定律直接从伽利略的结果推演而来。第一定律是笛卡儿明确提出的。第三定律是牛顿的发现,正是这一定律使得火箭的飞行成为可能。

《原理》第一篇是"物体的运动",在做了必要的数学准备后,着重讨论了在平方反比引力作用下两个质点的运动规律;并在此基础上讨论了太阳作为摄动天体,对月球绕地球运动的影响,从而在理论上解释了月球运动中早已观测到的各种差项;并且为成功解释岁差和潮汐现象奠定了理论基础。在该篇中,牛顿还完美地解决了一个广延物体的万有引力如何取决于它的形状的问题。

《原理》第二篇是"物体在阻尼介质中的运动",主要讨论了物体在阻尼介质中的运动规律,还用一节篇幅专门讨论了弹性流体中的波动和波的传播速度,并进一步试图计算声音在空气中的传播速度。

《原理》第三篇是"宇宙体系(使用数学的论述)",主要论述了前面两篇给出的力学规律在天文学上的运用。在该篇一开始,牛顿就给出证据证明太阳系中的各天体是按照哥白尼学说和开普勒定律运动的,天体的轨道取决于相互之间的引力。牛顿还从理论上推算了地球赤道部分隆起的程度,并指明月球和太阳引力对地球赤道隆起部分的吸引是产生岁差现象的原因。第三篇还从数值上对月球运动的各种差项做了计算。

牛顿的《原理》被公认是科学史上最伟大的著作。在对当代和后代思想的影响上,没有什么别的杰作可以和《原理》相媲美。自它问世后的二百多年间,一直是全部天文学和宇宙学思想的基础。《原理》通过奠定力学自身的公理基础把力学确立为一门独立科学;通过力学与天文学之间建立的联系,确立了地上和天上物理学的综合体系。牛顿还示范了如何把力学应用到自然科学各个领域中去,譬如把力学应用到光学领域,为光学的理论和实践开拓了新的基础。牛顿通过《原理》这部巨著,展示了对近代自然科学中机械论哲学的最好阐释,为整个自然科学领域开创了新的前景。

7.2 牛顿主义的传播

7.2.1 牛顿力学的验证:哈雷彗星回归

如果牛顿是对的,彗星受到的是平方反比引力的作用,那么环绕太阳运行的彗星轨道将会是椭圆、抛物线或双曲线。如果是椭圆的话,彗星一定会回归。1695 年,哈雷(图 7.5)注意到 1531 年、1607 年和 1682 年的三颗彗星在轨道上是相似的。在对它们做了进一步的研究之后,哈雷得出结论:它们是同一颗彗星在不同时期的再现。

图 7.5 哈雷

问题在于，这颗彗星每次出现的时间间隔虽然相近，但并不完全相同。哈雷意识到这是由于它在运行中，受到了一颗或多颗行星的引力作用，因而轨道受到了摄动。考虑了这些摄动因素，通过计算，哈雷预测这颗彗星将于"1758年再度归来"。①

哈雷在其预测中，考虑到了彗星在接近其1682年绕太阳运行的路段时所受到的木星的引力，但是他没有把彗星离开太阳系时木星的引力所起的相反作用计算在内。要对此做出修正，需要进行细致而艰苦的计算，1757年6月，法国天文学家克莱洛（Alexis Claude Clairaut，1713—1765）在两个助手的帮助之下在巴黎开始了此项工作。他们推算出：该彗星将于1759年4月中旬过近日点，误差允许为一个月。

回归的彗星于1758年圣诞节首先被居住在德勒斯登附近的一位农民看到，第一位看到它的专业人员则是巴黎的彗星猎手梅西叶（Charles Messier，1730—1817），比那位农民晚了4个星期。1759年3月13日，彗星经过近日点。这颗彗星的轨道特征与1531年、1607年和1682年彗星十分相似，它们是同一颗彗星。哈雷被证明是正确的，牛顿主义在公众中赢得了最广泛的胜利。

7.2.2 牛顿主义：启蒙运动的推手

在《原理》中，牛顿系统地阐明了现在称为牛顿运动三定律的运动学原理；在数学上严格地证明了开普勒提出的行星运动三定律。于是，行星的运行、彗星的出没、潮水的涨落和苹果的落地，所有这一切都可以用同一力学规律来解释，天上与人间实现了前所未有的统一，这确实给人们留下了深刻的印象，以致它的影响超出了天文学和物理学的范围。在社会、经济、思想等各个领域中，人们希望仿照牛顿力学的原则，通过对现象的观测得出若干原理，再运用数学手段来解答所有的问题。事实或许不如所愿，但在牛顿开创的这个理性时代，人们确实体会到了一种前所未有的智力自信。

在牛顿去世的18世纪，经过文艺复兴和科学革命洗礼的欧洲，人们的思想正在发生着深刻的变化，展示出一种18世纪特有的时代精神。时代精神的形成与这个时代的哲学有密切的关系。在这个世纪，哲学的主要特征表现为现世主义、理性主义和自然主义，这一切促成了一种宽容的人文主义的诞生。

现世主义热衷于现世和尘世的生活，它区别于那种超脱的一切向往来世生活的态度。理性主义相信人类理智的态度，区别于对他人教条式权威的信仰和依赖。自然主义相信事物和事件的自然秩序，相信自然过程有固定的秩序，而不存在神奇的或超自然的干预。这些态度表征了所谓的"古典主义"，也就是亚里士多德时代雅典人处于鼎盛时期的精神。② 一方面，包括牛顿力学在内的近代科学本身正是这些新观念的产物；另一方面，科学在17世纪取得的惊人进步，极大地推广了这些观念，并激励人们将它们同科学、技术和哲学以外的问题发生关系。

18世纪的精神领袖们正是这样做的，他们基于牛顿的理性主义自然观和宇宙观，催生

---

① Edmund Halley, "A Synopsis of the Astronomy of Comets," in David Gregory's *The Elements of Astronomy* vol. 2 (1715).

② 中世纪的人们对这些几乎闻所未闻，只有到了文艺复兴的兴起，通过与古典文献的接触，它们才被逐渐恢复。

了启蒙运动意识形态的萌芽。洛克和伏尔泰将自然法则的概念应用于政治系统中,以提倡人们的固有权利;亚当·史密斯将心理学和利己主义的自然概念应用于经济系统中;而社会学家则批评当时的社会秩序,以试图让历史融入进步的自然模型里。这些精神领袖们高举人文主义的旗帜,猛烈批判教会的权威,批判国王及其宠臣的"神授权力",尽力谋求思想和言论的自由,热忱地"启蒙"人民,引导他们为自己的合法权益而斗争,反对任何剥削和压迫。

这股启蒙运动实际上诞生于17世纪的英国,与牛顿同时代。英国的启蒙运动导致一个国王身首分离(查理一世于1649年被推上断头台)和另一个国王被废黜(詹姆斯二世于1688年被废黜)。启蒙运动从英国传播到了法国,又从那里传播到德国和其他国家。这中间伏尔泰起到了极大的推动作用。

伏尔泰在1726年访问了英国,在那里逗留了三年,结交了一些学术界的朋友,学习了牛顿的理论,参加了牛顿的葬礼。回法国后他极力宣传牛顿的理论,在1737年为牛顿的《原理》写了一篇评论。还请他的女友夏特莱侯爵夫人把牛顿的《原理》翻译成法文。正是伏尔泰更加有效地促使牛顿的学说在非科学家中间流传开来。伏尔泰宣传宽容,同压迫进行持久而有效的斗争,以致有人认为18世纪是"伏尔泰时代"。

7.2.3 牛顿主义框架下的宇宙学说:康德-拉普拉斯星云假说

牛顿为服从他的运动规律的运动物体创造了一个可以自由驰骋的时空——一个无始无终的宇宙。在那里时间均匀流逝,没有起始没有终结。空间均匀而平坦地伸展直达无限。这样的时间和空间为描述一切物体的运动提供了绝对的时间和空间坐标。

牛顿力学在解释天体的运行时展示了无可辩驳的有效性,各种观测证据也有力地证明了万有引力定律在宇宙中的普适性。因此,有人开始在牛顿力学的框架下解决天体的起源问题。康德(Immanuel Kant,1724—1804)于1755年在柯尼斯堡出版了《自然通史和天体理论或根据牛顿定理试论整个宇宙的结构及其力学起源》一书,该书中译本一般简作《宇宙发展史概论》[①]。该书被称作是科学史上第一部系统地论述宇宙空间的天才之作,恩格斯因此书而称康德为划时代的、给僵化的自然观打开第一个缺口的哲学家。

《宇宙发展史概论》由前言和三个部分组成。在前言中,康德从唯物主义的立场出发,强调物质必然具有使自己运动起来的力量,它受某种客观规律的支配,而决不需要用"一只外来之手"推动。他宣称:"给我物质,我就用它造出一个宇宙来!"因为"如果有了在本质上具有引力的物质,那么大体上就不难找出形成宇宙体系的原因"。

《宇宙发展史概论》第一部分为"恒星的规则性结构综述兼论这类恒星系的大量存在"。在这一部分中,康德接受与发展了英国天文学家赖特的思想(参见第10章开头的论述),认为组成银河系的无数恒星并不杂乱无章,而是与太阳系很相似的系统,它们与太阳系一起,组成了一个有规则的系统。这个系统不是唯一的宇宙系统,此外还有无限多的"银河系"。他推想当时天文学家观测到的那些椭圆形星云是另外一些"银河",它们与太阳系所在的银河系一起,又构成了更大的宇宙系统。在第一部分一开始,康德还特别加入了一节"为便于理解以下内容最必要的牛顿宇宙学基本概念纲要"。

《宇宙发展史概论》第二部分为"关于自然界的原始状态、天体的形成、天体运动的原因

[①] 伊曼努尔·康德:《宇宙发展史概论》,全增嘏译,上海译文出版社,2001。

以及它们在整个宇宙中,尤其在行星系中的规则性联系"。这一部分是全书的核心,康德在这里试图只用力学规律来说明宇宙体系是怎样从它最原始的状态发展起来的,完整地阐明了他的星云假说。他认为,太阳系的所有天体无一例外地都是从一团弥漫的小微粒(原子星云)借助引力的作用聚集而成的。在自然的原始状态,所有物质的微粒散布在整个宇宙空间,由于吸引力引起最初的扰动,天体在吸引最强的地方开始形成。微粒普遍地向中心降落,由物质分解而成的最细小部分产生斥力,斥力和引力相互结合使得降落运动的方向发生改变。所有这些运动都以同一的方向指向同一地带。所有的质点都涌向一个共同的平面。它们降低运动速度,以便同它们所在位置上的重力相平衡。所有的质点环绕中心体沿着圆形轨道自由运行。这些运动着的质点聚合成行星,在一个共同平面上向同一个方向自由运动,近中心点的接近于圆周运动,距离较远的偏心率也较大。

这样,康德用星云假说比较成功地解释了太阳系的起源问题,并且既克服了笛卡儿旋涡学说中片面强调斥力作用因而无法说明太阳和行星怎样由物质微粒形成球体的困难,又克服了牛顿片面强调引力作用因而无法说明行星绕日运动的初始动力。最后在这一部分中,康德还把星云假说推广到了整个恒星世界。

《宇宙发展史概论》第三部分为"以人的性质的类比为基础对不同行星上的居民进行比较的一个尝试"。康德在这一部分中对外星生命和太阳系外行星存在的可能性进行了讨论,颇具前瞻性。

1796 年,拉普拉斯在他的《宇宙体系论》①附录七中也提出了类似的星云假说,叙述角度比康德稍偏重数学和力学的论证。后来,人们把康德和拉普拉斯分别提出的太阳系起源假说统称为康德-拉普拉斯星云假说,一些现代的更为精致的太阳系起源假说或多或少与康德-拉普拉斯星云假说有些渊源关系。

7.3 天体力学的建立及应用

7.3.1 牛顿力学的改造

牛顿在《原理》中使用的是欧几里得《几何原本》中的几何学语言,现今大学课堂上学到的牛顿力学的代数形式是由一些数学家和天文学家在将牛顿力学应用于天体运动时所发展起来的。牛顿力学的这项改造工作主要由法国的克莱洛(Alexis Claude Clairaut,1713—1765)、达朗贝尔(Jean le Rond d'Alembert,1717—1783)、拉格朗日(Joseph-Louis Lagrange,1736—1813)、拉普拉斯(Pierre-Simon marquis de Laplace,1749—1827)、泊松(Simeon-Denis Poisson,1781—1840)、柯西(Augustin Louis Cauchy,1789—1857),瑞士的欧拉(Leonhard Euler,1707—1783)和德国的高斯(Carl Friedrich Gauss,1777—1855)等人完成。

---

① 皮埃尔·西蒙·拉普拉斯:《宇宙体系论》,李珩译,上海译文出版社,2001。

欧拉首创了根数变易法,开创了摄动理论的分析方法,把代数方法全面引入到天体力学的计算,完善了月球理论。克莱洛用牛顿力学研究了地球的形状,用单摆的周期变化测量了重力的变化。他还研究了月亮的运动和金星的质量,修正了哈雷所预言的彗星回归日期。

出生于意大利的拉格朗日,在柏林工作了一段时间,于 1787 年被路易十六召到巴黎。1788 年,拉格朗日出版了他的巨著《分析力学》,全书采用纯代数的方法,没有一幅几何插图。

拉格朗日在书里发展了牛顿的摄动理论,研究了两个大质量的天体外加一个小质量的天体即三体问题的轨道稳定性问题。拉格朗日提出在两个大质量天体的引力共振下,存在五个特殊的稳定点,其中三个点 $L1$、$L2$、$L3$ 在两个主天体的连线上,另两个点 $L4$ 和 $L5$ 位于以两个主天体的连线为底边在两侧所作的两个等边三角形的顶点处。尽管在拉格朗日之前十来年,欧拉首先提出了三个共线解 $L1$、$L2$ 和 $L3$,但这五个点仍被称作"拉格朗日点"(图 7.6)。

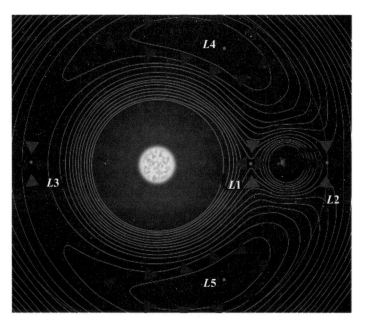

图 7.6　拉格朗日点

1906 年,德国天文学家沃尔夫发现了一颗编号为 588 号的小行星,这颗小行星很不合群,不在它通常应该出现的小行星带中。它运行的速度非常慢,因此距离太阳非常远。一般小行星都以女神的名字来命名,但 588 号小行星太特殊了,它最后以特洛伊战争中的希腊英雄阿喀琉斯的名字命名,其含意所取就是阿喀琉斯自由散漫、不服管束、远离群体的个性。

观察证明,阿喀琉斯运行在木星轨道上,固定在超前木星 60°的地方。同一年年底发现的 617 号小行星也在木星轨道上,但比木星落后 60°。617 号小行星被命名为帕特洛克罗斯,他是阿喀琉斯的亲密伙伴。

1907 年又发现 624 号小行星在木星前 60°处,它被命名为赫克托耳,他是特洛伊的王子,在战争中杀死帕特洛克罗斯后又被阿喀琉斯杀死。1919 年发现的 911 号小行星位于木星前 60°处,被命名为阿伽门农,这位希腊的众王之王、特洛伊战争中的希腊军统帅终于也被搬上了天。

更多的观测发现,在木星前后60°处分别聚集了许多小行星,所有这些小行星后来都以特洛伊战争中的英雄人物来命名,因此这两群小行星被叫作"特洛伊群"。阿喀琉斯群和帕特洛克罗斯群分别与太阳和木星构成等边三角形的3个顶点,对应拉格朗日点的 $L4$ 和 $L5$ 两点。

到2010年2月为止,木星-太阳的特洛伊群小行星一共发现了4076颗。其中位于 $L4$ 点处的小行星有2603颗,$L5$ 点处有1473颗。

除了木星-太阳的特洛伊群之外,在火星-太阳的特洛伊位置找到了4颗小行星,1颗在 $L4$ 点处,3颗在 $L5$ 点处;在海王星-太阳的特洛伊位置找到了6颗小行星,都在 $L4$ 点。

1956年,天文学家发现在地球-太阳的特洛伊位置上有星际尘埃大量聚集,最近的天文卫星观测证实在地球轨道上有围绕太阳的尘埃环存在,这个尘埃环与地球-太阳的特洛伊位置密切相关。2011年7月,天文学家们宣布在围绕地球-太阳的 $L4$ 点轨道上至少有一颗直径约300米小行星(2010 TK7)。

拉格朗日还研究了太阳系的长期稳定性问题。当时的两项天文观测结果让人们为太阳系的稳定性担忧:一是木星的加速和土星的减速现象,这一现象从第谷时代已为人所熟知;另一个是哈雷提出的月亮从古代起就一直存在着的明显加速现象。这意味着,如果它们继续这样发展下去,木星就会沿螺线进入太阳,土星会逐渐离开太阳,而月亮则会落入地球,太阳系将会发生巨变乃至瓦解。

1774年,拉格朗日证明,在一级近似下,行星的轨道倾角和交点连线空间指向呈现周期性的振荡,周期长达几千年。一读到拉格朗日的证明,拉普拉斯立即用同样的方式分析了行星轨道其他方面的一些问题。

1785年,拉普拉斯(图7.7)发现了导致木星做长期加速运动和土星的减速运动的原因:该变化并非像欧拉曾经以为的那样是单向的,而是周期性的,其周期约为900年。它依赖于两个相互作用的天体(木星和土星)与太阳之间的位置关系。1787年,拉普拉斯找到了月亮长期加速运动的原因。这是一个二级效应,起因于地球椭圆轨道偏心率的缓慢变小,这使得太阳对月亮的作用有所减小。在地球轨道的长周期变化中,当偏心率停止减小并开始转向增加时,这一加速效应就会发生逆转。到了19世纪50年代,人们发现拉普拉斯的解释只说明了其中的一半加速量,另一半应归因于由月亮引起的潮汐摩擦所造成的地球自转减慢的影响。

1796年,拉普拉斯出版了他的《宇宙体系论》,在书中向读者通俗地描绘了这样一幅太阳系图景:其内部的行星运动和几何参数在它们的平均值附近发生小幅度的长周期变化。拉普拉斯相信他已经证明了太阳系是一个稳定的可自我调节的系统,在这方面它与生物界显然存在的自我调节是类似的。

在《宇宙体系论》的一则附录中,拉普拉斯提出了太阳系起源于一团星云的假说。他猜测太阳系开始是一团巨大的旋转着的星云,随着星云中无数粒子的相互吸引,行星及其卫星从中凝聚了出来。该假说可以说明所有行星和当时已知的卫星轨道的共向性和共面性。这是一项他本人也不怎么重视的猜测,却为他赢得不少名声。

如果说《宇宙体系论》是一本为普通公众所写的不需要数学知识的天文普及读物,那么拉普拉斯的《天体力学》则是一部让普通读者望而生畏的数理天文学巨著。《天体力学》从1799年到1825年间陆续出版,共五卷16册。第一卷2册、第二卷前3册于1799年出版,内容包括:首次提出"天体力学"(celestial mechanics)的名称;理论力学、天体力学的基本问题;均匀流体自转的平衡形状;潮汐、岁差、章动、月球天平动和土星环。第三卷后 2 册于 1802 年出版,内容包括:行星和月球的摄动理论。第四卷 3 册于 1805 年出版,内容包括:木星伽利略卫星的运动;周期彗星的运动;三体问题特解;介质阻尼。第五卷 6 册于 1825 年出版,补充以上四卷,内容包括:地球自转和形状;球体的吸引和排斥;弹性流体的平衡和运动规律;行星表面流体的涨落;天体绕自己重心的运动;行星、彗星和卫星的运动。

图 7.7　拉普拉斯

拉普拉斯在《天体力学》中两次对太阳系稳定性做了详细的数学论证,他指出:"我们根据引力的理论进一步推算出行星(特别是木、土两星)运动的基本方程式,这些运动的差数有 900 多年的周期。天文学家起初以为木星和土星运动的差数是很奇特的,因为不明白这些差数的规律和原因,许久以来好像它们和引力理论间有矛盾。但是仔细的研究表明,这些差数是可以从理论推导出来的,它们就成了理论真实性的最惊人的证明。"①

关于拉普拉斯的早年生活,人们所知甚少。他 18 岁时被送到巴黎,带着将他介绍给达朗贝尔的信,但这位大数学家却拒绝见他。拉普拉斯就寄了一篇力学论文给达朗贝尔。这篇论文如此出色,以致达朗贝尔突然高兴做拉普拉斯的教父。

拉普拉斯高超的数学分析技巧在《天体力学》中展露无遗。据说在书中拉普拉斯常用的一句口头禅是:从方程 A"显而易见"可以得到方程 B,而为了弄清这"显而易见"的推导过程,别人要花上几小时甚至几天的工夫。传说拿破仑翻遍了《天体力学》全书,把拉普拉斯叫去,问他为什么在这本讲述造物主所创造的世界的书中从来不提造物主的名字。拉普拉斯回答说:"陛下,我不需要这个假设!"拉格朗日听到这话后说:"啊!可是它同样也是个美妙的假设呢,它解释了多少事情啊!"

---

①　Pierre Simon Laplace,"The Preface," in Vol. 3, Mécanique Céleste (1802).

7.3.2 "丢失"的行星和小行星的发现

在对上帝这位"几何学家"究竟是按什么规则对太阳系做出如此安排进行探究的早期，开普勒曾经一度为他所看到的火星和木星之间不成比例的巨大间隙（图7.8）而困惑。他想到在这个巨大的空间带上可能存在未被发现的行星。

牛顿认为该间隙的存在表明，由于木星和土星这两颗巨大行星的引力使太阳系面临崩溃的危险，上帝通过把它们"驱逐"到太阳系的外围而设法消除了这一危险。兰伯特（Johann Heinrich Lambert，1728—1777）认为木星和土星有可能"夺走"了曾一度占据在该空间带上的行星。英国一位天文爱好者赖特（Thomas Wright，1711—1786）则在一部未曾公开出版的预言书中怀疑在该间隙上曾有过一颗行星，而该行星后来受到彗星的撞击毁掉了。

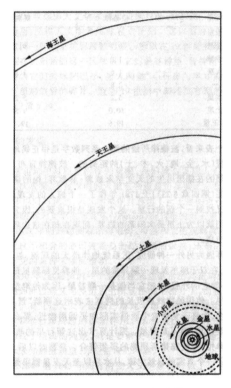

图7.8 火星-木星间隙带

认为在该间隙上存在或曾存在过一颗"丢失了的行星"的人们，是受到了18世纪发现的一个数学关系的鼓舞。牛津教授戴维·格里高利（David Gregory，1659—1708）在其1702年的《天文学原理》一书中特别提到，行星轨道半径大致与数字4、7、10、15、52、95成比例。德国的一位大众哲学家克里斯蒂安·沃尔夫在一部书中重新公布了这些数字，这部书正巧被维登堡大学的物理学教授提丢斯（Johann Daniel Titius，1729—1796）注意到了。1766年，提丢斯将著名的法国自然主义者查尔斯·博内的《自然的沉思》翻译成德语出版。在博内的书中，提丢斯插了一段话，只是把格里高利的15换成16，95换成100，从而使得那些数字分别等于4、4+3、4+6、4+12、4+48和4+96。没有行星与4+24对应。博内猜测这空隙属于还没有被发现的火星卫星。

1772年,提丢斯译作的第二版被一位年轻的德国天文学家波得(Johann Elert Bode,1747—1826)注意到了,波得不认同该书关于火星卫星的假说,而对书中列出的数字关系深感兴趣,并与书中的说法取得了共鸣:"人们能够相信是造物主留下了这一空白的说法吗?当然不会。"

波得开始相信在火星-木星间隙带上存在着一颗未曾发现的行星,该行星距太阳的距离约为4+24单位。

1781年3月,威廉·赫歇尔(Wiliam Herschel,1738—1822)发现天王星。[①] 天王星的距离正好落在4+192=196个单位上。新行星的发现大大激起了寻找火星-木星间隙带行星的热潮。后来波得取日地距离为1000单位,这样水星到太阳的距离为397单位,水星与金星之间的间距为293单位,并以此改写了提丢斯定则,即提丢斯-波得定则,如表7.1所示。

表7.1 提丢斯-波得定则

行星	提丢斯	波得		平均距离
水星	4	397	397	397
金星	$4+3\times 2^0=7$	$397+293\times 2^0$	680	723
地球	$4+3\times 2^1=10$	$397+293\times 2^1$	973	1000
火星	$4+3\times 2^2=16$	$397+293\times 2^2$	1559	1524
?	$4+3\times 2^3=28$	$397+293\times 2^3$	2731	—
木星	$4+3\times 2^4=52$	$397+293\times 2^4$	5075	5203
土星	$4+3\times 2^5=100$	$397+293\times 2^5$	9763	9541
天王星	$4+3\times 2^6=196$	$397+293\times 2^6$	19139	19082

天王星轨道半径完全符合前述数列。德国天文学家察奇(Franz Xaver von Zach,1754—1832)对此数列完全信服了。1787年,他对火星-木星间隙带做了搜索,试图在那里找到一颗行星,结果一无所获。1799年,察奇与德国同行们商量希望能组织起来对该问题进行联合探索。1800年9月21日,察奇和其他几位天文学家决定组成一支包括24名"天空警察"在内的观测队,每人负责黄道带上的一个区域,搜寻新天体。

西西里岛巴勒莫的皮亚齐(Giuseppe Piazzi,1746—1826,图7.9)的天文台位于欧洲最南端,他不知道自己已经被选定为一位"天空警察"。皮亚齐立志编制一份精确的恒星星表,精度要远高于前代同类星表,为此他委托伦敦的著名仪器制造商拉姆斯登设计制造了一架巧妙精致的仪器。

1801年元旦,皮亚齐像往常一样继续为他的星表而工作。他测量了拉卡伊黄道恒星表中编号为87的那颗恒星的位置,并利用这一机会测量了其前的那颗8等星。第二天晚上他

---

① 赫歇尔起先以为自己发现了一颗彗星,但后来被其他天文学家确认为是一颗新行星。马斯基林要求赫歇尔给新行星取一个名字,赫歇尔用英王乔治三世的名字把这颗行星命名为"乔治星"。这个名字在英国以外其他欧洲国家不怎么受欢迎,波得建议把新行星叫作天王星(Uranus),逐渐被大家接受。赫歇尔关于新发现一颗"彗星"的报告见:Account of a Comet. By Mr. Herschel, F. R. S.; Communicated by Dr. Watson, Jun. of Bath, F. R. S. Phil. Trans. R. Soc. 71(1781):492-501。

图 7.9　皮亚齐

再次对那颗 8 等星做了测量。让他吃惊的是，他发现这颗星好像移动了。在随后的几天里，他对该星的持续观测证明，它确实移动了。因此，它是太阳系的一员，不是恒星。

皮亚齐很快就确定这是一颗新的行星，并把这颗星叫作谷神星（Ceres），以此表示对西西里的保护女神谷神的敬意。德国数学家高斯使用他新发明的"最小二乘法"计算出了这颗新行星的轨道，确定它到太阳的平均距离为 2.77 天文单位，与提丢斯的 2.8 和波得的 2.731 非常接近。

一开始人们认为谷神星就像天王星一样毫无疑问是颗大行星。但威廉·赫歇尔却惊讶地发现，即使用他的高倍望远镜，也很难看到它的行星光斑。他觉得这颗星甚至比我们的月球还要小。[①]　更糟糕的是，到了 3 月，德国天文学家奥伯斯（Heinrich W. M. Olbers，1758—1840）发现了另一个移动着的天体，他把它叫作智神星（Pallas）。赫歇尔对智神星的直径也做了测量，认为它小于 111 英里。显然，谷神星和智神星没有资格被称作行星。

为了用合适的术语对新发现的这类天体加以描述，赫歇尔提议把它们叫作小行星（asteroid）。为了挽救那个数列，奥伯斯猜测这两颗小行星是曾经占据在该间隙的那颗大行星的碎片。

那么应该还有别的碎片。果然，1804 年德国天文学家卡尔·哈丁（Karl Harding，1765—1834）发现了婚神星（Juno，直径为 240 千米），1807 年奥伯斯又发现了灶神星（Vesta，直径为 538 千米）。灶神星被发现之后很长一段时间里人们没有再找到新的小行星，天文学家们很快就厌倦了这种搜寻。后来德国一位退休邮政局局长亨克（Karl Hencke，1793—1866）唤起了人们对搜寻小行星的兴趣。亨克于 1830 年开始搜寻，默默工作了 15 年，于 1845 年发现了第五颗小行星义神星（Astraea，直径为 117 千米），1847 年又发现了第六颗小行星韶神星（Hebe，直径为 186 千米）。到 1891 年，人们总共找到了 300 多颗小行星。能够发现这么多小行星，主要得益于照相术的应用。

---

① 　谷神星直径为 1003 千米，月球直径为 3476 千米。

如果小行星真的是一颗行星爆炸所形成的碎片，那么（至少在一开始）它们的轨道应该交会于爆炸处及在太阳的对侧处。但是随着越来越多的小行星被发现，人们认识到实际情况远非如此。事实上现在人们知道，只有很少一部分小行星直径超过250千米，所有小行星的质量加起来也远不及月球，更不要说与行星相比了。

7.3.3 算出来的海王星

赫歇尔和皮亚齐的目光其实不在太阳系内的天体上，他们关心的是遥远的恒星。天王星和谷神星只是他们在研究恒星的过程中很偶然发现的。但到了19世纪中叶，海王星的发现却完全不同。这一次天文学家们是蓄意在满天繁星中把它找出来的。天文数学家们仅仅依靠他们手中的笔和纸以及牛顿力学的知识，就知道了它在哪里。

在天王星于1781年被发现后不久，波得就发现迈耶尔（Tobias Mayer，1723—1762）在1756年曾记载过该星的位置，而弗拉姆斯提德更是早在1690年就记述了它，不过他们都把它当成了一颗恒星。这些资料使得天文学家们能够确定其椭圆轨道的根数，计算出它未来的位置表。

可是，天王星不久就开始偏离其预期轨道。到1790年，达朗贝尔公布了他重新编算的天王星历表，该表看上去与观测结果吻合得相当好，这使问题暂时得到了解决。但是到了19世纪20年代和30年代，天王星的实测位置与历表位置之间再次出现偏差。

面对新的麻烦，各种各样的解释如雨后春笋般涌现了出来，其中一些立即遭到反对。例如该行星受到宇宙流体的阻滞，它有一颗质量很大但又不可见的卫星，它在被发现时正在受到一颗彗星的影响，等等。在这些解释中，有两种值得考虑：也许引力定律在大距离情况下会偏离平方反比形式；或者天王星受到了其外围尚未被发现的一颗行星的吸引。

在18世纪中叶，人们一次又一次试图修改引力定律，但无论如何努力，该定律总是坚如磐石。这样，人们产生了一种共识：天王星的反常行为是受到一颗未被发现的行星的作用的结果。

从已知的行星去计算它施加的摄动已经是天体力学的经典问题，但是反过来要从摄动效果去求解摄动行星的位置和大小，却还是难题。一位年轻的剑桥大学毕业生亚当斯（John Couch Adams，1819—1892）选择了挑战这个难题。1843年10月，他求得了未知行星的大致位置。由于教学工作繁忙，直到1845年9月他才得出更精确的结果。他推算该行星在1845年10月1日的日心黄经为$323°34'$。

剑桥大学的天文学教授查理斯（James Challis，1803—1882）给亚当斯写了一封推荐信，亚当斯手持推荐信去找当时的皇家天文学家艾里（Sir George Airy，1801—1892），希望向他呈上自己的分析。但是亚当斯未能同艾里交谈，只是给艾里留下了自己论文的摘要。

法国的勒威耶（Urbain Jean Joseph Le Verrier，1811—1877）于1845年11月向巴黎科学院提交了一篇关于未知行星摄动天王星的论文。论文的复制本很快送到了艾里手中。1846年6月，勒威耶又提交了第二篇论文。他在论文中提出那颗未被发现的行星就在波得定则所预言的距离上，并给出了它的位置在日心黄经$325°$左右。

勒威耶毕业于巴黎综合理工大学，并在巴黎大学理学院获得一个天文学教职。他沉浸于法国天体力学的巨大传统之中，首先在太阳系的稳定性方面拓展了拉普拉斯的工作，然后又研究水星轨道。1845年，他受巴黎天文台台长阿拉果（François Arago，1786—1853）的邀请,开始探讨天王星为什么会偏离其正常轨道这一问题。

艾里看到勒威耶对未知行星位置的预言与亚当斯十分接近,这下他动心了。但他认为搜寻未知行星不是皇家天文台的任务,于是他劝查理斯在剑桥做这件事情。查理斯开始寻找,但他没有该天区精确的星图,只能反复检查该天区近期的天象,看在这段时间内是否有"星"移动。查理斯把这当成一种零活,毫无紧迫感。

1846年9月,勒威耶给德国柏林天文台的天文学家伽勒(Johann Gottfried Galle, 1812—1910)去了一封信,要求他协助寻找未知行星。伽勒于9月23日收到信,在当天晚上就在勒威耶预言的位置附近找到一颗新的行星,离勒威耶预言的位置相差不到1°,行星显示的圆面角直径(2.3″)也与勒威耶的预言(3.3″)相当接近。①

伽勒能够在点点繁星中顺利辨认出新行星的一个关键因素是他拥有一份当时世界上最为精密的星图(图7.10)。1846年9月23日晚,伽勒和他的学生德瑞斯特(Heinrich d'Arrest,1822—1875)开始搜寻勒威耶预言的那颗行星。搜寻一阵之后,伽勒一无所获,这时德瑞斯特提议将该天区与星图加以比较。在一个抽屉里,他们找到了柏林科学院编制的最新星图。该星图尚未向国外发行。

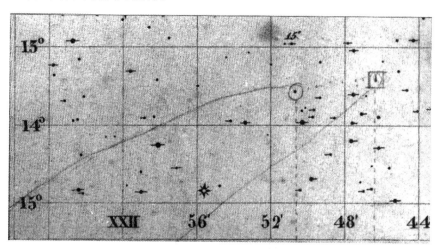

图 7.10 发现海王星时所用的星图

视场里有一颗星(圆圈内)不在星图上,方框内黑点是预言位置。

勒威耶在预测海王星位置上的成功使英国的天文学家们产生了一种失落感。亚当斯做出了类似的预测,但却被缓慢的搜寻步伐以及缺乏该天区最新星图的事实耽误了。英国人提议由亚当斯和勒威耶分享这份荣誉,但这个提议在巴黎理所当然地遭到冷嘲热讽。

7.3.4 寻找祝融星

勒威耶在寻找海王星上的成功,让他萌生一种野心,试图去解决天文学史上另一个悬而未决的疑案。

天文学家长期的观测发现,水星绕日轨道的近日点发生着缓慢进动,并且比较精确地确定了其进动速率为每100年进动 $1°33'20''$。发生进动的主要原因是除了太阳的引力外,还存

---

① J.F.思克:《伽勒发现海王星》,载宣焕灿选编《天文学名著选译》,知识出版社,1989,第179页。

在其他行星的引力摄动。根据牛顿万有引力定律可以推算出水星轨道近日点的进动速率是每 100 年进动 $1°32'37''$，这个数值与观测结果的差为每 100 年 $43''$。勒威耶根据当时的观测量，确定的进动残差为每 100 年 $38''$。这个残差长期以来无法解释。

面对无法解释的残差，勒威耶自然地想到，是否又是一颗未被发现的行星造成了这一差异？

1859 年 9 月，他发表了自己的计算结果：一颗与水星大小相仿、距离太阳为水星一半的行星，会使水星产生这种进动残差。巧的是这一年早些时候，法国奥格雷斯镇一位叫作雷卡保尔（Edmond Lescarbault，1814—1894）的医生看到过一个黑点划过太阳表面。他在 12 月听说了勒威耶的预言后相信他看到了水内行星，于是就把此事写信告诉了勒威耶。勒威耶立即赶到奥格雷斯跟医生会面，还把这颗星起名为祝融星（Vulcan），并计算出其公转周期不到 20 天。

1876 年，祝融星预期又要从太阳的圆面上经过，大约 20 座观测站对这颗假想的行星做了观测，它们的资料被汇总在了一起。勒威耶认为其中的 5 个是可信的。在这些观测的基础上，他计算出了该行星有可能于 1877 年 3 月和 1882 年 10 月再次经过日面。但后来什么也没有观测到。

经过 20 多年辛苦搜寻，到 19 世纪末，人们认为不存在什么祝融星。水星近日点进动残差不得不被当作天体力学尚未解决的一个谜保留下来，成为牛顿力学无数辉煌的成功事例中一个少见的例外。

直到 1916 年，爱因斯坦用他提出的广义相对论中的空间弯曲和光速变慢效应才最终解释了水星近日点的进动残差。根据广义相对论，把太阳引力场看成是弯曲的空间，行星在此弯曲空间中的运动规律跟平方反比规律得到的结果有所差异，即使没有其他因素影响，行星公转一周，它的近日点也会进动 $\dfrac{24\pi^3 a^2}{T^2 c^2 (1-e^2)}$ 弧度，其中 a 为行星轨道半长轴，T 为行星公转周期，c 为光速，e 为行星轨道偏心率[①]。用水星的数值代入，可以算得每 100 年其进动值正好是 $43''$。

人们本来期待着水星给牛顿力学带来另一个漂亮的胜利，谁知它最终却成了爱因斯坦的指路明灯，成为广义相对论取代牛顿力学的明证。于是有好事者在亚历山大·波普给牛顿写的墓志铭后面续了两句，变成了这样：

自然和她的规律隐匿在黑暗中，
上帝说：让牛顿去吧，一切便显光明。
但是好景不长，魔鬼吼叫：
让爱因斯坦去吧，一切都恢复原样。

---

① Abraham Pais, *Subtle is the Lord — the science and the life of Albert Einstein* (Oxford: Oxford University Press, 1982, reissue 2005).

课外思考与练习

1. 在牛顿之前有哪些人对天体引力问题分别作了哪些思考？
2. 牛顿是如何思考使苹果落地的力和维持月球在其闭合轨道上运动的力之间可能的关系的？
3. 牛顿如何获得引力的平方反比形式的？
4. 了解《自然哲学的数学原理》的基本结构和内容。
5. 简述成功预言哈雷彗星回归的意义。
6. 简述牛顿主义的传播与启蒙运动的关系。
7. 天体力学代数化的主要完成者有哪些人？
8. 简述海王星的发现过程。
9. 名词解释：万有引力、哈雷彗星、拉格朗日点、特洛伊群、太阳系长期稳定性、火星-木星间隙带、小行星、提丢斯-波得定则、祝融星。

延伸阅读

1. 牛顿：《自然哲学之数学原理》，王克迪译，袁江洋校，北京大学出版社，2006。
2. 伏尔泰：《哲学通信》，高达观等译，上海人民出版社，2005。
3. E.哈雷：《彗星椭圆轨道的讨论》，载宣焕灿选编《天文学名著选译》，知识出版社，1989，第149-150页。原著信息：Edmund Halley, "A synopsis of the astronomy of comets," in David Gregory's, *The elements of astronomy* vol.2 (1715).
4. 皮埃尔·西蒙·拉普拉斯：《宇宙体系论》，李珩译，上海译文出版社，2001。
5. C.F.高斯：《天体绕日作圆锥曲线运动的理论》，载宣焕灿选编《天文学名著选译》，知识出版社，1989，第154-159页。原著信息：C. F. Gauss, *Theoria motus corporum coelestium in sectionibus conicis solem ambientium*（1809）. 英文译本见C. H. Davis 和 Dover 1963的译本。
6. J.E.波得：《行星距离的提丢斯-波得定则和谷神星的发现》，载宣焕灿选编《天文学名著选译》，知识出版社，1989，第168-171页。原著信息：Elert Johann Bode, *Von dem neuen zwischen Mars und Jupiter entdeckten achten Hauptplaneten des Sonnensystems*（Himburg，1802）.
7. U.J.J.勒威耶：《海王星位置的预报》，载宣焕灿选编《天文学名著选译》，知识出版社，1989，第174-177页。原著信息：Urbain J. J. Le Verrier, *Astronomische Nachrichten*（1846）.
8. J.C.亚当斯：《海王星发现史》，载宣焕灿选编《天文学名著选译》，知识出版社，1989，第180-183页。原著信息：John Couch Adams, "An explanation of the observed irregularities in the motion of Uranus, on the hypothesis of disturbances caused by a more distant planet; with a determination of the mass, obit, and position of the disturbing body," *Memoirs of the Royal Astronomical Society* 16(1847): 427.
9. 亚历山大·柯瓦雷：《牛顿研究》，张卜天译，北京大学出版社，2003。

第 8 章　天体测量的进步与天文学的实用化

文艺复兴和科学革命之后,天文学的进步是全方位的。哥白尼、开普勒和牛顿这些大师们构建了让他们名垂青史的精致理论的同时,还有一群默默无闻的实测天文学家凭借着新兴的观测手段在观察着天空中的细节,为大师们的理论提供精确的实测数据。

另外一方面,随着欧洲地理大发现的兴起和资本主义殖民扩张的推进,进步的实测天文学又不失时机地为确定航海船只海上经度提供了技术支持——这是列强船坚炮利的另一层含义。这样,天文学不再是一门不食人间烟火的学问,它拥有了一种非常实际的用途。

8.1　望远镜的使用

最迟到文艺复兴时期,天文学家们看到的天空和他们的古代先辈们看到的并无不同,但所有这一切都将发生改变。从伽利略开始,天文学家比他们的前辈拥有了更大的优势。望远镜的使用使得他们看到了迄今没有看到过的、不知道的、未被研究过的东西。

8.1.1　折射望远镜

伽利略设计和制造的望远镜(图 8.1)用凸透镜作物镜,用凹透镜作目镜,成正立的像。这种望远镜叫作"伽利略望远镜"。开普勒很快在他的《屈光学》中提出一种设计,目镜也用凸透镜,这种望远镜视场大,成倒像,用于天文观测,叫作"开普勒望远镜"或"天文望远镜"。

早期的折射望远镜存在着一些缺陷。首先,当时使用球形曲率的透镜,使得平行光不能被聚焦,因此不能形成清晰的像。17 世纪的研磨和抛光技术无法消除透镜的球面像差。其次,即使透镜能使单色光聚焦,但由于不同颜色的光有不同的折射率,因此不能严格聚焦于一点。这种色差的存在仍旧阻止天文学家获得清晰的像。

为了抑制球面像差和色差,只能采用小曲率即长焦距的透镜来制造折射望远镜。赫维留斯(Johannes Hevelius,1611—1687)用过的一架望远镜(图 8.2),焦距长达 45 米。这架望远镜的整个镜筒吊在一根 30 米高的桅杆上,需要很多人用绳子来操控它的升降。卡西尼(Giovanni Domenico Cassini,1625—1712)用过的一架望远镜焦距长达 41 米。惠更斯(Christiaan Huygens,1629—1695)干脆设计了一架目镜和物镜之间只有一根绳子连接的望

图 8.1　伽利略亲手制作的两架望远镜,现藏于佛罗伦萨博物馆

远镜(图 8.3)。这架望远镜的透镜口径只有 10 多厘米,焦距则长达 37 米。为了避免镜筒自重造成的弯曲,惠更斯干脆取消了镜筒。他把物镜和目镜各装在一个金属圆筒里,把物镜圆筒安装在高度可调节的高竿上,目镜安置在地面的一个木支架上,用细绳把物镜和目镜连接起来,这样的望远镜要对准一颗星是很困难的。由于没有镜筒,周围的散光也容易进入目镜,使星像变淡。但是为了减少色差,这些似乎是值得付出的代价。

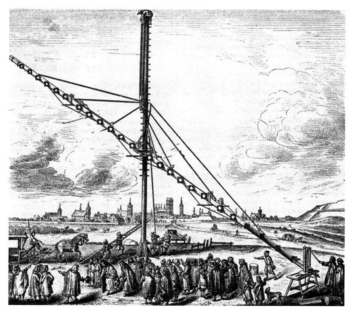

图 8.2　赫维留斯用过的一架望远镜

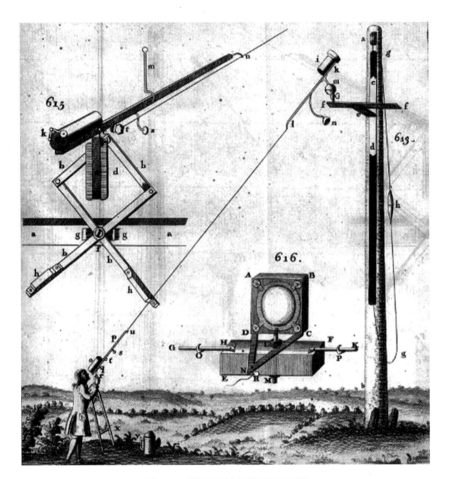

图 8.3　惠更斯的长焦距望远镜

8.1.2　反射望远镜

折射式望远镜的诸多困难促使苏格兰数学家格里高利(James Gregory,1638—1675)在 1663 年提出了一种不同的设计。格里高利用凹的抛物面镜为主镜,凹的椭球面镜为副镜,在主镜的中央挖一小孔,导出所成的像。但是当时的工艺水平无法研磨这样的透镜,所以格里高利设计的望远镜并没有真正制成。

牛顿发现了白光的合成性质之后,认为折射望远镜的色差无法消除,于是独立地提出了反射望远镜的设想。1668 年,他制造了第一架反射望远镜。他用一个凹球面金属镜作为物镜,在物镜焦点处安置一块平面反射镜,镜面与光轴成 45°角,把光线反射到镜筒一侧安装的目镜,然后成像。在牛顿的设计中,主镜上不必再穿孔,而第二面镜子则是平面镜。这种形式的反射望远镜成为后来大型望远镜的主流设计。1671 年,牛顿又造了一架反射望远镜(图 8.4),并作为礼物送给英国皇家学会。

1672 年,法国一个叫作卡塞格林(Nicolas Cassegrain,1625—1712)的人提出了另一种反射望远镜的设计。主镜为凹抛物面镜,副镜是凸双曲面镜,主镜光轴上也要挖一个小孔。这种形式的反射望远镜在后来的光学乃至射电望远镜中也经常被使用。

格里高利、牛顿、卡塞格林设计的三种反向望远镜光路的比较图如图 8.5 所示。

图 8.4　牛顿式反射望远镜

左:英国皇家学会秘书给惠更斯画的草图;右:牛顿手制的反射望远镜,现藏于英国皇家学会。

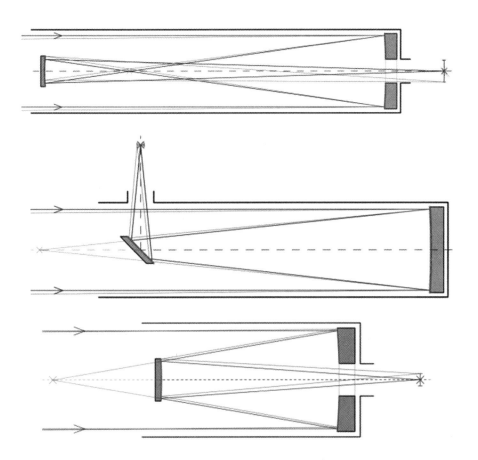

图 8.5　三种反射望远镜光路的比较

上:格里高利反射望远镜;中:牛顿反射望远镜;下:卡塞格林反射望远镜。

8.1.3 用望远镜测量

天文学家可用望远镜看到新的天体,把远的物体拉近变大。但望远镜刚发明时,角度和位置的测量还是用传统的古典天文仪器。人眼的分辨角约为 $1'$ 到 $2'$,加上仪器本身的误差,古典天体测量的精度很难再提高。第谷致力于天文测量精度的提高,达到了古典天体测量精度的极限,其结果也只比 $1'$ 稍好一点。目视望远镜的理论分辨角为 $(140/D)''$,D 为用毫米表示的望远镜口径。口径为 10 厘米的望远镜,分辨率可达 $1.4''$。可见,望远镜用于角度和方位的测量,可以大大提高测量精度。

1638 年,一位叫作威廉·盖斯科因(William Gascoigne,1612—1644)的英国业余天文爱好者使用一架开普勒式望远镜进行观测时,发现一只蜘蛛在他的望远镜的焦面上结了一个网,这张网正好叠加在望远镜所成的像上。盖斯科因由此意识到可以在该平面上装上十字发丝,以此精确确定视场中心,使望远镜精确校正到目标物上。另外,盖斯科因还在望远镜上安装了他发明的"测微计"。这种测微计的视场中有两个精确研磨过的金属刀口,把它装上望远镜后,可同时看到星像和这两个刀口,刀口间的距离可通过测微螺旋来精确调节,因此可以用它来精确测定行星的角直径和两颗靠得很近的恒星的角距离等(图 8.6)。盖斯科因于 1644 年死于英国内战,但是他的技术于 17 世纪 50 年代在牛津被采用,并加以改进,如用金属丝代替金属刀口等,演变为具有很高精度的动丝测微计。雷恩用这种测微计测量了月亮,1663 年他在英国皇家学会演示了这种望远镜。惠更斯在《土星体系》中公布了他于 1659 年独立发明的一种目镜测微计。巴黎一些天文学家在 17 世纪 60 年代研制出了另外形式的测微计。但赫维留斯、胡克等人反对把望远镜和传统仪器结合起来测量天体位置,他们认为传统仪器的测量精度已经足够。

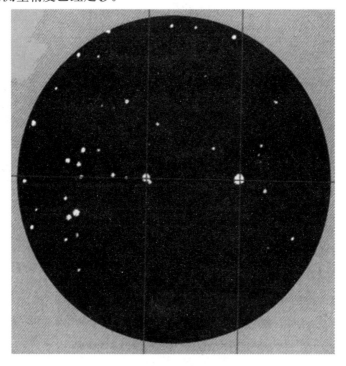

图 8.6 动丝测微计测量恒星角距离示意

8.2 从天上到人间：天文学的实用化

8.2.1 近代方位天文学的奠基

从哥白尼到牛顿，被称作是近代的科学革命时期。尤其是从开普勒、伽利略到牛顿这段时间，天文学发生了实质性的转变。这一切固然得益于伽利略、牛顿这样的大师们的深邃思想，同时也归功于惠更斯、卡西尼、罗默等许多天文学家的杰出工作。他们创制精密的仪器，编制精确的星表，研究天体的运动，记录新奇的天象，把近代方位天文学各方面的研究推到了一个新的高度，为进一步的发展奠定了基础。

霍罗克斯（Jeremiah Horrox，1619—1641）是一位英国传教士，他短短一生中所做的观测和所倡导的理论都很出色。1639年，他首先观测了金星凌日现象。他支持开普勒的椭圆轨道理论，并用它来解释月亮的运动。是他首先说明了月行的出差（托勒密，1.27°）和二均差（第谷，0.66°）属于轨道椭率效应：由于太阳引力的影响，月亮轨道的椭率发生变化、拱线发生摆动。这些工作成果后来被牛顿引用。

赫维留斯是波兰但泽的富商，被称为17世纪最勤奋的观测者。他在自己住宅的屋顶上建了一座设备完善的天文台。1642年到1645年间，他对太阳黑子进行了观测研究，确定了相当准确的太阳自转周期。1647年，他根据10年的观测记录，发布了一份详细的月面图。他对月面山峰高度的估测比伽利略所求得的数字更准确些。1657年，赫维留斯开始着手编制一份最详细的星表。不幸的是，他的天文台于1679年被焚毁，他的星表没能全部完成，一份包含1500颗恒星方位的星表在他去世后的1690年出版。

惠更斯（图8.7）出生于荷兰海牙，他先学法律，后转向物理和天文。1661年访问伦敦，因对碰撞问题的研究成为英国皇家学会会员。1665年受路易十四邀请到巴黎，成为法兰西科学院元老院士。在巴黎期间他提出了光的波动理论；发明了摆钟、复合目镜；参

图 8.7　惠更斯

与解决经度问题。在他去世后3年出版的《宇宙论》中，总结了他对太阳系和太阳系外宇宙的见解。他提出别的行星上也有生物，主张恒星都是太阳，并以此为出发点估算出天狼星距离地球比太阳远27000倍。

伽利略曾对土星奇怪而多变的外形迷惑不解,此后近50年间,土星的奇怪形状得到许多观测者的描绘,但没有人能够说清楚其中的道理。惠更斯亲自磨制了更大的透镜,制作了更好的望远镜,于1655年到1656年间解决了土星形状之谜。但是他没有立刻公布他的答案,而是于1656年3月公布了一串字符:

aaaaaaaccccccdeeeeeghiiiiiiilllmmnnnnnnnnnooooppqrrstttttuuuuu

这些字母组成的一句拉丁文就是他的答案。据说惠更斯是为了给别的观测者保留一些探索的乐趣,并同时确立自己的优选权才这么做的。1659年惠更斯公布了谜底:

Annulo cingitur, tenui, plano, nusquam cohaerente, ad eclipticam inclinato

翻译成中文就是:"有环围绕,环薄而平,到处不相接触,与黄道斜交。"(图8.8)

惠更斯还是土星的第一颗卫星泰坦(Titan,土卫六)的发现者。

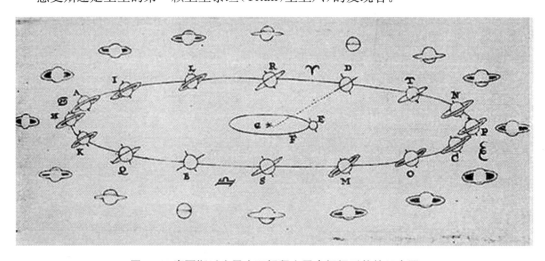

图8.8 惠更斯以土星光环解释土星奇怪视形状的示意图

图8.9 卡西尼

1666年,巴黎科学院刚成立便提请国王建造一座天文台。科学院从欧洲各地招募天文学家,1669年从意大利招来卡西尼(图8.9)并任命他为台长,负责筹建巴黎天文台。卡西尼同时也在巴黎天文台建立起一个"卡西尼王朝",他去世后他的儿子(Jaques Cassini,1677—1756)继任巴黎天文台台长,此后他的孙子(César François Cassini,1714—1784)和曾孙(Jean Dominique Cassini,1748—1845)也依次继任巴黎天文台台长之职。

早在意大利的时候,卡西尼就对木星和木卫进行了仔细观测和研究。他根据伽利略曾经提出过的设想:把木卫绕木星的运动看作一台遥挂在天上的时钟,以此来解决海上航行船只的经度难题。因此卡西尼长期致力于编制精确的木卫历表这一项工作。

在巴黎天文台,卡西尼利用木星斑纹测定了准确的木星自转周期,并猜测这些斑纹是木星上的大气现象。他用同样的方法也准确测定了火星的自转周期。1671年,卡西尼用自己为巴黎天文台定制的望远镜发现了土星的第二颗卫星土卫八(Iapetus);1672年,发现第三颗卫星土卫五(Rhea);1684年,又发现了土卫四(Dione)和土卫三(Tethys)。1675年,卡西尼在土星光环里发现一个圆形的空隙,现在仍用他的名字命名这一条缝隙(图8.10)。现代天文学家用哈勃太空望远镜和卡西尼号拍摄到的土星及其光环分别如图8.11和图8.12所示。

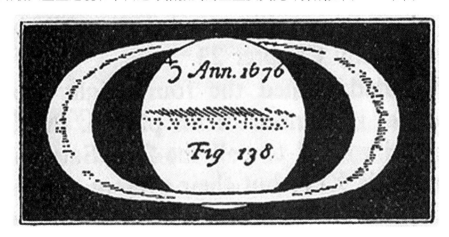

图8.10　卡西尼绘制的土星光环缝隙

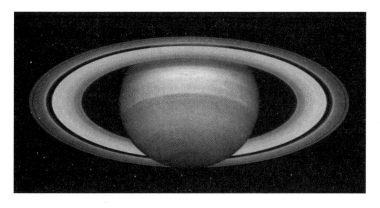

图8.11　哈勃太空望远镜拍摄的土星及其光环

图8.12　卡西尼号于2004年3月拍摄的土星及其光环

至于土星光环的成因,是在像土星这样的中心天体形成的引力场中,在离开中心天体一定距离内,具有一定体积但结构松散的物体,不能靠其自身的万有引力聚合成球形最终以光环的形态呈现。法国天文学家洛希(Edouard Alberb Roche,1820—1883)首先算出了这个距离极限为天体赤道半径的2.44倍,现在称之为洛希极限(图8.13)。土星的洛希极限等于2.44乘以它的赤道半径60000千米,即146400千米,土星光环A环的最外边缘至土星中心的距离是136500千米,小于土星的洛希极限。

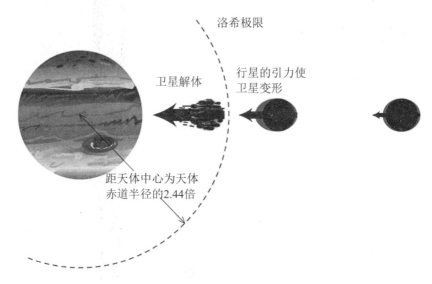

图8.13 洛希极限示意图

图8.14 罗默

1672年,丹麦人罗默(Ole Römer,1644—1710,图8.14)来到巴黎天文台,参加卡西尼对木卫的观测。经过一段时间的观测后,罗默发现卡西尼的木卫历表(特别是木卫一历表)有一种误差,当地球处在奔向木星阶段时,木卫一被木星掩食的时刻比历表预测的要早;在地球处在离开木星的阶段时,木卫一掩食的时刻比历表预测的晚,一早一晚总共相差22分钟。罗默推断这是由于光从木星到地球需要花去一定时间,也就是说光速有限而非无限。罗默估计光越过一个地球轨道半径需要11分钟(现在值为8.25分钟)。光以如此高的速度飞行,这在当时是一个令人惊异的结论。

天体的一个基本坐标量赤经可以通过测定该天体经过当地子午线的时刻来获得。如图8.15,在天文学中,春分点γ连续两次上中天被定义为一个恒星日。这样,用小时表示的春分点时角t_γ在数值上等于该地的地方恒星时s。对任一天体σ,其赤经α和时角t满足:

$$s = t_\gamma = \alpha + t$$

当天体上中天时,其时角$t=0$,所以$s=\alpha$,也就是说,任何瞬间某地的地方恒星时在数值上等于该瞬间上中天的恒星赤经。

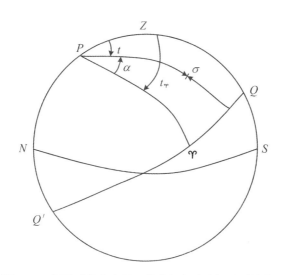

图 8.15 恒星时的定义及天体赤经与地方恒星时的关系

罗默最早设计制造了专门用于测量天体赤经的中星仪(图 8.16)。这种中星仪的望远镜主光路沿当地子午面安装,可上下调节仰角的大小,但不能左右移动。随着地球转动,恒星会依次进入望远镜的视场。当某恒星位于视场中心时,记录下该时刻的地方恒星时,就是该恒星的赤经。

图 8.16 罗默在用中星仪观测

8.2.2 海上经度的测定

随着大航海时代的到来，探险、商业、军事等各种航海船只航行到地球上的各个角落。这些船只上的船员需要知道一个关键信息，即他们到底航行到了地球上的什么位置，也就是需要知道船只的经度和纬度。纬度的测定相对简单，古希腊人就已经知道北极星的出地高度就是当地的地理纬度。然而经度的测定却成了一个相当棘手的难题。

根据恒星时的定义不难得到，地球上 A、B 两点在同一瞬间的地方恒星时之差等于两地的经度差。即

$$s_A - s_B = \lambda_A - \lambda_B$$

假设航海船只航行到了陌生的 A 地，要求 A 地经度 λ_A，则需要知道：① 已知地点 B 地的经度 λ_B；② B 地的地方恒星时 s_B；③ A 地的地方恒星时 s_A。在这三个未知量中，λ_B 可以通过事先测定而获得。未知地点的地方恒星时 s_A 不难通过天文手段实测获得。最难确定的是已知地点的地方恒星时 s_B，它是解决海上经度问题的关键所在，整个 17 世纪和 18 世纪的大部分时间，许许多多智慧的大脑都在为解决这个难题绞尽脑汁。

喜帕恰斯曾经指出月食是一种很好的时间信号。地球上两地把同一次月食发生的时间记录下来，就可以确定两地的时差，进而求得经度差。但月食太过罕见，对海上航行的船只来说没有实际意义。

1524 年，西班牙查理五世的朋友、数学教授班内威兹(Peter Bennewitz, 1495—1552)建议用月亮在恒星中的穿行来指示标准时间 s_B，这就是月亮钟的方法。但当时没有能力事先算好精确的月亮位置表，也没有精确的恒星星表，所以这种方法只停留在理论上。1530 年，荷兰的数学教授弗里修斯(Gemma Frisius, 1508—1555)提出建议，用一具始终走本初子午线地方时的精确机械钟来给出标准时间 s_B，但当时还没有这样的机械钟，所以该方法也不能实行。

1598 年，西班牙国王高价悬赏解决经度问题，荷兰也高价征求这个问题的答案。1612 年，伽利略提出用木卫掩食来指示时间，他算出了一张木卫运行表送到了西班牙和荷兰，但是一方面这张表的精度有限；另一方面，当时的长焦距望远镜无法在摇晃的甲板上进行木卫的观测，所以伽利略没有得到这笔奖金。伽利略的设想后经卡西尼的完善，能比较精确地测定陆地上的经度，但在摇晃的甲板上，这种方法仍不实用。

人们一度希望利用磁偏角来确定经度，但希望落空。海难此起彼伏，航行仍旧非常危险。在 17 世纪下半叶，一位法国人到伦敦去宣传月亮钟定经度法，英国国王查理二世听了这个宣传后指定了一个委员会来研究这种方法的可行性。该委员会于 1675 年向剑桥大学的一位年轻的天文学家弗拉姆斯蒂德(John Flamsteed, 1646—1719)征求意见。弗拉姆斯蒂德指出当时已有的恒星星表和月亮运行表都不够精确。

用月亮钟"读"时间需要拥有：① 足够精确和方便的测角仪器；② 足够精确的恒星位置表；③ 足够精度的月亮运行表。但当时这三样东西一样也没有。已有的仪器不适合在海上做高精度观测。第谷和赫维留斯的恒星位置表是目视观测的结果。牛顿固然发表了万有引力定律，但月球的运动实在复杂。1713 年版《原理》提供的月球理论导致的月球位置误差有好几分，海员据此判断船只的位置误差可达 100 英里。

查理二世听到弗拉姆斯蒂德的意见之后，决定组织力量重新测定恒星和月亮的位置，制

订新的星表,以供航海之用。1675 年,他任命弗拉姆斯蒂德为英国皇家天文学家,要求他"以最谨慎和最勤奋的态度全身心地投入订正天体运行表、恒星位置表等各项工作之中,以找到人们渴望已久的对航海至关重要的那些地方的经度"。

弗拉姆斯蒂德提出为了完成这项工作,需要一个永久的天文台。在雷恩的建议下,天文台建在伦敦近郊格林尼治皇家公园的一座小山上,于 1675 年 8 月 10 日奠基(图 8.17)。弗拉姆斯蒂德作为皇家天文学家,自动成为天文台第一任台长。他在该天文台工作了 44 年,使用一架 2 米多长的墙式六分仪,共测量了 3000 多颗恒星的视位置。1712 年,根据皇家学会尽快出版星表的要求,哈雷未经弗拉姆斯蒂德同意就将部分观测资料归算后出版。经弗拉姆斯蒂德本人同意的星表直到他去世 6 年后的 1725 年才得以出版,即《不列颠星表》。

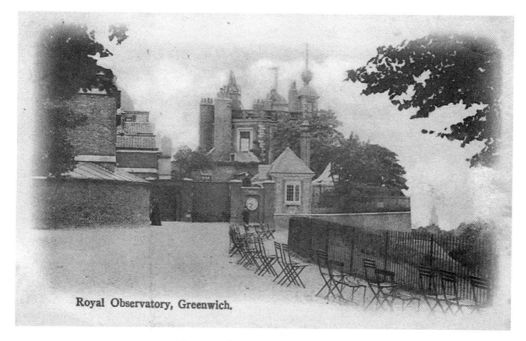

图 8.17　英国格林尼治皇家天文台

1707 年 10 月 22 日发生的英国皇家海军舰队锡利群岛惨案,进一步刺激了对精确测定船只海上位置的需求。为了推动海上经度问题的快速解决,1713 年,英国成立了经度局,并悬赏海上测定经度的实用方法。测定精度为 1°,赏金为 10000 英镑。精度加倍,赏金也加倍。

1731 年,一种现代六分仪的前身双反射象限仪问世,海员们得以在晃动的甲板上精确测定天体之间的角距离。加上《不列颠星表》,任务完成了 2/3。

还剩下一份精确的月亮运行表等待编制。到 18 世纪中叶,巴黎科学院和圣彼德堡科学院也都悬赏解决月亮运动的理论问题。哥廷根大学的迈耶尔教授(Tobias Mayer,1723—1762)利用欧拉提出的月亮运动理论编制出了一份相当精密的月亮运行表,并在 1754 年送到了伦敦。

利用迈耶尔的理论,第五任皇家天文学家马斯基林(Nevil Maskelyne,1732—1811)在 1766 年编算了《航海年历》,此后格林尼治皇家天文台每年都编印一部《航海年历》,详载下一年中每月每日每时月亮、太阳、行星和大多数亮恒星的视位置,据此海员们能够比较方便地通过月亮位置确定经度。

迈耶尔改进的方法提供的定位精度约在 30 千米，并且每次测量颇为费时，在没有月亮的日子还无法使用。所以 18 世纪以后，有许多人在力求制造更为准确的航海机械钟方面下功夫，这种技术是从惠更斯的船用钟技术发展起来的，其中最杰出的一位当属英国钟表匠哈里森(John Harrison, 1693—1766)。

1735 年，哈里森制作了第一架航海钟 H1(图 8.18)，经过两年的测试，效用被认可。经度局奖励了他 250 英镑。H1 长、宽、高各 3 英尺，黄铜制成，重 72 磅，钟面指示出时、分、秒和日期。

1764 年，哈里森带着他制作的 H4(图 8.18)乘一艘军舰出海。H4 不负众望，它的日差只有 0.1 秒，使用它来测定经度，误差只有 2 千米左右。为此哈里森先得到了 10000 英镑奖励，等到 H4 的复制品通过测试后再发给他剩下的 10000 英镑。库克(James Cook, 1728—1779)船长携带着 H4 的复制品完成了向南极的航行(1772—1775)，他说："我们从未迷失航向，钟走得很好。"

图 8.18　哈里森的 H1(左)和 H4(右)

8.2.3　日月距离、地球形状和长度标准

阿里斯塔克曾估算日月离开地球的距离，但限于当时的条件，他得到的只是一个相对数值，并且不够准确。地月、日地之间距离的精确测定，对于确定太阳系的准确大小乃至宇宙的尺度，都具有重要的意义，所以天文学史上人们一直在想办法获得精确的日月距离。天文学上还把日地之间的平均距离定义为一天文单位，成为太阳系尺度上一个常用的距离单位。一旦知道日地距离，通过开普勒第三定律就可以求出其他行星到太阳的距离，从而知道太阳系的绝对大小。

天文学家开始尝试用三角法测量火星的视差，据此来算出日地的距离。1672 年发生火星冲日，卡西尼决定利用这次机会来测量太阳的视差。他们派遣一位天文学家到达法属圭亚那，卡西尼等人则在巴黎，两地同时观测火星上中天的位置。最后卡西尼归算了观测资料后求得太阳的周日视差为 $9.5''$。此后布拉德雷于 1719 年求得太阳周日视差为 $10.5''$，拉卡伊于 1751 年求得为 $10.2''$。

1716 年，哈雷提出一种更为精致的方法，用金星凌日法（图 8.19）来确定日地距离。1761 年和 1769 年分别发生了两次金星凌日。当时许多国家派出了观测队进行观测。这种方法在几何上非常简单，可惜实测中的不确定因素限制了结果的精度。1761 年的结果在 $7.5''$ 到 $10.5''$ 之间，弥散度很大。1769 年的结果在 $8.5''$ 到 $8.8''$ 之间。

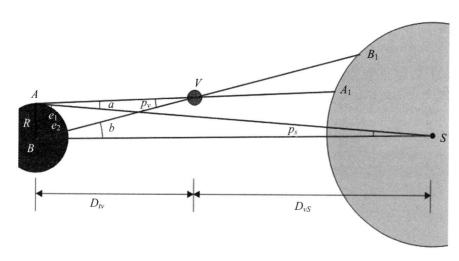

图 8.19 金星凌日法求日地距离的示意图

比较准确的地月距离由法国人拉卡伊（N. L. de la Caille，1713—1762）和他的学生拉朗德（J. J. de Lalande，1732—1807）在 1752 年测得。他们是第一次用三角法测月球距离的人。拉卡伊在好望角，拉朗德在柏林，两地差不多在同一经度线上，相距超过一个地球半径，如图 8.20 所示。他们求得月球视差为 $57'$，可算得地月距离约为 60 个地球半径。

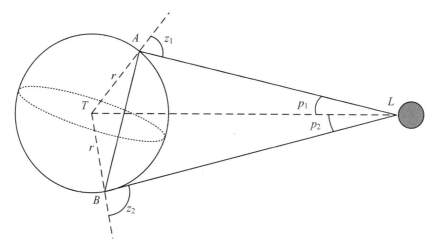

图 8.20 拉卡伊和拉朗德求地月距离的示意图

地球的大小和形状问题对于寄居在地球表面的人类来说，也是一个需要及早弄清楚的问题。牛顿预言地球是扁的，赤道部分隆起。但是卡西尼和他的儿子测量了法国南部和北部1°子午线的长度后,提出地球的形状是橄榄形的,即极半径比赤道半径更长。实际上,卡西尼等人通过望远镜观测到木星、土星等行星的视圆面呈扁圆状,赤道半径比极半径要长。卡西尼还测得了木星自转周期为9小时56分。由于行星的自转,离心力的作用使得赤道半径比极半径长。本来这种解释可以用来预测地球的形状,但是卡西尼一家人在这件事上展现了一种保守和固执的性格。他们坚信自己的测量精度,并且反对牛顿的万有引力理论。卡西尼甚至连哥白尼和开普勒的理论也不接受。

面对这种局面,法兰西科学院下决心做更精确的测量,来弄清楚地球的形状。有人提出,测量不能只在法国境内进行,需要在更南和更北的两个地点测量1°子午线的长度。于是法兰西科学院于1735年派出了两个实测队,一队去秘鲁,一队到欧洲最北部的拉普兰(Lapland)地区。实测证明地球确实是扁的。秘鲁1°子午线长110.580千米。拉普兰地区的结果为111.910千米。这个结果证明牛顿的预言是正确的,地球的赤道半径比极半径长。但这个结果算出的地球扁率与牛顿力学预言的地球扁率(1/230)不符合。

法国的大地测量工作起因于这样一个政治任务:路易十四(Louis XIV,1638—1715)曾要求他的天文学家从北到南精密测量一段大圆弧,以作为绘制法兰西帝国地图的底线。后来到1790年,法国宪政会议讨论采用米制,根据拉格朗日、拉普拉斯、蒙日等多人的建议,法国于1791年决定以地球子午线一象限的一千万分之一弧长为长度单位,叫作一米(metre)。

鉴于长度标准的确定来自子午线的长度,先前的测量结果与牛顿力学的预言又存在偏差,所以需要执行更为精确的测量。由于法国大革命和战争等影响,直到1810年由达朗贝尔负责的子午线精密测量才公布结果:法国平均纬度1°的子午线长为111.141千米。与秘鲁的结果(拉普兰地区的结果后来被证明是不正确的)比较,求得地球扁率为1/334。现代测得的精确值为1/298.257。

课外思考与练习

1. 早期折射望远镜的主要缺陷有哪些?
2. 如何用天文方法确定航海船只所在地点的地理经度?
3. 历史上,欧洲的海上霸主先后都付出了极大力气解决航海船只的经度问题,你认为这背后的驱动力是什么?
4. 从哪几个方面反映了天体测量的进步带来天文学的实用化?
5. 名词解释:折射望远镜、反射望远镜、球面像差、色差、卡西尼缝、洛希极限、中星仪、格林威治天文台、天文单位。

延伸阅读

1. Galileo Galilei, Albert Van Helden trans, *Sidereus nuncius, or the sidereal messenger* (Chicago: University of Chicago Press, 1989).
2. C.惠更斯:《土星环》,载宣焕灿选编《天文学名著选译》,知识出版社,1989,第161-167页。原著信息:Christiaan Huygens, *Systema Saturnium* (1659); translation by Dr. John H. Walden (1928).

3. O. 罗默:《有限的光速》,载宣焕灿选编《天文学名著选译》,知识出版社,1989,第 129-131 页。原著信息:M. Römer, "Démonstration touchant le mouvement de la lumière trouvé par M. Römer de l'académie royale des sciences," *Journal des Sçavans*(1676):233-236. 英文译本见:M. Römer, "A demonstration concerning the motion of light, communicated from Paris," *Philosophical transactions of the Royal Society of London* 12 (1677):893-894.

4. 牛顿:《光学:关于光的反射、折射和颜色的论文》,周岳明等译,徐克明校,科学普及出版社,1988。

5. 达娃·索贝尔:《经度》,肖明波译,上海人民出版社,2007。

第 9 章 更多的星光与天体物理学的兴起

尽管布鲁诺(Giordano Bruno,1548—1600)取消了哥白尼学说中的恒星天层,但在相当长时间内,恒星一直被认为是固定在天球上的装饰品。又经过了许多杰出天文学家的努力,恒星这个概念才被赋予了更丰富的内涵。随着望远镜收集星光能力的提高和许多新技术的使用,天文学家破译出越来越多的来自星光的信息,逐渐形成了一门专门研究恒星的天文学分支。这些恒星天文学的研究成果大大丰富了天文学的研究内容,并促使了一个新的天文学分支学科——天体物理学——的诞生。

9.1 恒星的位置变化与距离

9.1.1 恒星自行和太阳本动的发现

1676 年,20 岁的哈雷还在牛津大学读书,就决定去南半球观测南天恒星的位置。他带了一架长 7.3 米的折射望远镜,到了位于南大西洋的圣赫勒拿岛。在一年多的时间里,他测定了 381 颗恒星的位置。1678 年,他返回英国后刊布了一份包含这些恒星位置的星表,使他一举成名。此后一段较长时间里,哈雷致力于引力定律和彗星轨道问题的研究。

直到 1717 年,哈雷才将当年测量的恒星位置与古希腊喜帕恰斯、托勒密等人所作的观测加以比较,试图研究岁差量的精确值。但是哈雷发现,在扣除了岁差和黄赤交角的变化所带来的坐标位置变化效应之后,喜帕恰斯和托勒密测定的某些恒星,如大犬座 α(天狼星)、小犬座 α(南河三)、牧夫座 α(大角星)、猎户座 α(参宿四)、金牛座 α(毕宿五)等亮星的黄纬与他测得的数值之间相差 $10'$ 到 $0.5°$ 之多;而如果将他自己的观测值与第谷的观测结果加以比较,那么这种差异显得比较微小,譬如第谷的天狼星黄纬比哈雷的位置偏北 $4.5'$ 左右,如果把第谷没有计算在内的大气折射考虑进去,那么也有 $2'$ 多的偏差。哈雷认为这个偏差如果作为测量误差,对第谷来说还是太大了。哈雷还注意到 509 年 3 月 11 日在希腊雅典的一次观测记录,那天傍晚在雅典可以观测到月亮紧跟在小犬座 α 星的后面,几乎将之掩盖。而在哈雷时代,雅典人已经不可能看到这个天象发生,除非小犬座 α 的黄纬要比现测值小得多。[1]

根据以上这些证据,哈雷推断恒星其实不是固定在天空中的,它们有自己的运动,因此它们的相对位置随着时间的推移会发生变化。恒星的这种运动被叫作自行(proper motion)。从恒星每年的自行量来看,似乎是微不足道的。譬如天狼星的年自行量为：赤经自行 $-0.63''$,赤纬自行 $+1.20''$；大角星的年自行量为：赤经自行 $-1.40''$,赤纬自行 $+2.01''$。但是自行量经长时间的积累之后,其效果还是很明显的,将会彻底地改变曾经熟悉的星空图案。例如,北斗七星的星座构形受恒星自行影响而改变,如图9.1所示。

哈雷发现恒星自行之后,布拉德雷于1748年、迈耶尔于1760年、朗伯特于1761年相继提出了太阳本身也可能有空间运动。因此,恒星的自行很可能是恒星自身的运动和太阳本身的运动(太阳本动)的综合结果。威廉·赫歇尔继承了他们的见解,认为太阳本动必然存在。

赫歇尔假定恒星自身运动方向是随机分布的,那么太阳本动必然会使其向点附近的恒星向四周散开,而背点附近的恒星向中心靠拢。1783年,赫歇尔用这一原理考察了第五任皇家天文学家马斯克林定出的7颗恒星的自行,认为太阳存在向武仙座方向的本动。后又利用拉朗德定出的12颗恒星的自行,求出太阳本动向点位于武仙座 λ 星附近(现在值:武仙座 λ 西北 $7°$)。[2]

9.1.2 恒星光行差的发现

开普勒定律和牛顿引力理论已经成功地运用于日心系了,但是地球绕日作公转运动的实测证据——恒星周年视差仍旧没有被观测到。英国人布拉德雷(James Bradley, 1693—1762)立志要寻找恒星的周年视差,解决这个天文学史上久拖未决的难题。布拉德雷于1711年进入剑桥大学学习,1719年获得神职,任蒙默斯郡教区牧师。他常常跑到他的天文学家叔叔的天文台去搞些观测。1721年成为牛津大学的萨维廉天文学教授。

当时居住在伦敦附近的业余天文观测者莫利纽克斯(Samuel Molyneux, 1689—1728)决定测量天龙座 γ 星的周年视差。布拉德雷跑去协助他。他们从仪器制造商格雷厄姆(George Graham, 1673—1751)那里订做了一架专门用来测量头顶正上方恒星位置的望远镜。1725年,这架"天顶测量仪"(天顶仪)被安装在莫利纽克斯家房子的烟囱上。天龙座 γ 星正好从头顶经过。

莫利纽克斯和布拉德雷仅仅测量天龙座 γ 星沿南北方向的一维坐标。简单的计算表明,周年视差会导致这颗恒星在12月18日达到其最南位置。但是布拉德雷于12月21日发现它走到比几天前更靠南的位置,在随后的几周里继续向南,直到次年3月,它走到了比其12月的位置更靠南约 $20''$ 时才停止。此后这颗恒星开始转向北移动,到6月回到它在前一年12月的位置,9月达到其最北端。这样,天龙座 γ 星一年里在南北方向上位置变化达 $40''$。

---

[1] Edmund Halley, "Considerations on the change of the latitudes of some of the principal fixed stars," *Philosophical Transactions* 30(1717): 736-738.

[2] William Herschel, "On the proper motion of the sun and solar system; with an account of several changes that have happened among the fixed stars since the time of Mr. Flamsteed," *Philosophical Transactions* 73(1783): 247-283.

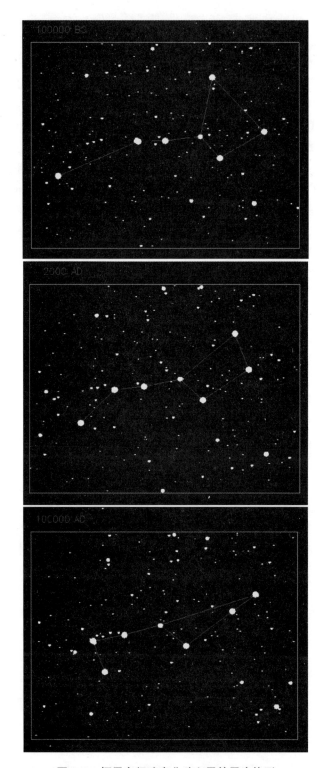

图 9.1 恒星自行改变北斗七星的星座构形

上：推测的公元前 10 万年的北斗七星；中：2000 年的北斗七星；下：推测的公元 10 万年的北斗七星。

而这显然不是恒星的周年视差。莫利纽克斯和布拉德雷(图9.2)对上述现象做了各种可能的解释。他们特别考虑了这样一种可能性：是否地球的大气层没有形成真正的球形环层，以至于当恒星即使在天顶时也会受到折射的影响？布拉德雷认为应该对更多的恒星进行考察。为此，他委托格雷厄姆制作了另一架视场更大的天顶仪，对其他几颗偏离天顶的恒星进行观测。更多观测证明恒星的这种运动模式确切无误，它们在望远镜视场中位置变化的最大摆幅也是一样的，这进一步证明这种位置的周年变化不是周年视差。但是对这一现象，布拉德雷却迟迟找不到合理的物理解释。

图 9.2　布拉德雷

据一个可信的传说，在1728年的某一天，当布拉德雷在泰晤士河上泛舟游玩时，突然找到了解决问题的答案。他注意到当船转向时，船上的风向标也随之转向，这当然不是由于风向发生了变化，而是因为风向标的指向不仅取决于风的速度，也取决于船的速度。他想到罗默对光速的测定，如果光速是有限的，那么在地球上看到的星光的方向不仅取决于该恒星所发出的光的速度，也取决于地球的运动速度。

布拉德雷意识到他一直在寻找的恒星周年视差是地球轨道的几何投影，而他找到的光行差(图9.3)是地球本身的速度所造成的，沿地球轨道的切线方向分布。半径与切线相互垂直，因此光行差与周年视差之间有3个月的相位差。想通了这点之后，布拉德雷向哈雷写信报告了这一发现，该信后来被发表在英国皇家学会《哲学学报》上。①

由于光行差的作用，恒星的视位置在6个月的周期里变化可高达40″，所以除了岁差和自行之外，星表中的恒星位置还必须给出光行差校正。在考虑了光行差修正之后，布拉德雷发现恒星的视位置还有一些细微的变化，他通过分析天球各处恒星的这种未知原因变化的分布规律，于1732年指出，这是月亮对地球赤道隆起部分的作用导致地球自转轴发生颤动而引起的，这就是章动，其变化周期为18.6年，与月球公转轨道面的摆动周期一致。

尽管光行差的发现是以全然未曾预料到的形式出现的，但它为地球环绕太阳的运动提供了确切的证据。从光行差可以推得光速是大自然的一个常数，这是爱因斯坦狭义相对论的主要实验基础之一。布拉德雷计算出光从太阳到地球需要8分12秒，与现代值的误差在8秒之内。

布拉德雷在探寻周年视差上的失败表明，这种视差太小了，所以即使用他的那种高精度的仪器也探测不到。最近的恒星周年视差也一定小于1″。因此恒星距离地球至少为日地距离的400000倍。

---

① James Bradley, "An account of a new discovered motion of the fixed stars," *Philosophical Transactions* 35(1727-28): 637-661.

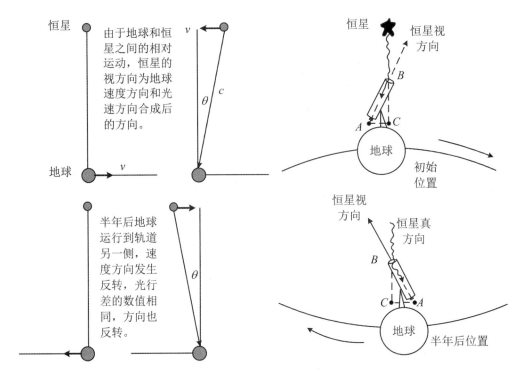

图 9.3　恒星光行差成因图示说明

9.1.3　寻找恒星周年视差

恒星到底有多远？布拉德雷之前的人也曾经考虑过这个问题。17 世纪下半叶的惠更斯主张恒星是遥远的太阳，并假设：① 恒星与太阳一样在真实亮度上没有差别；② 光线在空间没有衰减，光线只是按照距离的平方减弱。惠更斯通过比较天狼星与太阳的光度，得出天狼星距离地球至少达 27664 天文单位。

提出反射望远镜设计的英国人格里高利利用行星反射的太阳光来估算天狼星与太阳的光度比，得到天狼星距离为 83190 天文单位。牛顿用同样的方法，采用修正后的太阳系尺度数值，得到天狼星在 1000000 天文单位之外。但是天狼星的真实亮度是太阳的 16 倍，所以牛顿的估算偏大，天狼星距离地球 550000 天文单位。

牛顿和布拉德雷对天狼星距离的估算表明测量恒星周年视差是对望远镜制作技术的很大挑战。一直要等到新一代仪器制造家出现、天文仪器的精度得到很大改进之后的 19 世纪早期，天文学家才成功地挑战了测量恒星周年视差这个难题。但对于 18 世纪晚期的天文学家来说，这个难题一样具有很大的诱惑力。威廉·赫歇尔就曾试图寻找恒星的周年视差。虽然跟布拉德雷一样没有成功，但也同样取得了许多其他卓越的天文学成就。

赫歇尔企图用他的望远镜测出恒星周年视差。他设想：如果在某一方向上存在着靠得很近而实际上离我们的距离相差很悬殊的两颗星（光学双星），那么由于地球的周年运动，近星相对于远星会有周期性的位移，由此可以定出近星的视差。这种较差测量法是伽利略在《关于托勒密和哥白尼两大世界体系的对话》中首先提出来的。

赫歇尔尽量搜索双星。1782 年和 1784 年他两次发表双星和聚星表，其中 511 对双星是他的新发现。问题是:双星数目如此之多,以至于远远超出了两颗恒星由于透视效应偶然接近的概率。这说明,大部分双星必定有物理上的联系(物理双星)。

到1802—1804年间,赫歇尔发现好几对双星存在一个子星绕另一个子星的轨道运动。这表明它们被某种引力束缚在一起。但这种力是否就是牛顿的引力呢?1827年,巴黎的天文学家菲利克斯·萨瓦里(Félix Savary,1797—1841)证实大熊座ξ的双星在围绕其引力中心的椭圆轨道上运动,与牛顿理论所要求的一样,从而证明了万有引力定律同样适用于远离太阳系的恒星系统。赫歇尔寻找周年视差虽然失败,但为万有引力在宇宙中的普适性提供了一个重要证明。

在所有试图寻找恒星周年视差的天文学家中,德国人贝塞尔(Friedrich Wilhelm Bessel,1784—1846,图9.4)首拔头筹。

贝塞尔15岁开始在不来梅一个商人会计室里工作。他精通数学,又爱好天文,在业余时间开始对哈雷彗星在1607年那次回归的观测资料进行归算,求出了哈雷彗星的轨道。这项工作发表在了专业期刊上,给奥伯斯留下深刻印象,也使得贝塞尔有机会步入职业天文学家的行列。1806年,贝塞尔成为施罗特(Johann Hieronymus Schröter,1745—1816)的天文助手。1810年成为柯尼斯堡新天文台台长。1838年发表天鹅座61的周年视差,了却了天文学家300年来的夙愿。

要找到周年视差,非常关键的一点是要选择离地球最近的恒星作为观测对象。因为越近视差越大。开始天文学家认为越亮的恒星距离地球越近,后来发现恒星的固有亮度差别很大。所以转而选择自行大的恒星。

德国天文学家斯特鲁维(Friedrich Georg Wilhelm Struve,1793—1864)在1837年发表的一篇论文中提出近星的三条判据:

① 它是否是最亮的恒星之一?
② 它是否有较大的自行?
③ 如果它正巧是物理双星,那么看两星在望远镜视场里是否分得比较开?

要找到恒星周年视差,还有一个必要条件是要拥有当时最精密的仪器。斯特鲁维手头拥有当时世界上最大的24厘米折射望远镜,为著名的德国光学仪器制造者夫琅和费(Joseph von Fraunhofer,1787—1826)所造。贝塞尔有一架夫琅和费造的16厘米孔径太阳仪,它本是用来测量太阳角直径的,但也是一架测量小角度的理想仪器。

图9.4 贝塞尔

斯特鲁维和贝塞尔也都采纳伽利略提出的较差测量法,他们相信他们选定的恒星比用作参照的附近恒星离得更近。

斯特鲁维选择织女星作为测量对象。这颗星格外明亮,自行也很大,达到每年0.35″,因此符合他的近星判据三条中的两条。1837年,他宣布从17次观测结果中可以推断出该星有0.125″的视差。这与现代值颇为接近。但他以为偏小,到1840年给出了近100次观测的结果,该结果将织女星的视差值增大到了原来的两倍。

贝塞尔把他的仪器对准了天鹅座61。令人惊讶的是,天鹅座61很暗,星等只有5等,但它的自行却很大,每年达 5.2″。贝塞尔又选择离天鹅座 61 角距离分别为 8′和 12′的两颗恒星作为参考星。这两颗恒星非常暗弱,又测不出它们的自行,所以可以推断它们的距离非常遥远。贝塞尔对天鹅座 61 到这两颗参考星之间的距离进行了仔细测量,精度达 0.1″。他于 1834 年开始观测,但不久因为哈雷彗星的到来而转移了兴趣,直到 1837 年,他才重新恢复对天鹅座 61 的观测。受到斯特鲁维的初步结果的鼓励,他用一年多的时间对天鹅座 61 进行了高强度的观测。1838 年 10 月 23 日,贝塞尔托人捎了一封信给时任英国皇家天文学会主席的约翰·赫歇尔(John Herschel,1792—1871),向他报告了天鹅座 61 的周年视差为 0.3136″±0.0202″。[1] 约翰·赫歇尔对此表示了祝贺。

1839 年初,在好望角天文台工作过的苏格兰天文学家亨德森(Thomas Henderson,1798—1844)宣布,他测得南天球半人马座 α 的周年视差为 0.91″。亨德森所用的仪器比不上贝塞尔的,也比不上斯特鲁维的,但他选择的这颗恒星亮度很大,有很大的自行,而且是颗双星,其伴星有着很大的分离角,因此它满足了斯特鲁维的全部三条近星判据。事实上亨德森很幸运地挑选了离太阳系最近的一颗恒星。

到 19 世纪 30 年代末,恒星周年视差的存在终于被观测证实,但这一证实的意义主要已经不在于证明地球的绕日公转运动,而是在于提供了一种新的把握宇宙尺度的手段。此后天文学中多了一个度量距离的单位"秒差距":设想在太阳和地球中心观测远处的恒星,两条视线形成的夹角为 1″的话,那么恒星的距离为 1 秒差距。[2] 在所有测量恒星距离的手段中,基于三角学原理的恒星周年视差法提供了一把最为可靠的"量天尺",是探测更遥远宇宙深度的基石。

9.2 新技术的使用

1825 年,法国哲学家孔德(Auguste Comte,1798—1857)在《实证哲学讲义》里断言:"恒星的化学组成是人类绝不能得到的知识。"1840 年,法国天文学家阿拉贡(François Arago,1786—1853)仍然相信太阳上面是可以住人的。1860 年法国天文学普及作者弗拉马利翁(Camille Flammarion,1842—1925)在他的《众生世界》中讨论到别的行星上的气候情况时说:"要解决行星世界上的热度问题,我们所要知道的数据是永远得不到的。"因为肉眼配合望远镜观测天体混合光,只能对天体形状、结构等物理性质进行有限探索,无法了解有关天体的温度、光度、压力、密度、磁场以及化学组成等,但是天体分光术、照相术、测光术的使用使得了解天体的这些信息成为可能。

---

[1] Friedrich Wilhelm Bessel,"A letter from Professor Bessel to Sir J. Herschel, Bart., dated Konigsberg, Oct. 23,1838," *Monthly Notices of the Royal Astronomical Society* 4(1839):152-161.

[2] 1 秒差距约等于 3.2616 光年,或 206265 天文单位,或 308568 亿千米。

9.2.1 天体分光术和太阳物理学

1666年，24岁的牛顿进行了三棱镜分光实验。1802年，英国物理学家沃拉斯顿（William Wollaston，1766—1828）在棱镜前加了一个狭缝来观测太阳，结果不仅得到了连续变化的彩带，在其中还发现了很多条暗线。1814年，德国光学家夫琅和费（图9.5）用带狭缝的准直管三棱镜和望远镜组成了第一台分光镜，一共数出太阳光谱里的574条暗线（夫琅和费暗线）。夫琅和费把其中主要的暗线用A、B、C、D等大写字母表示，一直沿用至今。

夫琅和费把他的分光镜对准月亮、金星和火星，在这些天体的光谱里也发现了太阳光谱里的那些黑线，而且也在相同位置上。他又将一架比较大型的望远镜对准明亮的恒星，发现有些恒星具有跟太阳光谱相似的谱线，有些则不同。他特别注意到太阳和许多恒星往往在橙黄色区域内都有一条很强的双重谱线，他把它标示为D线。当他用分光镜观测某些火焰的光谱时，发现在对应太阳光谱的D线位置上，有一条双重明线（图9.6，彩图见插页）。对此现象，夫琅和费无法解释。

1858—1859年间，德国化学家本生（Robert Wilhelm Bunsen，1811—1899，图9.7）把钠、钾、锂、锶、钡等不同物质放在他发明的煤气灯（本生灯）上燃烧时会发出不同的颜色，他想

图9.5　夫琅和费

到根据火焰颜色来判别物质的化学成分，但在混合物里物质含量少，燃烧时它的火焰颜色就很难被观测到。

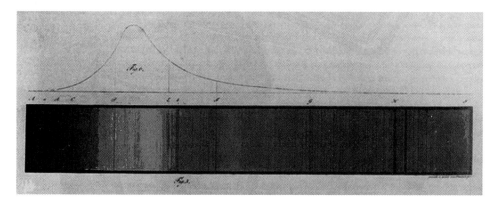

图9.6　太阳光谱中的双D线

本生的朋友基尔霍夫（Gustav Robert Kirchoff，1824—1887，图9.7）建议把火焰的光分成光谱再进行观察。他们使火焰的光通过分光镜，发现钠、钾、锂、锶、钡等物质燃烧时产生不同的明线光谱。这样他们找到了一种根据光谱来判断化学元素的方法——光谱分析术。之后，本生忙于去发现更多的新元素。基尔霍夫则为40多年前夫琅和费发现的太阳光谱暗线所困扰。

钠具有两条黄色的明线光谱，但是在对应的太阳光谱位置上是两条暗线。基尔霍夫让太阳光穿过本生灯的火焰，并在本生灯上燃烧钠，原本指望钠的两条黄色明线可以弥补太阳光谱中对应的双D线，但结果D线更黑了。

图 9.7　本生(左)和基尔霍夫(右)

基尔霍夫又在实验室里用氢氧焰点燃石灰棒来模拟产生连续光谱(不含明线),然后在燃烧的石灰棒与分光镜之间燃烧钠盐,这时分光镜中没有出现钠蒸气的明线光谱,而是出现了两条黑线,和太阳光谱中的 D 线位置完全一致。

至此,基尔霍夫终于明白:太阳内部温度很高,发出连续光谱,太阳外围温度较低,其中有什么元素,会把连续光谱中相应的谱线吸收掉,产生吸收线。1859 年,基尔霍夫提出两条著名定律:

(1) 每一种化学元素都有它自己的光谱。

(2) 每一种元素都可以吸收它自己能够发射的谱线。

这就是基尔霍夫定律。后来基尔霍夫又补充了两点:炽热的固体或液体发射连续光谱;气体则发射不连续的明线光谱。运用这些发现,基尔霍夫和本生很快就证明了太阳上有氢、钠、铁、钙、镍等元素。

对太阳光谱的最初研究使人们发现,太阳也是由地球上存在的元素组成的。1868 年 8 月 18 日印度发生日全食,法国天文学家詹森(Jules Janssen,1824—1907)研究日珥光谱时发现一条橙黄色的明线,第二天他又把分光镜指向太阳边缘同一位置上,橙黄色明线依然可见。詹森写信向法国科学院报告他的发现。在该年 10 月底的同一天,法国科学院同时还收到了英国天文学家洛克耶(Joseph Norman Lockyer,1836—1920)报告的同样发现。

这条橙黄线不在 D 线位置上。洛克耶进一步证实这条橙黄线并不对应于已知的任何元素。他认为这是太阳特有的一种元素产生的,他把它叫作"氦"(Helium),是"来自太阳"的意思。26 年后英国化学家雷姆塞(William Ramsay,1852—1916)终于在地球上找到了这种元素。

在 1868 年的日全食观测中,詹森对日珥光谱中的灿烂亮线留下的印象十分深刻,他想到使用一个高分散力的分光镜(这个分光镜能够发散太阳表层即"光球层"的连续光谱,但不发散单色的亮线)有可能在不发生日全食的时候也能看到日珥光谱中的亮线。洛克耶也独立地产生了同样的想法。这导致了太阳物理天文台的诞生。

1869 年,美国天文学家哈克内斯(William Harkness,1837—1903)在太阳大气的最外层日冕的光谱中发现一条绿色谱线。第二年另一位美国天文学家杨(Charles Augustus Young,1834—1908)测定了它的位置,发现这条谱线也不与地球上任何已知的元素相对应。

人们设想这是一种只存在于日冕的元素所发出。问题的答案直到1941年由瑞典分光学家埃德伦(Bengt Edlén,1906—1993)给出。这有赖于量子力学和恒星大气理论的发展。其实那不是一种日冕特有元素的产物,而是铁、镍、钙等元素9到14次电离的离子产生的禁线,这些谱线揭示了日冕中有高达百万度量级的电子温度。

杨在1870年还有一个重要发现。他在这年12月22日日全食的食既到生光的一瞬间,观测到太阳反变层的发射线光谱(即色球发射线光谱)——闪光谱,只延续一两秒钟,然后就被通常的夫琅和费光谱所代替,这一观测是基尔霍夫定律的直接证明(图9.8,彩图见插页)。

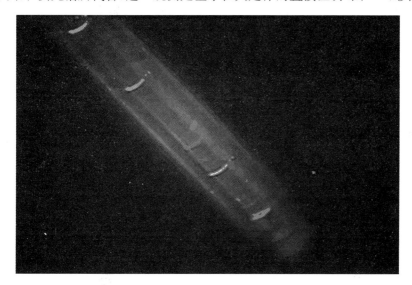

图 9.8　太阳闪光谱

9.2.2　天文照相术的发明和运用

1727年,德国解剖学家和外科医生舒尔茨(Johann Heinrich Schulze,1687—1744)发现银盐一见光就变黑。此后又过了一个多世纪,人们才将化学和光学结合起来。法国艺术家尼普斯(Joseph Nicéphore Niépce,1765—1833)首先进行了照相技术方面的研究。1827年,他经过8个小时的曝光,得到第一张风景照。尼普斯的合作者达盖尔(Louis Jacques Mande Daguerre,1789—1851)用分解较快的碘化银,发明了达盖尔型照相,使曝光时间缩短到20—30分钟。约翰·赫歇尔建议用海波(硫代硫酸钠)来溶解未发生变化的银盐,使得拍好的照片不会在见光后进一步变黑。

1839年,阿拉贡向法国议会推荐尼普斯和达盖尔发明的照相术时,像个先知一样预言:照相术将在天文学上作出伟大的贡献。他说:"我们有理由希望得到月亮的照相图,那就是说我们可以在几分钟内完成天文学上一桩极其繁重、精确而且细致的工作。"他还进一步说明照相术可以应用于光度学和分光学,而这正是将来天体物理学成长的必由之路。

1840年,美国化学家德雷珀(John William Draper,1811—1882)用3英寸折射望远镜跟踪月亮曝光20分钟,得到第一张月亮照片。1845年,法国物理学家斐索(Armand Hippolyte Louis Fizeau,1819—1896)和傅科(Jean Bernard Léon Foucault,1819—1868)在巴黎天文台拍得第一张太阳照片。哈佛天文台台长邦德(William Cranch Bond,1789—

1859)在1849年用38厘米折射望远镜经20分钟曝光,拍得一张相质极佳的月亮照片。1850年,邦德与一名专业摄影家合作首次拍得一张恒星(织女星)照片。

1851年,英国摄影师斯科特·阿切尔(Frederich Scatt Archer,1813—1857)发明珂珞酊湿片法,使感光灵敏度比达盖尔照相术提高上百倍。珂珞酊湿片法的弱点是不利于拍摄暗弱的天体。因为较长的曝光时间会使得湿片逐渐干燥。

1871年,英国化学家马多克斯(Richard Leach Maddox,1816—1902)发明"干版"法。到1880年,干版法灵敏度已经超过湿片法数10倍。从此暗弱的恒星照相变得可能。德国化学家福格尔(Hermann Wilhelm Vogel,1834—1898)又发明底片的敏化技术,可使底片的光谱响应扩展到光谱的长波部分,这使得拍摄恒星光谱变得可能。

1882年,英国天文学家吉尔(David Gill,1843—1914)在好望角天文台成功拍摄了一颗彗星的照片(图9.9),其中恒星的像也意外的清楚,这启发了他用照相方法编制星图。1885—1891年间,他拍摄了几乎全部的南天星空。1886—1896年,荷兰天文学家卡普坦(Jacobus Kapteyn,1851—1922)花了10年时间归算了这些照片上的恒星位置,并在1896—1900年刊布了从$-18°$到南天极10等以上454875颗恒星位置。这是第一份南天照相星表《好望角照相巡天星表》。

图9.9 吉尔拍摄的1882年大彗星照片

法国天文学家亨利兄弟(Paul Henry,1848—1905;Prosper Henry,1849—1903)在巴黎天文台做了与吉尔类似的工作。1887年,第一届国际天文照相会议在巴黎召开,会上作出了编制一份规模庞大的国际天图和星表的决定。

与目视观测相比,照相方法具有客观性、文献性、积累性等优点,所以照相天文方法很快就显示出巨大的生命力。由于长时间曝光可以积累微弱的星光,所以照相术在发现暗弱天体方面也有得天独厚的优势。曾经被列为第九大行星的冥王星就是通过照相方法发现的。

洛厄尔相信美国人钱伯林(Thomas Chrowder Chamberlin,1843—1928)和摩尔顿(Forest Ray Moulton,1872—1952)在1904年提出的星子假说。根据该假说,一颗路过的恒星从太阳拉出一团物质或者叫星子,所有行星就从这团物质形成而来。洛厄尔根据星子假说和太阳系已知所有天体的运行,算出了这颗尚未被发现的紧邻海王星的X行星的位置。

洛厄尔和他的天文台为寻找这颗X行星付出了很多努力。1916年洛厄尔去世之后,其他人还继续在寻找。最后,在 1930 年,这颗现在叫作冥王星的行星被该台的汤博(Clyde William Tombaugh,1906—1997)找到了(图 9.10)。但是需要指出的是,洛厄尔的预测在科学上是不正确的,只是坚持不懈地搜索才发现了冥王星,冥王星的质量和位置都与预测中的 X 行星对不上。

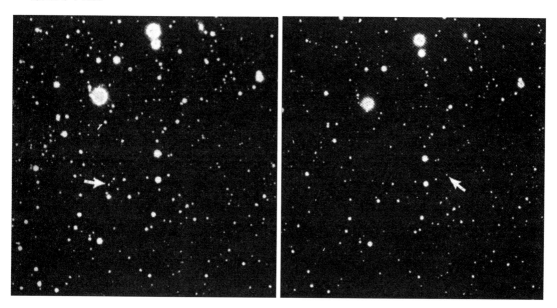

图 9.10 汤博发现冥王星的两张照相底片

1930 年 1 月 23 日,汤博拍摄了双子座天区(左),6 天后拍摄了同一天区(右)。2 月 18 日,他用闪视镜比较两张底片时,注意到第二张底片上的一个天体(箭头所指)是从第一张底片上另一个位置(箭头所指)移动过来的。

9.2.3 测光术和恒星光度学

喜帕恰斯最早提出了"六个星等"的概念。1760 年,法国布盖(Pierre Bouguer,1698—1758)著《光的等级》一书,提出了光度学的基本原则。18 世纪上半叶,瑞典物理学家塞尔苏斯(Anders Celsius,1701—1744)粗糙地测定了几颗恒星的视亮度。19 世纪上半叶,约翰·赫歇尔自制了一台量星计带到南非好望角,测定了一些恒星的视亮度。

19 世纪 30 年代,波恩天文台台长阿格兰德尔(Friedrich Wilhelm August Argelander,1799—1875),用一架 8.5 厘米口径的折射望远镜测定恒星位置和视亮度,在 25 年内共测量了 324198 颗恒星,并于 1863 年刊布了《波恩巡天星表》(*Bonner Durchmusterung*),简称 BD 星表。继任者申费尔德(Eduard Schönfeld,1828—1891)测定了 133000 颗南天恒星,并于 1886 年发表《南半球巡天星表》(*Sudliche Durchmusterung*),简称 SD 星表。

19 世纪上半叶,德国生理学家费希内尔(Gustav Theodor Fechner,1807—1887)从约翰·赫歇尔等人的恒星测量中推出星等差 1 等的两颗星的光度接近一个不变的比值——2.5。他由此得到一个著名的生理定律:"感觉度随刺激度的对数变化。"

1856 年,英国业余天文学家普森(Norman Pogson,1829—1891)运用费希内尔的结论建立了光度与星等间的基本关系式,即普森公式:

$$m_1 - m_2 = -2.5\lg\frac{E_1}{E_2}$$

式中，m_1、m_2 为两颗恒星的视星等，E_1、E_2 为两颗恒星的视亮度。从普森公式可以得出星等差 5 等，光度差 100 倍；相邻星等之间的光度比为 $\sqrt[5]{100}$，即 2.512 倍。普森公式为星等与光度之间建立了定量关系，为测光工作打下了基础。

1859 年，德国天文学家泽尔纳(Johan Karl Friedrich Zollner, 1834—1882)发明一种偏振光度计，光度计中有两条光路：一为恒星光的光路；一为比较光路，用于导入暗弱的恒定的人造光源到视场。比较光路中有两个棱镜装置，转动它们到相互平行时，人造光源的光可以全部通过；互相垂直时，人造光源的光则通不过。其他情况介于两者之间。调节导入的人造光强弱，与恒星光对比，直到认为两者相同，然后求出被测量的恒星的星等。这是第一架目视光度计。1861 年，泽尔纳刊布了第一个光度星表，测定了 3226 颗亮星的星等值。

美国哈佛大学天文台台长皮克林(Edward Charles Pickering, 1846—1919)设计了另一种偏振光度计，称作哈佛子午光度计(harvard meridian photometer)。这种偏振光度计以北极星为比较星(当时误认为北极星的光度恒定，实际上它是一颗光度变幅较小的变星)。皮克林用这一光度计在 1879—1882 年完成了一个星数达 4260 颗的《哈佛光度星表》(*Havard photometry*)，于 1884 年刊布，最暗星等到 7 等、8 等。

1885 年，英国天文学家普里恰特(Charles Pritchard, 1808—1893)刊布了 2784 颗肉眼可见恒星的光度星表。普里恰特首次使用"光劈光度计"测量恒星的光度。这种光度计测量时，恒星的光度是在有光劈在某一位置上使得恒星刚刚看不见时测定。后来光劈光度计比偏振光度计使用得更广泛。

天空中许多恒星的亮度有微弱的变化，这就是变星。大多数变星的亮度变化肉眼难以分辨。而测光术的发展给变星的研究以有力的推动。19 世纪中叶以前发现的变星不到 100 颗。当时给变星命名的办法是：按照发现时间的顺序，用星座名后加上拉丁字母 R、S、T、U、V、W、X、Y、Z 来记名，所以每一星座只能记 9 颗变星。新发现的变星数目不断增加，1881 年有人提出双字母命名法，即从第 10 颗变星起，按以下规律命名(J 一律不用)：

RR、RS……RZ
SS、ST……SZ
……
ZZ
AA、AB……AZ
……
QQ、QR……QZ

这样可命名到 334 号变星。当一个星座内变星超过 334 个时，用 V335、V336 来表示。

1881 年，皮克林把变星分为新星、长周期变星、造父变星、不规则变星和食变星五类。这个分类既考虑到了光变曲线的形态特征，也照顾到了光变的物理起因。

早在 1782 年，英国业余天文学家、聋哑人古德利克(John Goodricke, 1764—1786)发现英仙座 β(大陵五)是一颗光变周期为 2 天 20 小时 49 分的变星。他还提出变光的原因是一颗看不见的暗伴星在周期性地掩食主星造成的。皮克林支持这一见解，提出食变星(食双星)这一类，并推算了大陵五的轨道。1888 年，德国天文学家沃格尔(Hermann Carl Vogel，

1841—1907)发现了大陵五的视向速度也有周期性变化,从而证明了它确实是一对食双星。古德利克还是长周期造父变星典型星仙王座δ(造父一)的发现者,对造父变星的研究是发现河外星系的关键。

9.3 恒星物理学

9.3.1 恒星分光观测和光谱分类

1863年,意大利人塞奇(Angelo Secchi,1818—1876)开始用低色散分光镜观测大量恒星,以进行光谱分类(图9.11,彩图见插页)。1868年,塞奇刊布了一个包含4000颗恒星的表,把恒星光谱分为四类:

① 白色星,如天狼星、织女星等,光谱中只有几条氢的吸收线;
② 黄色星,如五车二、大角等,光谱与太阳的相同;
③ 橙色和红色星,如参宿四、心宿二等,光谱里有明暗相间的光带;
④ 暗红色的星。

塞奇猜测这不同类型的恒星具有不同的温度。

图9.11 塞奇的恒星光谱型分类

1864年,英国天文学家哈根斯(William Huggins,1824—1910)用高色散分光镜研究少数亮星的光谱。到1865年,哈根斯已经在参宿四、毕宿五等恒星的光谱里认出了钠、铁、钙、镁、铋等元素的谱线。哈根斯还研究了星云、彗星的光谱。他观测了 1866 年、1867 年和 1868 年三颗彗星的光谱后发现彗星光谱中有碳氢化合物的谱带。这是在地球之外首次发现有机分子的证据。

1842 年，奥地利物理学家多普勒(Christian Doppler，1803—1853)提出声源与观测者有相对运动时，观测者所测得的声源波长会发生变化，改变量为

$$\Delta\lambda = \frac{V}{V_s}\lambda$$

式中，V 为声源的速度，V_s 为声速，λ 为相对静止时的波长。多普勒认为，运动的光源的颜色也有类似的变化。1848 年，法国物理学家斐索指出光速如此之大，光源运动速度显得微不足道，因此很难发现光源的颜色变化。他建议可以改而观测光源谱线的位移。

1868 年，哈根斯首次尝试用多普勒谱线位移测定了天狼星的视向速度。但这种测量很困难。光谱片因自身的重量、室内温度降低而收缩会导致谱线的微小位移，几千分之一毫米的误差会造成每秒几千米的误差。但是它们的价值被一些天文学家认识到，一些天文学家坚持这项工作。少数天文学家的耐心工作慢慢积累起了一份恒星视向速度名单，到 1950 年这份名单包含了大约 15000 颗恒星的数据。

开阳(大熊ζ星)和辅是一对目视双星。开阳本身又是一对用望远镜可以分辨开的物理双星。

1889 年，美国女天文学家莫里(Antonia Maury，1866—1952)发现开阳 A 星的谱线往往分成两条，它们时而分开、时而靠拢、交迭。根据多普勒效应，只能用两颗恒星互相绕转来解释这个现象。在特殊情形下，密近双星相互绕转的轨道面与我们观测它们的方向平行，这样在地球上看去一颗恒星会周期性地掩食另一颗恒星。这种双星叫作"食双星"，如大陵五(Algol)。因为只能用分光方法才能发现它们，所以又叫作分光双星。分光双星谱线的多普勒位移如图 9.12 所示。

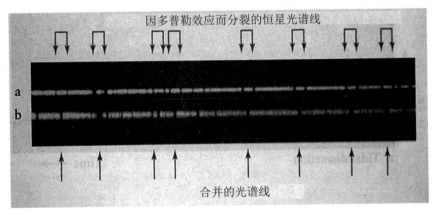

图 9.12　分光双星谱线的多普勒位移

对这些分光双星的亮度和光谱变化进行仔细分析，能够得出这些恒星的大小、温度、间距和质量等信息，而通过其他方法无法获得这些信息(图 9.13)。目前已经发现 5000 多对这样的分光双星。

1872 年，美国天文学家亨利·德雷珀(Henry Drapper，1837—1882，图 9.14)用 71 厘米反射镜和湿片法拍到带四条氢线的织女星光谱。

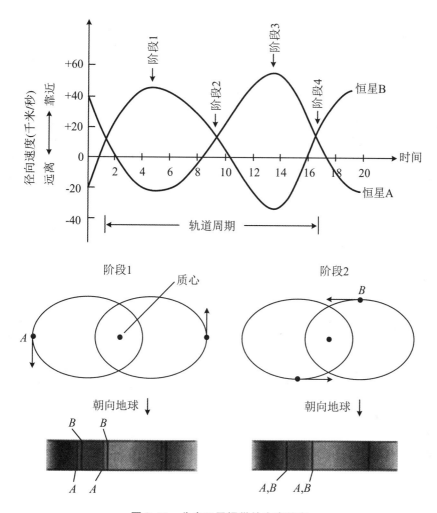

图 9.13 分光双星提供的丰富信息

图 9.14 亨利·德雷珀

1886年，皮克林采用物端棱镜的方法拍摄了许多恒星的低色散光谱（图9.15），以进行恒星的光谱分类。到1889年止，皮克林对北半天球完成了一次完整的光谱巡天，后又在秘鲁建立天文台，进行南半天球光谱巡天，最后完成了25万颗恒星的物端棱镜光谱工作。

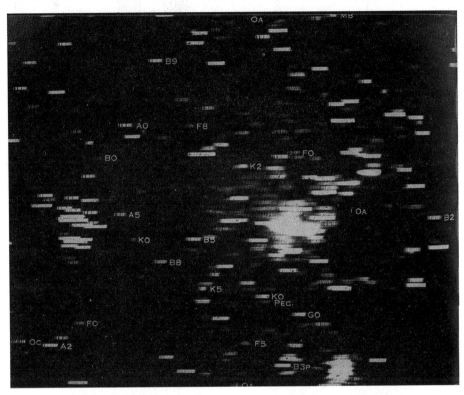

图9.15　皮克林的恒星低色散光谱底片（船底座 η 星附近天区）

对于塞奇的4种类型，德雷珀曾代之于16种，用A、B、C……等字母来标记。随着对恒星更好地了解，这些原先表示各种各样的光谱线外观的字母，被重新安排成大致按照恒星表面温度的降序排列，并稍作了简化。光谱型分类的最后次序是O、B、A、F、G、K、M、R、N、S。如果对光谱的描述足够细微，可以对某些分类按照数字进一步细分。这样，例如太阳，就成了一颗G2光谱型的恒星。这就是哈佛分类。

1918年到1924年（后来有所扩充）间，包含了大约225000颗恒星的光谱型和亮度资料的亨利·德雷珀星表（HD星表）刊布，这是"恒星光谱领域里的一项伟大工作"，至今仍有其价值。其中以美国女天文学家坎农（Annie Jump Cannon，1863—1941）为首的一群女天文学家为这些恒星的光谱分类作出了巨大贡献（图9.16）。

9.3.2　赫罗图

大约到1910年，大量恒星的两项独立信息已经获得：① 光谱型或者恒星的表面温度；② 恒星的距离或绝对星等。问题是：一颗具有特殊绝对星等的恒星能够属于任何一种光谱型或者具有任意的表面温度吗？或者宇宙中只允许出现这些量的某些组合吗？换一句话说，如果把每一颗恒星的绝对星等值相对于光谱型作图，这些点会散布在整个图上，还是只处在某些区域？

图 9.16　女天文学家们在工作，图中左侧站立者为皮克林

皮克林组织的 10 多位女士对恒星光谱进行大规模的研究，她们中的一些人后来成为杰出的天文学家，莫里就是其中一位。莫里对恒星光谱提出了十分细致的分类，她把恒星光谱分成 22 型，每型又细分为 7 级，并用 a、b、c 表示光谱细节上的差异。b 类表示谱线最宽，a 类其次，c 类谱线最窄最明锐。此外，莫里又用 ab、ac 分别表示介于 b 和 a、a 和 c 之间的光谱。1897 年，莫里发表了按这一分类列出的一个星表，包括赤纬 $-30°$ 以北亮于 5 等的 681 颗恒星。

莫里的分类是后来二元光谱分类的先驱，但皮克林等对此不感兴趣，认为这种分类超出了当时他们拍摄的恒星所用的物端棱镜的分辨极限，且过于烦琐。当时采用了坎农的分类，即哈佛分类。

1892 年到 1898 年间，爱尔兰业余天文学家蒙克（William Monck，1839—1915）开创了对恒星光谱型和自行关系的探讨，他把恒星分成天狼星型蓝星、五车二型黄星、大角型红星三大类，然后统计当时发表的恒星星表中的星数和自行数据，得出结论：五车二型黄星比大角型红星具有更大的平均自行。

丹麦天文学家赫兹普隆（Ejnar Hertzsprung，1873—1967，图 9.17）受莫里和蒙克工作的启发，致力于研究恒星光谱型与自行的关系。他认为蒙克的光谱型分类过粗，又把不同视亮度的恒星放在一起统计。赫兹普隆决定用莫里的分类分门别类地统计恒星的自行，又把恒星的自行归算到视星等为 0 等时的自行值。

1905 年到 1907 年间，赫兹普隆得到一项十分重要的发

图 9.17　赫兹普隆

现:在莫里光谱型的同一型中,c 类和 ac 类恒星比其他恒星的平均自行小很多,即它们有特别大的光度。赫兹普隆把这类光度很大的恒星叫作巨星,其他光度较小的叫作矮星。巨星数目比矮星数目少得多。赫兹普隆的工作发表于 1905 年和 1907 年德国的非天文专业刊物《科学照相》上,1909 年在德国《天文学通报》上又概括介绍了他的工作。

赫兹普隆还首次巧妙地利用星团成员星来统计它们的光谱型与星等的关系(利用了莫里光谱表中 19 颗昴星团成员星的光谱型与星等),从而避开了视差的测量,用视星等代替绝对星等。1911 年,赫兹普隆发表了昴星团与毕星团的色星等图,成为后来赫罗图的前身。

鉴于皮克林等人对莫里分类的漠视和对赫兹普隆关于巨星和矮星这一重要发现的冷淡,赫兹普隆在 1908 年 7 月给皮克林去了一封信,信中说:

> 可以毫不夸张地说,今天所采用的光谱分类(哈佛分类),其价值类同于在植物学中按颜色与大小对花进行分类。在恒星光谱分类中忽视 c 类恒星的特征,我认为这和动物学家在测定了鲸和鱼之间的根本差别之后,却仍然把它们归为一类是同样的事情。①

1902 年到 1905 年间,罗素(Henry Norris Russell,1877—1957)在英国剑桥大学天文台与海因克斯(Arthur Robert Hinks,1873—1945)一起用照相方法测定恒星的视差。恒星视差一旦确定,就可以从它们的视亮度推算出它们的光度。1910 年,罗素发表论文《恒星视差的测度》,文中公布了 50 多颗恒星的视差,并作了恒星光谱型与光度关系的讨论,他也得到存在着高光度的巨星与低光度的矮星这两类恒星的结论。1913 年 6 月 13 日和 12 月 30 日,罗素相继在英国皇家学会和美国天文学会上介绍了他的工作,引起天文界的极大关注。不久这种图就被叫作罗素图(图 9.18)。

其实罗素的部分工作被罗森伯格(Hans Rosenberg,1879—1940)和赫兹普隆领先了一两年。1933 年之后由于北欧天文学家对赫兹普隆工作的宣传,该图改称为赫罗图。

随着观测精度的提高,赫罗图反映的恒星特征得到了证实,并认识了更多其他特征。1914 年,亚当斯(Walter Sydney Adams,1876—1956)和赫尔斯朱特(Arnold Kohlschutter,1883—1969)在威尔逊山天文台作出一项重要发现:同一种光谱型的主序星和巨支星的光谱之间有细微的差异,这种差异表现在特殊的谱线对的相对强度上。

这样,通过仔细研究一颗恒星的光谱,能够确认这颗恒星属于标准赫罗图的哪一部分,读出它的绝对星等,然后从观测知道它的视星等,从而确定它的距离。随着 20 世纪 30 年代摩根(William Wilson Morgan,1906—1994)和他的合作者们在叶凯士天文台仔细地把哈佛光谱分类方案精致化,这种利用赫罗图从恒星的光谱型和视星等来确定恒星距离(分光视差)的逆方法,成了确定那些遥远的用三角学方法无法获得的恒星距离的有力工具。

到 1920 年左右,学界积累了有关光谱的大量知识。同时,在太阳物理方面,也有新的结果被发现。例如,荷兰物理学家皮埃特·塞曼(Pieter Zeeman,1865—1943)在 1896 年发现,在实验室里存在强磁场的条件下会产生跟铁相关的一些谱线的分裂。这个结果被迅速地用于确认和测量太阳黑子中的磁场强度。物理学领域关于辐射和原子结构的相关发现,很快就被用来支持天文学研究。譬如利用玻尔的原子模型,不仅能够解释光谱中的锐利谱线,并能计算它们的波长和预言所要寻找的新谱线的波长。印度物理学家萨哈(Meghnad

---

① 信件信息:Hertzsprung E. (July 22,1908) Letter to E. C. Pickering, Harvard University Library Archives E. C. Pickering Collection.

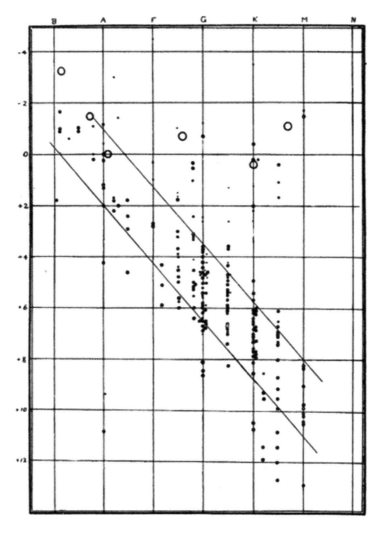

图 9.18　罗素图

Saha,1894—1956)非常令人满意地解释了不同类型恒星光谱的巨大不同,以及同一光谱型的巨星光谱与矮星光谱之间的细微差别。这在理论上支持了对分光视差等一些方法的使用,在此之前这些方法只是建立在经验事实基础上。

9.3.3　爱丁顿和质光关系

对于恒星,有两个最基本的参数很难获得,那就是它们的大小和质量。恒星的大小不能直接通过望远镜来测量它们的圆面而获得,因为它们太遥远了。可以通过两条途径来推断恒星的大小:通过研究食双星,或者通过计算什么样的恒星表面积会在所观测到的恒星表面温度上辐射出所观测到的总能量(绝对星等)。至于恒星的质量,只有靠一种方法来获得,即通过对测定的双星轨道运用牛顿的万有引力定律,来确定恒星的质量。所以来自密近分光双星的信息十分宝贵。只有对少数恒星才可能获得这样的信息。然而,就这少数恒星而言,它们彼此之间的质量差异就已大得令人吃惊。

1924年，剑桥的爱丁顿（Arthur Stanley Eddington，1882—1944，图9.19）收集了可得到的信息，发现恒星质量可以小到1/5太阳质量，大到25倍太阳质量。更为重要的是，他令人信服地指出，这些恒星的质量与它们的绝对星等之间有非常紧密的关系，即存在着一种所谓的质光关系（图9.20），大质量的恒星有大的光度——25倍太阳质量的恒星发射出的能量是太阳的4000倍。

爱丁顿根据恒星内部结构理论发现，恒星的光度不仅依赖于它的质量，而且还在很大程度上依赖于氢的丰度。当时对于恒星内部氢的丰度知识还是空白，一般都假设与地球上氢的丰度相近。这样一来，他算出的恒星光度总比恒星的真实亮度小一个数量级。为了与观测结果相符，他大胆推测，在太阳和恒星内部氢的丰度可高达35%。

图9.19 爱丁顿

1925年，塞西利亚·佩恩（Cecilia Payne，1900—1979）在哈佛大学天文台完成的博士论文清晰地建立了恒星温度和光谱分类之间的关系，并进一步考虑了元素的相对丰度，提出在大多数恒星中氢的丰度比原先设想的要高得多——爱丁顿的大胆猜测都是很保守的。

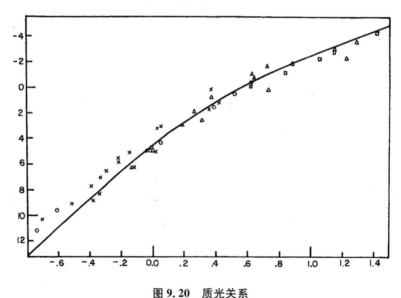

图9.20 质光关系

纵坐标为绝对星等，横坐标为以太阳质量为单位的恒星质量对数。
一类星用○表示，二类星用×表示，造父变星用□表示，食双星用△表示。

9.3.4 恒星能量的来源

约翰·赫歇尔在1833年的一本书中提到"太阳光是地球上一切动力的最终源头"。太阳既然如此重要，那么它是如何发光的？它的光芒照耀了多少年？这样的问题是19世纪物理学家们的难题。

德国物理学家亥姆霍兹（Hermann von Helmholtz，1821—1894）在1854年提出太阳的

能源来自大质量的收缩。后来被册封为开尔文勋爵的英国物理学家威廉·汤姆逊(William Thomson,1824—1907)与亥姆霍兹一样认为太阳的能源转化自引力势能,并具体提出是持续不断的原初流星撞击到太阳上形成了太阳能源。1862 年,开尔文以他的权威宣布:"流星理论"能对太阳能量来源作出真实的完全的解释。依据该理论,太阳可维持 2000 万年的发光时间。

达尔文(Charles Darwin,1809—1882)在 1859 年出版的《物种起源》中提出,通过他对横亘在英国南部的一条山谷的观察,根据当时测得的冲蚀速度,估算出形成这样一条山谷需要 3 亿年时间。进化论者需要更长的地球年龄来允许物种进行分化达到当前的多样性。更多的地质学证据也显示地球有更为古老的年龄。

开尔文等以太阳和地球的年龄不能倒挂为由反对进化论,但地质学上的证据也越来越有说服力。这对矛盾直到 20 世纪早期才得以解决。1905 年,爱因斯坦(Albert Einstein,1879—1955)提出狭义相对论,该理论的一个重要推论就是质能方程 $E = mc^2$。质能方程显示一小点质量也能产生巨大的能量。看来答案在这个方程里。但是要用爱因斯坦质能方程来解释太阳能量的来源,并不是那么简单的一件事情。

1920 年,阿斯顿(Francis William Aston,1877—1945)用他发明的质谱仪器发现 4 个氢原子核比 1 个氦原子核重——阿斯顿因他的质谱仪及其带来的发现获得 1922 年诺贝尔化学奖。爱丁顿立刻认识到阿斯顿发现的重要意义。在同年的一次会议上,爱丁顿指出太阳可以通过 4 个氢核聚变成 1 个氦核而发光。根据爱因斯坦的质能方程,这个聚变反应可以把 0.7%的质量转化成能量,太阳因此可以照耀 1000 亿年。

这样一来,进化论者和地质学家固然可以不必担忧太阳太年轻了,但是太阳和所有恒星内部核聚变反应的详细过程还有待进一步弄清。

通过 20 世纪 30 年代几位物理学家和天文学家的工作,这个问题慢慢明朗。英国的亚特金森(Robert d'E Atkinson,1898—1982)和荷兰的霍特曼斯(Friedrich Georg Houtermans,1903—1966)在 1929 年提供了一个恒星内部轻元素之间核反应的初步理论。后来德国的范·魏兹扎克(Carl Friedrich von Weizsacker,1912—2007)解决了进一步的反应如何产生比氦更重的元素的问题。

最后,出生于德国的贝特(Hans Albrecht Bethe,1906—2005)于 1939 年在康耐尔大学提出一个被普遍认为是切实可行的机制,该机制与已知的核物理学知识和被公认的恒星内部密度、温度条件相一致——贝特因此获得 1967 年的诺贝尔物理学奖。按照贝特的理论,在太阳内部发生着两种类型的核反应:"质子—质子"链反应和"碳—氮—氧"循环反应。

9.3.5 异常恒星

在赫罗图中,大部分恒星落在两个主要的星序上。但是就是在罗素作的第一幅绝对星等对光谱型的图中,在图的左下角有一颗本身很暗的 A 型星。这是波江座一对近双星中那颗较暗的伴星。处在赫罗图上这个位置的恒星叫作白矮星。

天狼星离太阳大概 9 光年远,它在与视线垂直的方向上有相当快速的运动,即有相当大的自行。1844 年,贝塞尔指出天狼星沿着波浪形的曲线前进。对这一现象最简单的解释是,天狼星带有一颗很暗弱的伴星。

20 来年后,美国望远镜制造者克拉克(Alvan Clark Jr.,1804—1887)在测试一架新的折射望远镜时,第一次看到了天狼星的这颗暗伴星(图9.21)。观测和推算表明天狼星伴星也是一颗白矮星,每50年绕天狼星一周。作为双星系统的成员,这颗伴星的质量、大小等能很快被确定。

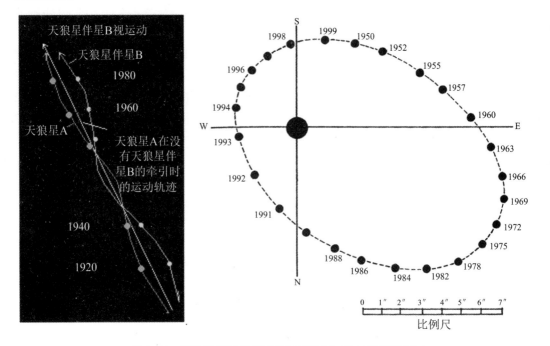

图 9.21　天狼星及其暗伴星的视运动(左)和轨道运动(右)

计算结果表明白矮星是一些"荒谬"的恒星:质量与太阳质量差不多,但大小(从它们的表面温度和测得的亮度推算出)不比地球大多少。这意味着它们有巨大的密度,正如爱丁顿所说的,1吨的物质能够装进一个火柴盒里。

对白矮星的解释将再一次等待天文学家对原子核物理学和恒星内部结构更好的掌握。剑桥大学的福勒(Ralph Howard Fowler,1889—1944)在1926年用新近发展起来的量子物理学理论解释了所谓的高密度简并物质的存在。这种所谓的"电子简并态"由电子之间的不相容原理排斥力来抗衡引力而维持平衡。在巨大的压力下,电子脱离原子核,成为自由电子。这种自由电子气体将尽可能地占据原子核之间的空隙,从而使单位空间内包含的物质大大增多,因此密度大大提高。

1931年,印度数学家钱德拉塞卡(Subrahmanyan Chandrasekhar,1910—1995)首次计算了这类白矮星质量的上限为1.44倍太阳质量。这个质量现在称为钱德拉塞卡极限。质量大于钱德拉塞卡极限的恒星,将坍缩成一种密度极大的状态,甚至一个点。爱丁顿对此结论极为反感,说自然的行事不会如此荒谬。爱因斯坦也写了一篇论文,宣布恒星的体积不会收缩为0。

1939年,奥本海默(Julius Robert Oppenheimer,1904—1967)从广义相对论出发,论证了质量大于钱德拉塞卡极限的恒星会坍缩成一个看不见的天体,但是由于"二战"的干扰,引力坍缩问题几乎被人遗忘。直到20世纪60年代,实测技术的提高激起人们对宇宙大尺度问题的兴趣,黑洞和大爆炸理论成为热门的话题。霍金(Stephen William Hawking,1942—2018)成为这方面研究的先驱者之一。

白矮星是对天体的观测先于认识的一个例子。第一颗白矮星发现于19世纪,20世纪早期的观测揭示它们有难以置信的高密度。它要求新的关于物质状态的物理学理论来揭示它们,来确认观测是正确的,并正确地解释观测。

但也有例子说明理论有时也可以先于实测而出现。1932年,查德威克(James Chadwick,1891—1974)在实验室里证实了原子结构中一种新的基本粒子——中子。当时加利福尼亚的瑞士裔天文学家兹维基(Fritz Zwicky,1898—1974)和他的德国合作者巴德(Walter Baade,1893—1960)提出,中子的已知属性允许一种理论上存在的恒星,它们由中子构成,密度甚至是白矮星密度的数百万倍。这一推测发表于1934年,在当时引起很少的注意。直到1967年,在射电天文学不相干的研究中偶然发现这样的天体确实存在。

9.3.6 恒星的演化

在19世纪60年代恒星分类刚开始时,人们就认识到分类一定包含了恒星如何形成和如何从它们的初始状态演化过来的信息。当时认为恒星能量来源于开尔文-赫姆霍兹收缩,而且不知道恒星的大小和质量,不知道为什么恒星有差别这么大的光谱型,所以早期试图了解恒星生命历史的尝试只能是猜测而不能走得更远。

赫兹普隆和罗素都很快看到赫罗图所表明的巨星和矮星之间的区别,从中看到了恒星演化的新线索。在1914年一篇半普及的文章中,罗素等人接受了恒星的能量来自收缩的说法,所以恒星演化朝着密度增加和体积减小的方向进行。恒星形成时是光谱型为M型的红巨星,然后逆着光谱型的次序沿着巨星序朝温度增加方向移动到A型或B型,然后沿着主星序向下,顺着光谱型的次序,到达冷的M型矮星。他还假定恒星的质量越大,进入主星序上的位置就越高。足够大质量的恒星能够到达主星序上B、A等谱型,质量较小的巨星只能到达主星序上的F甚至G谱型。

但是当一些有关恒星大气、恒星结构和质光关系的新观点出现时,罗素的理论在10年之内就步入了困境。罗素认为主星序是恒星演化的途径。爱丁顿的质光关系说明主星序上不同位置的恒星具有截然不同的质量,如果恒星真的沿着主星序向下演化,那么它的质量的大量损耗就无法加以解释。

1926年,罗素提出了一个不同的理论,包含了一个关键的新想法:恒星的寿命取决于它的初始质量,这一质量在恒星的演化过程中基本上不变,但恒星并不是被迫沿着巨星序和主星序移动,而是能够穿越它们。

巨星序和主星序只是恒星保持稳定的结构从而度过生命中有意义阶段的停留之处,它不是演化过程而是一系列表示平衡状态的位置。赫罗图的一些区域没有恒星,只不过意味着恒星非常快速地度过这种光谱型和亮度的组合,因此在任一时刻,绝大多数恒星处在赫罗图中的巨星序和主星序区域。在这些位置上,恒星度过了它一生中大部分时间。

根据赫罗图的框架,大部分恒星的生命历史可以总结为4个阶段(图9.22):

(1) 从星际物质浓缩成恒星,并相当快地形成稳定的结构,进入主星序。恒星质量越大,亮度也越大,它的光谱型也越早(譬如说是F型而不是M型)。

(2) 恒星在它的稳定结构上度过大部分时间,通过在内核从氢转化为氦而释放能量;恒星质量越大,演化就越快。

(3) 当内核的氢耗尽时,恒星很快地"移"到赫罗图上的巨星支,那时恒星的能量由氦核进一步转化成更重的元素来提供。

（4）最后当恒星能源全部耗尽时，恒星演化的轨迹穿越赫罗图的主星序，到达左边，坍缩成白矮星。

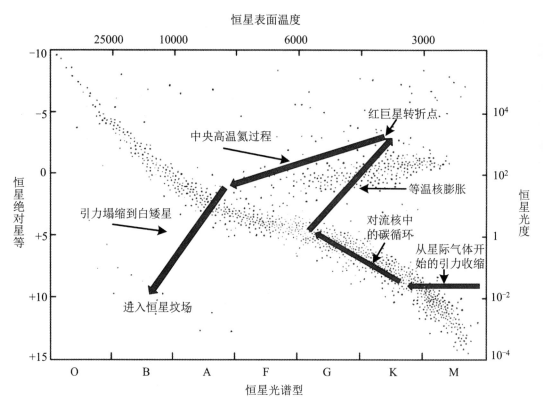

图 9.22 恒星演化的 4 个阶段

对于质量很小，也许只有 1/10 太阳质量的恒星，演化的过程进展得很缓慢，以至于即便是最老的恒星也还只处在第一阶段。另外一方面，质量最大的恒星以非常快的速度演化，它们的整个生命只有几百万年而不是几十亿年，它们在最后坍缩阶段的标志是像超新星爆发这样的极端现象或形成像中子星这样的奇异天体。

课外思考与练习

1. 影响恒星坐标位置的因素有哪些？
2. 恒星自行是如何被发现的，它的深远意义有哪些？
3. 简述恒星光行差的发现过程及其重要意义。
4. 简述恒星周年视差的发现过程及其重要意义。
5. 哪些新技术的使用促进了天体物理学的兴起？
6. 试论述天体物理学的兴起与自然科学其他学科的进步之间的互动关系。
7. 什么是恒星的哈佛分类？简述其提出的经过。
8. 简述恒星的演化过程。
9. 名词解释：自行、光行差、秒差距、天体分光术、普森公式、造父变星、多普勒效应、分光双星、哈佛分类、赫罗图、矮星、巨星、质光关系、白矮星。

延伸阅读

1. E.哈雷:《自行的发现》,载宣焕灿选编《天文学名著选译》,知识出版社,1989,第122-124页。原著信息:Edmund Halley, "Considerations on the change of the latitudes of some of the principal fixed stars," *Philosophical Transactions* 30(1717): 736-738.

2. F.W.赫歇尔:《论太阳的空间运动》,载宣焕灿选编《天文学名著选译》,知识出版社,1989,第124-128页。原著信息:William Herschel, "On the proper motion of the sun and solar system; with an account of several changes that have happened among the fixed stars since the time of Mr. Flamsteed," *Philosophical Transactions* 73(1783): 247-283.

3. J.布拉德雷:《光行差的发现》,载宣焕灿选编《天文学名著选译》,知识出版社,1989,第131-137页。原著信息:James Bradley, "An account of a new discovered motion of the fixed stars," *Philosophical Transactions* 35(1727-1728): 637-661.

4. F.W.贝塞尔:《天鹅座61的视差》,载宣焕灿选编《天文学名著选译》,知识出版社,1989,第141-145页。原著信息:Friedrich Wilhelm Bessel, "A letter from Professor Bessel to Sir J. Herschel, Bart., dated Konigsberg, Oct. 23, 1838," *Monthly notices of the Royal Astronomical Society* 4(1839): 152-161.

5. J.夫琅和费:《太阳光谱中谱线的发现和描述》,载宣焕灿选编《天文学名著选译》,知识出版社,1989,第191-194页。原著信息:Joseph von Fraunhofer, "Bestimmung des Brechungs- und Farbenzerstreuungs-Vermögens verschiedener Glasarten, in Bezug auf die Vervollkommnung achromatischer Fernröhre," *Denkschriften der Königlichen Akademie der Wissenschaften zu München* (1814-1815): 193-226. 英文译本见:J. S. Ames eds. *Prismatic and diffraction spectra: memoirs by Joseph von Fraunhofer*, (New York: s. n., 1898).

6. G.R.基尔霍夫:《太阳的吸收光谱》,载宣焕灿选编《天文学名著选译》,知识出版社,1989,第194-197页。原著信息:G. Kirchhoff, *Researches on the solar spectrum and the spectra of the chemical elements*, translated with the author's sanction from the *Transactions of the Berlin academy* for 1861, by Henry E. Roscoe, Cambridge, London, Macmillan and co., 1862.

7. A.塞奇:《首次综合性恒星光谱分类》,载宣焕灿选编《天文学名著选译》,知识出版社,1989,第204-208页。原著信息:A. Secchi, "On stellar spectrometry," *Report of the British association for the advancement of science* (1868): 165-170.

8. A.J.坎农:《恒星光谱分类的创立》,载宣焕灿选编《天文学名著选译》,知识出版社,1989,第208-218页。原著信息:Annie Jump Cannon, "The Henry Draper memorial," *Journal of the Royal Astronomical Society of Canada* IX (1915): 203-215.

9. J.古德里克:《对大陵五光度变化的解释》,载宣焕灿选编《天文学名著选译》,知识出版社,1989,第326-328页。原著信息:John Goodricke, "A series of observation on, and a discovery of, the period of the variation of the light of the bright starin the head of Medufa, called Algol," *Philosophical transactions of the Royal Society* 73 (1783):

474-482.

10. E.C.皮克林:《第一颗分光双星》,载宣焕灿选编《天文学名著选译》,知识出版社,1989,第 328-330 页。原著信息：Pickering W. H., "On the spectrum of ζ Ursae Majoris," *The Observatory* 13(1890)：80-81.

11. A.S.爱丁顿:《恒星的内部结构》,载宣焕灿选编《天文学名著选译》,知识出版社,1989,第 335-356 页。原著信息：Eddington A. S., "The Internal Constitution of the Stars," *Nature* 106(1920)：14-20.

12. A.S.爱丁顿:《恒星质量与光度的关系》,载宣焕灿选编《天文学名著选译》,知识出版社,1989,第 357-376 页。原著信息：Eddington A. S., "On the relation between the masses and luminosities of the stars," *Monthly notices of the Royal Astronomical Society* 84(1924)：308-332.

第 10 章 扩展的宇宙视野和人类的自身定位

18 世纪上半叶以前,人类对宇宙的认识基本上还局限于太阳系范围。然而既然已经知道恒星也是与太阳相仿的天体,那么这无数的恒星之间又有什么内在联系? 它们是否组成了一个更大的天体系统呢?

1750 年,英国天文学家赖特(Thomas Wright,1711—1786)在其出版的《关于宇宙的原创理论或新假设》(*An original theory or new hypothesis of the universe*)中认为所有的恒星和银河共同构成一个巨大的天体系统,形状像一个磨盘,直径比它的厚度大得多。银河便是由这样的天体系统形成的视觉效应。

1755 年,康德也在他的《宇宙发展史概论》中提出,人们所见的大部分恒星都以银河为基本面从两边向其集中,这些恒星构成一个巨大的天体系统。整个宇宙由无数个这种有限大小的天体系统组成。1761 年,德国人朗伯特在《宇宙论书简》中提出一种恒星世界结构的无限阶梯式宇宙模型。但这些都是没有观测数据支持的猜测。

10.1 恒星的空间结构和银河系概念的确立

10.1.1 威廉·赫歇尔的"银河系"和"星云天文学"

首先在观测基础上推断恒星的空间结构的是英国天文学家威廉·赫歇尔(图 10.1)。赫歇尔于 1738 年出生在德国汉诺威的一个军乐师家庭,由于厌倦这种生涯,他做了逃兵,于 1757 年偷渡到英国。在英国以音乐谋生之余,他自学了拉丁语、意大利语,探究音乐理论并接触了数学、光学,阅读了牛顿的书。

赫歇尔有一种要亲眼看看天体的冲动,但买不起好的望远镜,于是自己动手研磨透镜,制造望远镜。1772 年,他把妹妹卡罗琳·赫歇尔(Caroline Herschel,1750—1848)接到身边。卡罗琳像他哥哥一样迷恋透镜的磨制。兄妹俩合作制造出了当时世界上最好的反射望远镜(图 10.2),并使反射望远镜在性能上第一次

图 10.1　威廉·赫歇尔

超过了折射望远镜。威廉·赫歇尔还为西班牙国立天文台制造了一台大望远镜(图10.3)。兄妹俩用他们的望远镜取得了非常惊人的成果,成果之一就是在1781年发现了一颗新的行星——天王星。

图 10.2　赫歇尔兄妹合作磨制望远镜的场景图

图 10.3　威廉·赫歇尔为西班牙国立天文台制造的大望远镜

天王星的发现引起了极大轰动。天文学家曾经以为在牛顿之后天空中不会再有什么新发现了。赫歇尔的发现像一股吹进天文学界的新鲜空气,它告诉人们天空中还有未知的东西。这一年赫歇尔被选为皇家学会会员,成为乔治三世的私人天文学家,英王也顺便赦免了他的偷渡之罪。

天王星的发现其实是赫歇尔研究恒星问题的副产品。赫歇尔心目中的大问题有:恒星自行和太阳本动,恒星的周年视差,特别是恒星的空间结构问题。

赫歇尔相信存在更大的恒星空间结构。他用自制的46厘米口径、6米焦距的反射望远镜,选定他所在地理纬度所见天空中683个取样天区,通过1083次观测,数了117600颗恒星,确定了各天区亮星与暗星的比例。

赫歇尔先设定了四条工作假设:

(1) 宇宙空间是完全透明的。
(2) 他的望远镜能看到银河系的最外沿。
(3) 恒星的空间分布是均匀的,某一天区的恒星密集就表明这个方向上恒星延伸得越远。
(4) 所有恒星的亮度是一样的,恒星视亮度的不同只是距离远近造成的。

现在看来,赫歇尔的这四条工作假设都是有问题的。由于星际消光的存在,宇宙空间并不是完全透明的,他的望远镜远未达到看到银河系最外沿的能力。同时,恒星在空间的分布也不是完全均匀的,恒星本身的亮度差别也很大。

在上述工作假设基础上,赫歇尔分析了他的观测资料,获得了第一幅银河系的结构图(图10.4),并得出关于银河系的四点结论:

(1) 存在更大的天体系统银河系。
(2) 银河系直径大约是其厚度的5倍。
(3) 以1等星的平均距离为单位,银河系的直径约950单位,厚约150单位。
(4) 太阳位于银河系的中心。

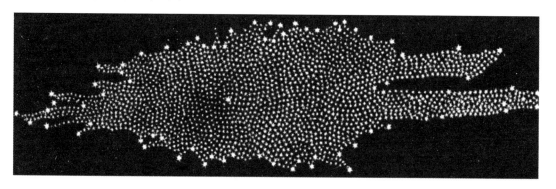

图10.4 赫歇尔的银河系结构图

这些结论除了第一条本身就是赫歇尔的信念之外,其他三条都是有问题或者错误的。赫歇尔本人后来经过更多的观测,也意识到自己的那些假定过于粗略了。

赫歇尔还相信存在着与银河系一样的河外星系。天空中有一些有别于恒星那样的点光源的"云雾状天体",这些可能是星云、球状星团和少数疏散星团,还可能是远离近日点的彗星。18世纪下半叶,彗星猎手梅西耶(图10.5)把他观测到的固定的云雾状天体(图10.6,彩图见插页)记录了下来,以便搜索彗星时加以区别。1781年,他把103个云雾状天体编成星表(其友后增补7个),这就是著名的梅西耶星表(M星表)。

赫歇尔一看到梅西耶星表之后,立刻用他当时最好的望远镜对星表中29个梅西耶称之为"无星的星云"的天体进行了观测,发现它们中的绝大多数都分解成一个个暗弱恒星的集合体。因此威廉·赫歇尔断言,"星云"就是星系。赫歇尔的观测结果大大鼓励了河外星系存在的推测。但实际上他的29个观测对象中18个是球状星团,6个是疏散星团,5个是星云,他的望远镜分辨率还远远不足以分解"河外星系"。

1783年至1802年间,赫歇尔对星云和星团进行了系统的观测,慢慢认识到自己以前的结论有问题。在1786年、1789年、1802年,他3次刊布星云、星团表,共记录了2500个星云和星团。他还尝试对星云进行分类,但结果不是很令人满意。

图10.5　梅西耶

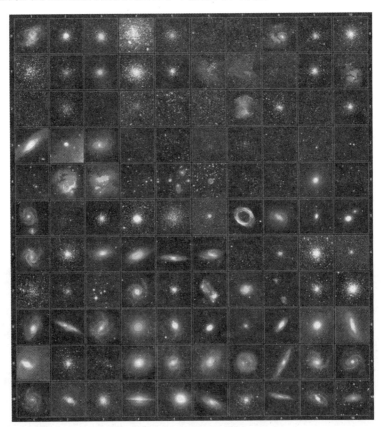

图10.6　梅西耶天体图片一览

赫歇尔对银河系和河外星系的探索,从结果上看也许未尽如人意,但他用恒星计数来研究恒星空间结构,用统计恒星自行来研究太阳本动,以及对双星、星团、星云等天体所做的大量观测,开创了恒星天文学这一分支,被后人尊为"恒星天文学之父",是当之无愧的。

1816年,78岁的赫歇尔把在剑桥教书的儿子叫回家,以便把自己制作望远镜和进行天文观测的本领传授给他,免得后继无人。

作为威廉·赫歇尔的独生子,约翰·赫歇尔自己热衷的专业是数学。他于1809年进入剑桥圣约翰学院学习,在那里他是英国数学改革活动的领袖人物,年仅 21 岁就被选进英国皇家学会。约翰·赫歇尔离开剑桥时写道:"我的心已经死亡。"但一旦他投入了父亲的事业,却看到自己被赋予了神圣的使命:完成他父亲的工作,使其更加完善。

1820 年,约翰·赫歇尔在其 82 岁老父亲的指导下重新抛光了 6 米焦距、45 厘米口径的望远镜(图 10.7)。利用这架望远镜,约翰·赫歇尔对他父亲所发现的星云做了彻底的复查,之后在 1833 年发表了一个包含 2306 个星云、星团的表,并使星云研究成为天文学主流的一部分。

从 1834 年到 1838 年,约翰·赫歇尔在好望角对南天星空做了观测。在那里他又发现了数百个云雾状天体。他仔细观测了大、小麦哲伦云,在大麦哲伦云中数出 919 个天体,在小麦哲伦云中数出 244 个天体。1847 年,他发表了含有 2100 多对双星和 1700 多个星云、星团的《1834 到 1838 年间好望角天文观测结果:用望远镜完成了对整个可见星空的观测,始于 1825 年》(*Results of astronomical observations made during the years* 1834,1835,1836,1837,1838,*at the Cape of Good Hope*;*being the completion of a telescopic survey of the whole surface of the visible heavens*,*commenced in* 1825)。从好望角回来之后,他基本上放弃了实测工作,但仍然于 1864 年刊布了一部包含了 5079 个星云和星团的总表。

图 10.7　约翰·赫歇尔的望远镜

1880 年,爱尔兰天文学家约翰·路易·埃米尔·德雷尔使用赫歇尔父子以及其他观测者的资料汇总而成《星云星团新总表》(简称 NGC,图 10.8),共收录 7840 个深空天体。

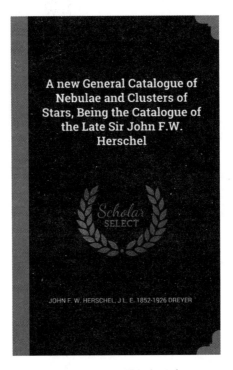

图 10.8 《星云星团新总表》

10.1.2 星云的旋涡结构

人称罗斯勋爵（Lord Rosse）的英国天文学家威廉姆·帕森斯（William Parsons，1800—1867）用 1845 年建成的当时世界上最大的反射望远镜分解了威廉·赫歇尔未能分解的云雾状天体，实际上他分解的大多是球状星团，但在当时无疑是对"星云都是岛宇宙"这一说法的重要支持。罗斯勋爵还发现有些云雾状天体（如 M51，猎犬座星云，图 10.9）有旋涡结构，1848 年他又辨认出 M99 的旋涡结构。

那么银河系本身是否也是个旋涡呢？约翰·赫歇尔似乎从来没有提出过这种可能性。1852 年，亚历山大（Stephen Alexander，1806—1883）教授发表了一篇《银河系：一个旋涡》的文章。在被罗斯证认的第二个旋涡星云 M99 中，四条分支从中央星团蜿蜒而出。亚历山大认为，如果太阳和其他亮星构成类似一个旋涡星系的中央星团，而又合适地选择四个分支的轨迹，那么太阳系的居民将看到一个与我们在地球上看到的非常相近的夜空。图 10.10 展示了两幅当时的人绘制的银河系透视特征的假想图。

1898 年，凯勒（James E. Keeler，1857—1900）当上利克天文台的台长，开始用格罗斯利反射望远镜进行系统的星云照相观测。银河系中形状不规则的星云与那些结构更规则的星云之间的区别越来越明显。有一些星云尽管没有旋涡结构，但也有规则的形状，有圆形的或光滑的椭圆形外观，也像旋涡星云一样越向中心越明亮。大家普遍把这类有规则形状的星云叫作"旋涡星云"，尽管看不出它们有旋涡结构。凯勒估计格罗斯利望远镜能够看到大约 120000 个旋涡星云，也许其中的半数显示出了真实的旋涡结构。

第 10 章　扩展的宇宙视野和人类的自身定位

图 10.9　罗斯勋爵的 M51 草图

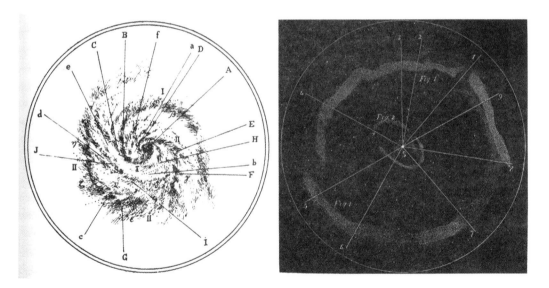

图 10.10　银河系的透视特征

左：伊斯顿（Cornelis Easton,1864—1929）1900 年绘画的银河系的局部,解释银河系的各种观测特征将如何形成；右：普罗克特（Richard Proctor,1837—1888）的银河系主要特征草图和解释银河系显示出这样的结构的原因。

10.1.3　星云的分光观测

分光术表明恒星的光可以分解成有吸收线的连续光谱,稀薄气体发出的光则可分解成明线光谱。1864 年,哈根斯用分光镜观测天龙座的一个行星状星云,发现它的光谱是明线光谱,这证明它不是一群星,而是一团气体。哈根斯进一步观测了他选定的其他星云,发现它们的光谱也是明线光谱,他说:"星云的谜被我窥破了。"

哈根斯还认出光谱中有几条是氢的谱线,但其中两条波长为 5007 埃和 4959 埃的绿色谱线不属于任何已知元素,他认为属于星云中特有的元素"氪"(Nebulium)[①],事实上,它们是二次电离氧原子的禁线——直到 20 世纪 20 年代人们才弄清楚这一点。

哈根斯时代的分光术还只能观测较亮的星云,而这些亮星云大多是银河系里的气体星云。真正的河外星云,在当时的分光镜中还很难看清它们的光谱。事实上哈根斯也确实观测过仙女座大星云,他也发现了它有像恒星一样的连续光谱,但由于光线被棱镜色散后变得非常微弱,很难看清连续光谱上有什么谱线。加上哈根斯存有"星云皆气体"这一先入为主的观念,所以对仙女座大星云的连续光谱只给出了一个牵强的解释,错失了得出"星云本质上分为两种"这一结论的机会。

正当哈根斯对星云进行分光研究时,照相术也被用到星云研究中。对星云的照相研究发现,有些人用目视观测报告的"可分解"星云,如蟹状星云、猎户大星云等,都是不可分解的。这一结论支持"星云皆气体"的观点。

随着照相术的发展,它还被用来与分光术结合拍摄星云的光谱。1899 年,德国天文学家沙伊纳(Julius Scheiner,1858—1913)经七个半小时曝光,拍得仙女座大星云的暗淡光谱,发现它确实和恒星光谱相似:在连续光谱背景上出现很多吸收线。于是沙伊纳报告说:仙女座大星云是遥远的恒星系。

然而,斯里弗(Vesto Slipher,1875—1969)在 1912 年发现昴星团反射星云的光谱也是呈现恒星那样的带吸收线的连续光谱。昴星团属于银河系无疑,所以斯里弗认为仙女座大星云也是如此,并非河外星系。

因此,用望远镜分解云雾状天体不能决定是否存在河外星系。能够分解的往往是银河系内成员,而真正的河外星系当时还不能分解。用光谱分析方法也不能作为判断依据,因为星云发射何种光谱,情况往往比较复杂。

河外星系是否存在? 这在 19 世纪末和 20 世纪初仍旧是个难题。等到 20 世纪 20 年代,天文学家有能力准确定出银河系的大小和一些旋涡星云的距离之后,问题才算真正解决。

10.1.4　银河系的大小

为了确定我们的银河系结构,一些天文学家,如慕尼黑天文台台长西利格(Hugo von Seeliger,1849—1924)和荷兰哥龙尼根大学教授卡普坦(Jacobus Kapteyn,1851—1922)等,认为逐个地对可见恒星进行全面的研究是可行的方法。但是关于这些恒星所需的数据——它们在天空中的位置、视星等和自行等——积累得太慢了。

三角法测得的恒星距离是最可靠的,问题的关键是只有非常近的恒星,它们的距离才能用直接的三角测量法确定。恒星距离大于 100 秒差距时,视差为 $0.01''$,这时测量误差与视差本身大小相仿。

河外星系不可能用三角法来测量它们的距离,但也不排除有人做这样的尝试。1907

---

① 该元素为历史上猜测的星云中特有的元素,现代天文学并无该元素。

年,瑞典天文学家鲍林(Karl Bohlin,1860—1939)试图用三角法测量仙女座大星云的视差,获得的结果为 0.171″,距离只有 19 光年。在鲍林看来,仙女座大星云无疑属于银河系内的天体。

三角法只能测量极少数近星,分光视差的方法还有待未来的发明。当时能用到的反映恒星距离的信息就是自行。较近的恒星有较大的自行,这一原则在总体上必定是对的。如果能够获得足够多的自行资料,那么在统计上可以应用这一原则,来给出一个达到更深空间的测量标杆。

为了获得这些必需的数据,现存的天文团体没有足够的人力对整个天空按照所需要的细节程度作全面的勘察。但是可以选定天空中有代表性的样区,然后把这些观测任务分配给很多天文台。1906 年,卡普坦发表了他的《选区计划》,并设法说服了世界范围内的天文学家加入他的计划,但第一次世界大战打扰了这个计划的进行。

在这一筹莫展之际,一种特殊的变星带来了一个契机。早在 1782 年,古德里克发现造父一(仙王座 δ)亮度以 5.37 天的周期发生变化,后来人们相继发现另一些恒星也以与造父一相似的方式(光变曲线相似,图 10.11)发生变化,有特别规则的光变曲线和固定的光变周期——一般在 1 天到 50 天之间,这类变星后来被称为"造父变星"。关于造父变星的光变机制,长期以来一直是个问题。开始以为它们是分光双星,但围绕着分光双星的各种解释后来不得不被放弃。后来又设想它们是在脉动着的单颗恒星,认为这种恒星的大小以固定的周期振荡,所以观测到的恒星视向速度(当恒星膨胀时,它的表面向观测者靠近)、表面温度、光谱型和视星等,相应地以脉动的周期发生变化。

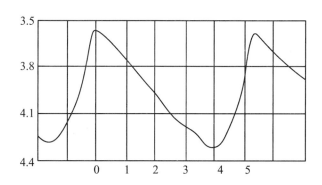

图 10.11 造父变星的光变曲线

20 世纪初,在秘鲁阿雷基帕一座天文台工作的美国女天文学家勒维特(H. S. Leavitt,1868—1921)在拍摄小麦哲伦云的照片时发现,小麦哲伦云中有许多变星。1908 年,勒维特把小麦哲伦云中周期长于 1.2 天的变星按照亮度排列起来,发现它们的周期也按照数值大小排列,周期越长的恒星越亮。1912 年,她发表了小麦哲伦云内 25 个周期从 2 天到 120 天、视星等从 12.5 等到 15.5 等的变星资料,正式提出这些变星的视星等与光变周期之间存在某种确定的关系,即周光关系(图 10.12)。因为小麦哲伦云离地球非常遥远,所以小麦哲伦云中的天体大致处在离地球同样远的距离上,因此它们的视星等的差异对应于本身绝对星等的差异。

绝对星等是赫茨普隆此前已经提出的概念,定义天体在 10 秒差距远处的视星等为该天体的绝对星等。绝对星等与天体距离有下列关系:

$$m - M = 5\lg r - 5$$

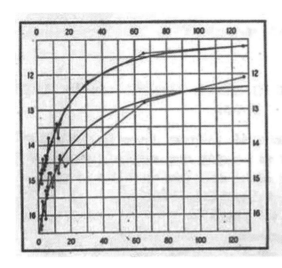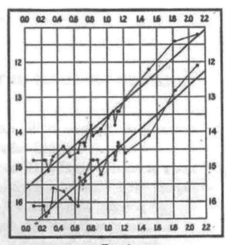

图 10.12　勒维特发表的周光关系
图中上下两条线分别表示造父变星的极大和极小亮度。左:纵坐标为视星等,横坐标为天数;右:纵坐标为视星等,横坐标为天数的对数。

式中,m 为视星等,M 为绝对星等,r 为距离。赫茨普隆看到勒维特的周光关系之后指出,小麦哲伦云中的变星都是造父变星。这样,就只需要测出银河系内一颗造父变星的距离并测定它的视星等和光变周期,就能把勒维特发表的周光关系图中的纵坐标改为绝对星等,这就是所谓的周光关系零点的测定。但是银河系内的造父变星也都相当遥远,无法用三角法测定距离。

1915 年,沙普利(Harlow Shapley,1885—1972,图 10.13)利用 11 个造父变星的自行和视向速度资料求出了它们的距离,并用统计方法定出了周光关系的零点。于是得到了造父变星的周期 P 与绝对星等 M 间的对应关系,这样就可从 P 定出 M,从 M 可定出 $r(1/\pi)$。π 被称为造父视差。

图 10.13　沙普利

沙普利假定单颗的造父变星与小麦哲伦云中的以及球状星团中的造父变星在物理上是类似的,然后寻找球状星团中的造父变星。要认证一颗星是造父变星,并确定它从最亮到下一个最亮这个周期所经历的天数，需要有许多这样的照相底片。沙普利努力工作，最后确认了一打最近的球状星团中的造父变星的周期。

在更远的球状星团中，造父变星变得太微弱了而无法被看见。沙普利注意到，任何一个球状星团中最亮的恒星与另外的球状星团中最亮的恒星在亮度上是接近的。他把这个作为另一个同一性假设的基础，这个假设把他从他能看见造父变星和最亮恒星的球状星团，带到他只能看见最亮恒星的球状星团。

最后，甚至在最亮的恒星也无法被分辨的距离处，沙普利又做出了另一个假设，认为球状星团本身也是相同的。因此，通过比较一个遥远球状星团的视直径与一个已知距离球状星团的视直径，可以得出前者的距离。

沙普利利用威尔逊山天文台 1.5 米反射望远镜研究当时已知的 100 个左右的球状星团。1917 年，沙普利得到最远的球状星团的距离大约为 20 万光年。这是所公认的整个银河系直径的好几倍。如此遥远而又显示出一种有意义的形状，球状星团本身必定也很巨大，沙普利起初认为球状星团跟银河系本身差不多大。

沙普利测得了这些球状星团的造父视差，并对它们的空间分布进行统计，发现其中有 1/3 数目的球状星团位于占天空面积只有 2% 的人马座内；90% 的球状星团位于以人马座为中心的半个天球上。沙普利猜测，球状星团在银河系内是均匀分布的，由于太阳不在银河系中心，造成了这种视觉上的不对称。沙普利从球状星团的距离统计估算银河系中心在人马座方向，太阳离它约 5 万光年，银河直径约为 30 万光年。

从威廉·赫歇尔以来，人们一直认为太阳在银河系的中心，沙普利为建立正确的银河系图像跨出了重要的一步。但是沙普利的图像并没有立刻被人们广泛接受。1922 年，卡普坦利用他的《选区计划》汇集的恒星距离资料，得出一个银河系的"卡普坦模型"：银河系的外形像一个双凸透镜，直径约为 4 万光年，太阳位于中央。直到 1926 年，瑞典天文学家林德布拉德（Bertil Lindblad，1895—1965）通过对银河系自转的研究，证明银河系中心在人马座方向距离太阳几万光年的地方，沙普利的银河系图像才逐渐被人们接受。

但是由于沙普利在推算球状星团的造父视差时忽略了星际消光，所以他的银河系比实际上的偏大。加上星际消光之后，视星等和绝对星等的关系式变成：

$$m - M = 5\lg r - 5 + A(r)$$

式中，$A(r)$ 是星际消光修正，它相当于将距离 r 处的恒星视星等数值增加，也就是使其视亮度变小。如果没有星际消光，同样视亮度的恒星将位于更远的距离上。

10.1.5 星际消光的发现

星际消光问题在 19 世纪下半叶已经开始初露端倪。1859 年，德国天文学家坦普尔（Wilhelm Tempel，1821—1889）发现昴星团中的昴宿五被一团星云状物质围绕着。后来的照相观测显示，所有球状星团中的恒星都与一种不寻常的纤细条状的暗星云有某种联系。1912 年，洛厄尔天文台的斯立弗拍摄了这种星云状物质的光谱，很惊讶地发现它有带着暗吸收线的连续光谱，很精确地模仿了恒星的光谱。显然星云由尘埃微粒组成，反射了恒星的光。不久发现了更多的亮星附近的"反射星云"。

大约同时，利克天文台的巴纳德正在用广角肖像摄影镜头拍摄银河系各区域的壮观图片。这些图片显示出一个复杂的恒星的云状结构，在一些裂缝和空洞处很少有或几乎没有恒星。起先巴纳德相信这是恒星的真实分布，但是当他继续工作下去时，他几乎是很不情愿地承认这些是真实的星云，它们不是发光的气体而是暗的遮光物质。他在 1927 年发表的两册照相星图中收录了一个表，列出了 370 个较显著的暗星云（其中编号第 72 的蛇形暗星云可见图 10.14）。

图 10.14　巴纳德暗星云表中编号第 72 的蛇形暗星云①

亮星云和暗星云可能意味着气体和尘埃是星际空间中一种更普遍的物质基底。一般的观点认为星云是一些孤立的天体，广袤的宇宙空间是空旷和透明的。星云，尤其是致吸尘，会减弱遥远恒星的光线，确定它们的距离和固有亮度会变得复杂，如果这样的星云达到一个有效的数量，后果将是非常严重的。

已有的工作显示，在银河系中轴面上看来确实存在着一层遮光物质。1869 年，普罗克特通过艰苦的工作，把约翰·赫歇尔列出的 4000 个"不可分解"的星云绘制到天图上，结果表明这些星云很少出现在靠近银河的天区内。这些星云后来被证明大多是旋涡状的。利克天文台的柯蒂斯（Heber D. Curtis, 1872—1942）在 1920 年跟沙普利的大辩论中争辩道，从侧面看到的旋涡星云至少有一条外围的暗物质带（图 10.15），如果我们星系有这样一条暗物质带就可以解释为什么旋涡星云看上去都远离银河。

另一位利克天文台的成员特伦普勒（Robert J. Trumpler, 1886—1956）多年来一直致力于几百个疏散星团的研究，这些疏散星团被限制在离银道面相当近的区域里，其中毕星团和昴星团是最近的两个疏散星团。他起初按照它们结构特征的相似性和赫罗图特征的相似性把这些疏散星团分成组型。在一种组型中，不同星团的相对距离可以用两种不同的方法测算而得。

一方面，在所有疏散星团中，光谱型相同的主序星，具有相同的绝对星等。任何两个疏散星团中观测到的恒星视星等的差异越大，意味着这两个星团的距离差异也越大（"越暗越

---

①　图片出处：Astronomy picture of the day (http://apod.nasa.gov/apod/ap030620.html)。

远"法)。另一方面,对于大小相同的星团,它们在天空中的角直径也是它们距离的度量("越小越远"法)。

图 10.15　旋涡星系 NGC4594 中轴面上的暗物质带[①]

特伦普勒的两种方法没有给出一致的结论:视星等法给出的距离大于角直径法给出的距离,因为星光在通向地球的途中被减弱。这说明存在一种在所有波长上的普遍吸收。特伦普勒在 1930 年发表了他的结果,他总结道:

我们因此得出结论,在我们的银河系中发生着一些普遍的和选择性的吸收,但是这种吸收限制在相对较薄的一层,它沿着星系的对称面或多或少地均匀地延伸。[②]

特伦普勒得出一个银河系各个方向平均的普遍吸收量,即每 5000 光年星等减弱 1 等,这个值比现在公认的值小一点点。物质向银盘集中的程度是非常厉害的,以致肉眼和望远镜都看不见约 3 万光年以外的银核,这解释了为什么早先人们不能看清楚银河系的旋涡结构。

10.2　河外星系的确认

10.2.1　探索星云的距离

要解决河外星系是否存在的第二个关键问题,就是要测定那些星云的距离。1885 年 8

[①] 图片出处:Astronomy picture of the day (http://apod.nasa.gov/apod/ap031008.html)。
[②] R. J. Trumpler, "Preliminary results on the distances, dimensions and space distribution of open star clusters," *Lick Obs. Bull.* Vol XIV, no. 420 (1930):154-188.

月20日,哈特维希(Ernst Albrecht Hartwig,1851—1923)在仙女座大星云中发现了一颗超新星,视星等达到7等,这就是仙女座S星。有人假定仙女座S星和英仙座一颗新星爆发时的绝对星等相同,仅仅因距离较远而显得暗淡,定出仙女座大星云的距离为1600光年。由于当时不清楚超新星与新星的区别,所以定出的距离小得多。

美国天文学家柯提斯(Heber Doust Curtis,1872—1942)在1915年也提出一个测量星云距离的方法。从统计平均观点来看,天体的视向速度和切向速度是同量级的。1914年,斯里弗刊布了13个旋涡星云的视向速度。1915年,柯提斯测定了66个星云的自行,求得平均值 ω 为 $0.033''$,从星云的视向速度求得平均视向速度 v,根据 $v=r\omega$,求得星云平均距离 r 为1万光年。

这个方法的缺点是:由于河外星云的真实自行不到每年 $0.00002''$,所以年份相近的两张底片对比时,测量误差远远大于自行本身。

1917年,威尔逊山天文台的里切(George Willis Ritchey,1864—1945)在NGC6946星云中发现一颗15等的新星,后又在仙女座大星云找到两颗新星。柯提斯和其他一些天文学家也在一些旋涡星云中找到不少新星。柯提斯假定这些星云中的新星亮度极大时的绝对星等和银河系中的新星一样,由此估算出仙女座大星云的距离为1000万光年,后减为50万光年。

1920年4月26日,威尔逊山天文台台长海尔(George Ellery Hale,1868—1938)发起了在美国科学院召开的"宇宙的尺度"(The scale of the universe)辩论会,沙普利与柯提斯分别代表对立双方,这就是有名的沙普利-柯提斯大辩论。论题是银河系的大小、结构和旋涡星云的真相。结果这场辩论谁也没有说服谁,天文学家也很难判断谁的观点更站得住脚。

10.2.2 哈勃的工作

事情的转机又是落在造父变星身上。1923年,哈勃(Edwin Hubble,1889—1953)在威尔逊山天文台用当时最大的100英寸反射望远镜(胡克望远镜)通过照相观测将仙女座大星云的外围分解成单个恒星,从中搜索新星。他在第一张底片上就找到了一颗"新星",然后他在威尔逊山天文台的底片档案中去搜索这颗"新星",发现从1909年开始超过60张底片上都有这颗星,亮度有时暗于19等,有时亮到18等(图10.16)。显然这不是一颗新星,而是一颗变星。底片的数量足够让他绘制出这颗变星的光变模式,结果显示这很可能是一颗造父变星。

为了确认这一点,哈勃在1924年2月第一个星期里拍摄了一系列底片,证实了这颗变星的光度确实像所有的造父变星一样从最暗迅速变亮。最后哈勃确认了这颗造父变星光变曲线的特征形状和31天多的光变周期,其手稿可见图10.17。造父变星的光变周期越长,它的光度就越大。而这颗星最亮时看起来只有18等。它是这样亮,而看起来又是这样暗,它的距离,即星云的距离,足有100万光年。即使按照沙普利对银河系大小的估计,这个星云也远远位于银河系之外。

哈勃又在仙女座大星云中认出更多的造父变星,还在三角座M33和人马座NGC6822中发现一些造父变星。他利用勒维特、沙普利等人所确定的周光关系,测定出这三个星云的造父视差,证明它们远在银河系之外。

由于此前与哈勃同在威尔逊山天文台的范马宁(Adriaan van Maanen,1884—1946)通

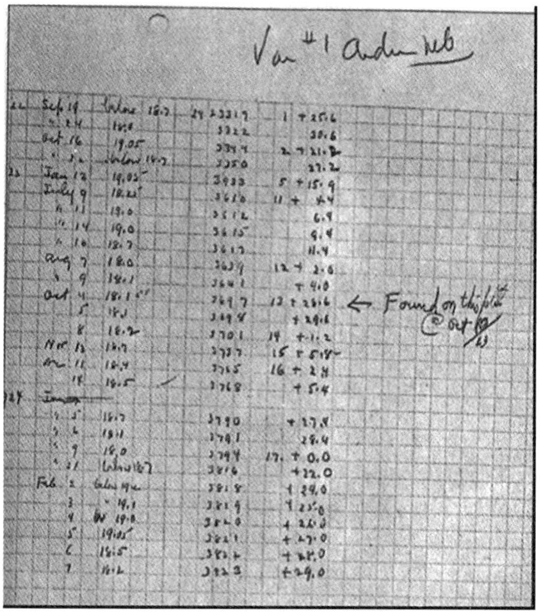

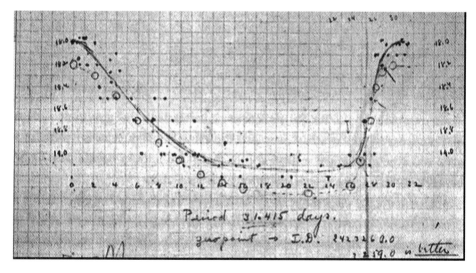

图 10.16　哈勃翻找过的威尔逊山天文台底片档案中的部分变星光度资料

图 10.17　哈勃手绘的造父变星光变曲线

手稿显示出典型的造父变星光变曲线形状：快速升高，缓慢下降，周期是 31.415 天。

过比较前后的底片，宣称观测到了旋涡星云的自转。如果星云在短时间里有能觉察到的自转，那么必定是小而且近。如果它们距离遥远，有巨大的直径，那么星云的外围部分将以难以置信的高速度旋转。

　　哈勃困扰于自己的结果与范马宁的不相容，对于是否公开发表他的结果犹豫不决。最后，在沙普利等人的坚持下，哈勃答应在他缺席的情况下，于 1925 年元旦召开的美国天文学会的会议上由他人代为宣读一篇概述他的重要发现的文章。

　　哈勃与沙普利使用了同样的"尺子"。尽管对沙普利而言大银河系原本是第一位的，旋涡星云的地位是第二位的，也立即承认了哈勃的发现所预示的结论。

10.2.3 太大的银河系

存在河外星系这一点大多数人已无异议。但是沙普利确定的银河系直径大约有30万光年，根据哈勃的仙女星系距离推出它的直径只有银河系直径的十分之一，而体积仅有其千分之一。我们的银河系在宇宙中显得非常特殊。这个异常（银河系太大）由于1930年特伦普勒关于星际消光的文章的发表而得到部分消解。由于遮光物质削弱了远处银道面上天体的光线，让沙普利认为银河系造父变星比它们的真实距离更远。因此银河系的直径减小到了10万光年。同时，增加了敏感度的照相底片显示仙女星系的直径比以前认为的伸展得更远。即使这样，银河系仍旧是一个超级系统，而相比之下，仙女星系很小。

天文学发展到20世纪，让许多天文学家产生了这样的感觉：任何使我们在宇宙中处于优势地位的理论都会使他们感到不舒服。仙女星系在许多方面都类似银河系，它们都包含数量众多的亮造父变星、球状星团系统和由一层尘埃和高亮度蓝星勾画出的旋臂。这都使得两者的大小差异更加令人迷惑。而仙女星系中的新星却被认为是暗于银河系中的同类，最亮的恒星和最亮的球状星团也是如此。

解决问题的途径看来在于对仙女座大星云进行更细致的观测。现在它的外围已经在照相底片上被分解成单个恒星，但中央核球部分还没有。当时最大的仪器是威尔逊山天文台的100英寸望远镜，分解中央核球部分已经超出了它的能力极限，尤其是附近洛杉矶的城市灯光使得这个愿望成为泡影。但是巧合的是，当美国加入第二次世界大战之后，实行了灯火管制。大部分天文学家又都去服役了，留下的是一位德国人巴德，他因为有残疾，又漏掉了加入美国籍的仪式，所以只能留在天文台。

巴德在用100英寸望远镜进行长时间曝光方面的技术非常娴熟。1943年秋天，巴德拍摄了仙女星系的中央核球部分，每张底片曝光约4个小时，照片上显现出成千上万颗恒星。进一步证实了旋涡星云确实是与银河系一样的恒星系统。巴德又进一步拍摄了M32、NGC205的照片，然后绘制了包括仙女星系在内的三个星系的赫罗图。他发现这三个星系的中央核球部分亮星的赫罗图和外围部分亮星的赫罗图不一样。前者和银河系内球状星团的赫罗图相似，后者则和银河系疏散星团的赫罗图比较接近。于是巴德提出，银河系和其他旋涡星系的恒星可以分成两个星族。

1944年，巴德发表了他关于恒星分属于两个星族的结论。星族Ⅰ恒星富集于银道面。它们包括像太阳以及它的邻近恒星，还有毕星团、昴星团等疏散星团中的恒星。它们由银道面的星际物质、气体、尘埃形成，它们的平均化学组成与太阳的相似。所有的星族Ⅰ恒星、气体和尘埃都沿着近圆轨道绕银河系中心旋转。

星族Ⅱ恒星则是老年恒星，存在于没有气体和尘埃的椭圆星系，也存在于旋涡星系中同样不含尘埃的球状星团中，还有旋涡星系的中央核球部分。在银河系中，球状星团和孤立的星族Ⅱ恒星沿着椭圆轨道绕银心运动，这些轨道向银道面倾斜的角度各不相同。星族Ⅱ恒星不参与太阳和星族Ⅰ恒星在银道面上的快速圆周运动。当星族Ⅱ恒星运动到太阳邻近区域时，它们被测得的速度会变大。

有一类变星叫天琴RR型变星，这类变星在球状星团中尤其多，所以常被叫作"星团变星"。周期为0.5天的天琴RR型变星比周期为10天的造父变星暗大概2个星等。在用100英寸反射镜拍摄的仙女星系照片中，10天周期的造父变星视星等大约在20等，那个距离上的天琴 RR 型变星亮度为 22 等左右——这超出了 100 英寸反射镜的分辨率,但处在当时正建造于帕洛玛山的 200 英寸反射镜能力所及之内。

1948 年,帕洛玛山的 200 英寸反射镜一投入使用,巴德就开始用它拍摄仙女大星系。但是原本应该出现在底片上的"星团变星"却怎么也找不到。由此可以推断,根据造父变星求得的仙女星系距离是偏小的。巴德还在仙女星系中观测到 300 多颗造父变星,他发现这些造父变星既有属于星族Ⅰ的,也有属于星族Ⅱ的,二者遵从不同的周光关系。

1952 年,巴德给出了新的周光关系:分属两个星族的造父变星的周光关系基本平行,但绝对星等差 1.5 等左右(图 10.18)。沙普利用来校正周光关系零点的近距离造父变星位于银河系的旋臂中,也属于星族Ⅰ,这些恒星现在被证明是比以前认为的要更亮——所以也更远。哈勃在仙女星系旋臂中搜寻到的造父变星也属于星族Ⅰ,它们同样要被移到更远的位置上。哈勃原来定出仙女星系的距离在 90 万光年左右,巴德校正后的距离为 230 万光年。但是沙普利用来确定球状星团距离(即银河系直径)的造父变星属于星族Ⅱ,它们的亮度被准确估测了。结果就是银河系的直径维持原状,而仙女星系的距离要加倍,所以仙女星系的直径也要加倍。这样我们的银河系失去了沙普利曾经赋予它的优势,而被给予了如今这样一个平凡的地位,某种程度上它是仙女星系的一个"小妹妹"。

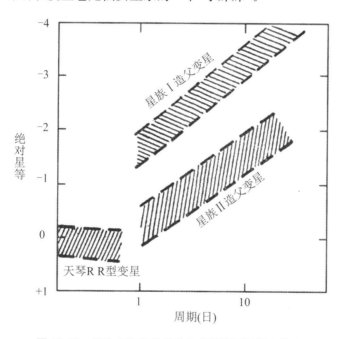

图 10.18 星族Ⅰ和星族Ⅱ造父变星的不同周光关系

10.2.4 星系的红移

1912 年以来,斯立弗发现旋涡星云有巨大的视向速度。到 1925 年,已经得到总共 45 个星云的视向速度,它们中的大部分由斯立弗测定。而其中的少部分在其他天文台得到检验,斯立弗测量的可靠性得到了公认。

最大的视向速度超过了每秒 1000 千米,意味着这些星系是银河系引力控制之外的独立物体,与哈勃新近展示的岛宇宙理论相容。从 1925 年起,哈勃在 100 英寸反射镜上为"旋涡星云的退行速度和它们的距离的关系"问题投入了大量的观测时间,在他生命最后数年又用200英寸反射镜观测。在那些年里,对这些天体的看法的改变反映在对它们的叫法上:"旋涡星云"变成了"河外星云",最后是现代叫法"河外星系"。

哈勃跟他的同事休马森(Milton Humason,1891—1972)一起工作(图10.19)。休马森将他的观测技巧集中在更远(和更暗)星系视向速度的测定上,哈勃设计出根据照相底片上像的亮度来确定真实距离的方法。但是即使是用100英寸反射镜,只有最近那些星系中的造父变星才能被探测到。哈勃在那些刚刚能够看见造父变星的星系里,识别那些最亮的单个恒星,它们一般比造父变星亮50到100倍,然后在更远的星系中,用这些同一光谱型的亮恒星作为标准天体。显然,微小的误差很容易积累。

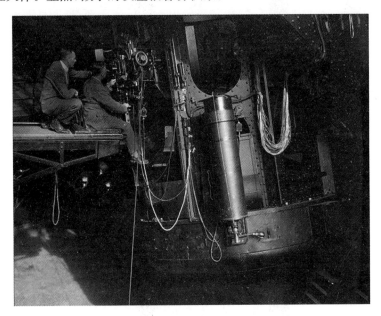

图 10.19　哈勃和休马森在威尔逊山天文台

到 1929 年,哈勃已获得 24 个星系的视向速度和独立的距离测定,他发表了一幅速度作为距离函数的图,显示每 100 万秒差距(即 1 Mpc)退行速度增加每秒 500 千米。哈勃第一次估算给出的这个量,后来被叫作哈勃常数,这是宇宙学基本常数之一。而"星系退行速度(v)正比于它的距离(d)"被叫作哈勃定律(图 10.20),或红移定律。① 用公式表示为

$$v = H \cdot d$$

式中,H 为哈勃常数,哈勃 1929 年发表的此常数为 500 千米/(秒·百万秒差距)。

顺着宇宙膨胀的思路,当时间倒退,星系就相互靠近,在早先某个时候宇宙必定曾经极度稠密。从那时到现在这段时间可以叫作"宇宙的年龄",宇宙年龄就是哈勃常数的倒数——哈勃常数越大,宇宙越年轻。

这在 20 世纪 40 年代产生了一些问题:从哈勃常数算出的宇宙年龄约为 18 亿年,小于公认的地质学家所熟知的地球年龄。巴德对造父变星定标的修正把哈勃常数缩小了约一

---

① 从恒星星光中可以辨认出一些已知元素,譬如氢、氦等元素的光谱线,跟这些元素的特征波长相比,这些谱线显示向红端移动,这就是红移。红移意味着这些天体正在飞离观测者。红移量越大,天体退行的速度也越大。

半,变为 260 千米/(秒·百万秒差距)。1958 年,当哈勃的学生桑德奇(Allan Sandage,1926—2010)表明哈勃原来以为的星系中最亮的单星事实上是一些嵌入气态星云的高光度星集,哈勃常数进一步向下修订到约为 75 千米/(秒·百万秒差距)。这两次哈勃常数的修正都减轻了宇宙年龄与地质年代尺度的冲突。2010 年,美国国家航空航天局(NASA)综合了最新的几种观测数据,给出哈勃常数推荐值为(70.8±1.6)千米/(秒·百万秒差距),对应的宇宙年龄约为 137 亿年。

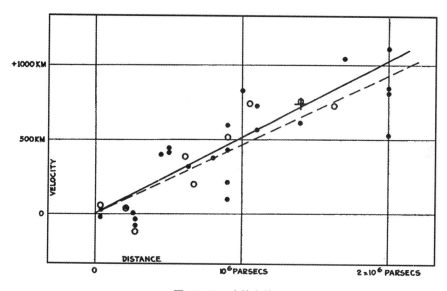

图 10.20　哈勃定律

1920—2000 年发表的哈勃常数值变化趋势可见图 10.21。

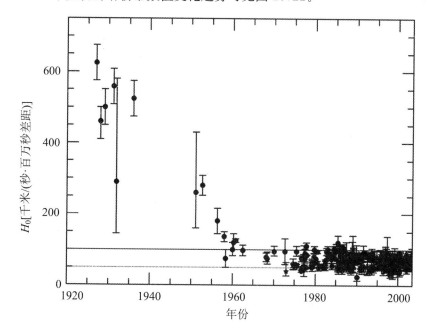

图 10.21　历年来发表的哈勃常数值变化趋势(1920—2000 年)

10.3 现代宇宙学说

10.3.1 爱因斯坦的静态宇宙模型

爱因斯坦(图10.22)明白狭义相对论是不完美的,因为它不能适用于加速系统和引力场,为此必须提出适用于后者的理论。到1915年,爱因斯坦已经完成了比较完整的广义相对论理论,这个理论的建立基于对三个主要问题的处理:引力、等效原理、几何学和物理学的关系,其理论核心就是新的引力场定律和引力场方程。在广义相对论中,爱因斯坦把相对性原理从匀速运动系统推广到加速运动系统,提出惯性质量同引力质量的等效性,也就是把加速系统视为同引力场等效。

图 10.22 爱因斯坦

爱因斯坦率先利用广义相对论引力场方程进行了宇宙学研究。到1917年,爱因斯坦试图把广义相对论方程应用到整个宇宙上去,来建立一个数理的宇宙模型。但他发现,在只有引力作用的模型中,宇宙不是膨胀就是收缩。为了使这个宇宙模型保持静止——正如我们的经验所感觉到的那样,爱因斯坦在他的方程 $R_{\mu\nu} - \frac{1}{2} g_{\mu\nu} R = -\kappa T_{\mu\nu}$ 里额外增加了一项 λ,使方程变成 $R_{\mu\nu} - \frac{1}{2} g_{\mu\nu} R - \lambda g_{\mu\nu} = -\kappa T_{\mu\nu}$。他把这个 λ 叫作宇宙项,它表示一种斥力,随着天体之间距离的增大而增强,用来抵消引力的作用,以保持一个静态的宇宙。

这样,爱因斯坦靠引进的这一个宇宙项产生的负时空曲率抵消了由宇宙中质量和能量产生的正时空曲率,进一步解算出了一个有限无界、没有中心的静态宇宙:宇宙空间是封闭的,但又是无边的、无止境的。就是说宇宙是有限无界的。假如一个光子向任何一个方向辐射出去,那么它会一直在封闭的空间中传播,任何地方都不会碰到空间的边缘,最后还会回到出发地。爱因斯坦推断的宇宙半径大约为35亿光年。

在爱因斯坦提出他的引力场方程不久,先有荷兰物理学家德西特(Willem de Sitter, 1872—1934)于1917年解算出爱因斯坦的方程不只有静态解,后有苏联数学家弗里德曼(Alexander Friedmann, 1888—1925)于1922年指出爱因斯坦的静态解是不稳定的。弗里德曼进一步主张应该丢弃宇宙项,宇宙就应该是膨胀的。这些结果起先没有能说服爱因斯坦,后来爱因斯坦承认弗里德曼没错。

爱因斯坦在发展他的广义相对论的同时,没有受到过太高深的数学训练、也未接触爱因斯坦理论的实测天文学家正是用当时世界上最先进的望远镜观测天空,确认了遥远的河外星系存在光谱线红移现象,到1929年哈勃发表"红移定律"。显然,对该定律所描述现象最自然的解释就是宇宙在膨胀。宇宙就好比一个有斑点(星系)的气球被吹胀起来的样子,气球表面斑点之间的距离会相互越来越远。1931年,爱因斯坦访问加州时看到了天文学家的计算之后,他正式宣布放弃了那个让他有点灰心失望的宇宙项,并把引入宇宙项到场方程中称作是他一生中所犯的最大错误。

10.3.2　大爆炸宇宙学说

哈勃的红移定律预示着宇宙在膨胀,此后出笼的宇宙模型都把哈勃红移考虑在内。实际上早在1922年弗里德曼就假设了宇宙在大尺度上的均匀和各向同性,利用引力场方程推导出了描述空间上均匀且各向同性的弗里德曼方程,并根据他算出的场方程解,提出了一个宇宙模型:整个宇宙空间不是静态的,是随着时间的流逝而改变的,空间的度规性质和任何两点之间的距离也随着时间一起改变。宇宙空间不是在膨胀着,就是在收缩着。

1929年,比利时数学家和天文学家乔治·勒梅特(Georges Lemaître, 1894—1966)在求解弗里德曼方程的基础上提出,在几十亿年前宇宙中的全部物质都聚集在唯一的一团"原初原子"里——有时也被称作"宇宙蛋"。根据勒梅特的估计,宇宙蛋的尺度不比地球到太阳之间的距离更大些。在这样一个体积内包含了宇宙的全部质量,所以它的密度极其巨大,并且很不稳定,不断发生衰变,于是物质便向四面八方飞散延伸,宇宙空间便这样膨胀开来。

到20世纪的40年代,美籍俄裔物理学家伽莫夫(George Gamow, 1904—1968)和他在乔治·华盛顿大学的博士生阿尔法(Ralph A. Alpher, 1921—2007)为了解释宇宙中元素的形成,提出在宇宙膨胀初期存在过一个高温高密的"原始火球"状态。在这样一个特殊状态中,同时存在着质子、中子、正负电子和中微子,并处于一种平衡状态。随着宇宙膨胀,温度降低,平衡过程被破坏,一部分中子因β衰变成为质子和电子,质子由于俘获中子成为重质子。这样,由于反复发生中子俘获或质子俘获和β衰变,形成了更重的元素。

为了让他的理论叫起来响亮一点,伽莫夫拉了著名核物理学家贝蒂一起署名,于是这一理论被称作 $\alpha\beta\gamma$(Alpher, Bethe and Gamow)理论。作为该理论的一种竞争理论的提出者,剑桥大学天文学家霍伊尔(Fred Hoyle, 1915—2001)在1949年的一次BBC广播节目中把它戏称为"大爆炸"(the Big Bang)理论。霍伊尔认为宇宙不会在一声爆炸中产生,一些传闻认为他这样讲是出于讽刺,但霍伊尔本人明确否认了这一点,他声称这只是为了着重说明两个模型的显著不同之处。不管怎样,反对者霍伊尔成了这个现在几乎已经家喻户晓的流行宇宙理论的命名者。

大爆炸理论提出了几项可用观测验证的预言，其中最早也最直接的观测证据包括从星系红移观测到的宇宙膨胀、宇宙间轻元素的丰度、对宇宙微波背景辐射的精细测量等，现在大尺度结构和星系演化也成为了大爆炸学说新的支持证据。

弗里德曼和勒梅特[①]分别在 1922 年和 1927 年就各自从广义相对论场方程推算出宇宙正在膨胀的结论，都要早于哈勃在 1929 年所进行的实测和分析工作。哈勃红移定律确立之后，宇宙膨胀的理论后来成为建立大爆炸理论的基石。为了致敬勒梅特的贡献，人们提议对"哈勃定律"进行更名。2018 年 10 月 29 日，国际天文学联合会（IAU）在其网站宣布：关于 IAU 会员电子投票更命"哈勃定律"为"哈勃-勒梅特定律"的决议被正式接受。

伽莫夫等人的大爆炸模型本来就是研究元素形成的副产品，用他们的理论可以计算氦-4、氦-3、氘和锂-7 等轻元素相对普通氢元素在宇宙中的丰度。所有这些轻元素的丰度都取决于一个参数，即早期宇宙中辐射（光子）与物质（重子）的比例。大爆炸理论所推测的轻元素比例大约为：氦-4/氢 = 0.25，氘/氢 = 10^{-3}，氦-3/氢 = 10^{-4}，锂-7/氢 = 10^{-7}。将实际测量到的各种轻元素丰度和从光子-重子比例推算出的理论值两者比较，结果是粗略符合。其中理论值和测量值符合最好的是氘元素，氦-4 的理论值和测量值接近但仍有差别，锂-7 则是差了两倍。尽管如此，大爆炸核合成理论所预言的轻元素丰度与实际观测可以认为是基本符合，这是对大爆炸理论的有力支持。因为到目前为止还没有第二种理论能够很好地解释并给出这些轻元素的相对丰度。事实上除大爆炸理论以外，很多观测结果也没有其他理论可以提供解释，例如为什么早期宇宙中氦的丰度要高于氘，而氘的含量又要高于氦-3，而且比例又是常数。

关于宇宙微波背景辐射的形成，大爆炸理论的解释是这样的：在宇宙大爆炸发生之初，原始火球处于完全的热平衡态，并伴随有光子的不断吸收和发射，从而产生了一个黑体辐射[②]的频谱。其后随着宇宙的膨胀，温度逐渐降低到光子不能继续产生或湮灭，不过此时的高温仍然足以使电子和原子核彼此分离。因而，此时的光子不断地被这些自由电子"反射"，这一过程本质上就是汤姆孙散射。由于这种散射的持续存在，早期宇宙对电磁波是不透明的。当温度继续降低到几千开尔文时，电子和原子核开始结合成原子，这一过程称为复合。由于光子被中性原子散射的几率很小，当几乎所有电子都与原子核发生复合之后，光子的电磁辐射与物质脱耦，这一时期大约在大爆炸后 379000 年，被称作"最终散射"时期。这些光子构成了可以被今天人们观测到的背景辐射。随着宇宙的膨胀，光子的能量因红移而随之降低，落入了电磁波谱的微波频段。大爆炸理论预言这种微波背景辐射是各向同性的，对应的辐射温度为 5 开尔文。

在大爆炸理论提出之后，普林斯顿大学的迪克（Robert H. Dicke, 1916—1997）根据伽莫夫的理论也在进行宇宙学研究，在 1964 年他也预言了高于绝对零度以上几度的背景辐

---

① Georges Lemaître, 1894—1966, "Un univers homogène de masse constante et de rayon croissant rendant compte de la vitesse radiale des nébuleuses extra-galactiques," *Annales de la Société Scientifique de Bruxelles* A47, (1927): 49-59.

② 黑体是德国物理学家基尔霍夫在研究热辐射时构想的一种理想辐射体。1861 年，基尔霍夫设计出了产生理想黑体辐射的条件：在一定温度下用不透光的壁包围起来的空腔中的热辐射等同于黑体的热辐射。严格意义上的黑体是不存在的，但是很多辐射体的辐射接近于黑体辐射。

射。迪克的小组还开始建造一台仪器来探测这种辐射以检验这一理论。与此同时,贝尔电话实验室的两位工程师彭齐亚斯(Arno Penzias,1933—2024)和威尔逊(Robert Wilson,1936—)正在校正为测试卫星通信而设计的号角式反射天线。他们以极大的耐心追踪和消去各种干扰源。但是他们发现,有一种无法解释的背景噪声来自天空的各个方向,对应的温度大约是3.5开尔文。他们向迪克咨询引起这种噪声辐射的可能原因,不料获悉他正在积极寻找他们已经找到的东西——大爆炸宇宙理论预言的微波背景辐射(图10.23)。1978年,彭齐亚斯和威尔逊因他们的意外发现与苏联低温物理学家卡皮查(Pyotr L. Kapitsa,1894—1984)分享了该年度的诺贝尔物理学奖。

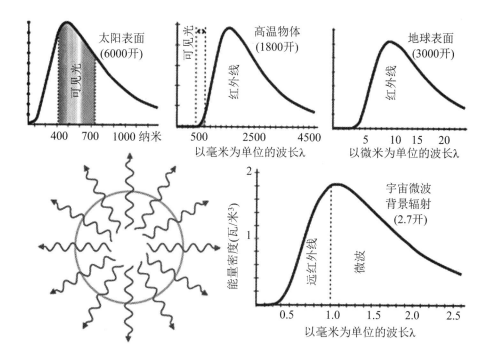

图 10.23　各种温度辐射体的辐射谱比较
依次为太阳表面、高温物体、地球表面和宇宙微波背景辐射的辐射谱图。

对于宇宙微波背景辐射还有一个需要深入研究的特征就是它的各向同性。如果宇宙微波背景辐射是绝对的各向同性的话,宇宙就应该是绝对平坦的,那么就难以解释我们观测到的宇宙中恒星的成团倾向,也就是在星系、星系团和超星系团这样的大尺度上物质密度的不均匀性。因此一些科学家推断,宇宙在其大爆炸之初必定有一种微小的起伏,就像平静湖面上的微小涟漪。宇宙的这种微小"涟漪",反映了宇宙大爆炸之初的微小不规则。正是因为有了这种不规则,宇宙才能演化成为现在这样的丰富结构。

萨克斯(Rainer K. Sachs,1932—2024)和乌尔夫(Arthur Michael Wolfe,1939—2014)在发表于1967年《天体物理学报》上的一篇文章中首先提出引力势能微扰对宇宙微波背景的影响。在物质密度大的地方这种微扰是正的,在物质密度小的地方这种微扰是负的。辐射光子爬出大密度的引力势井时要损失能量。这样,萨克斯和乌尔夫从宇宙的大尺度结构预测了宇宙微波背景辐射的各向异性。他们还预测反映这种各向异性的温度起伏在1%左右。后来的观测证明他们预言的这种起伏度过大了,但他们的理论开创之功是不可埋没的。

1981年，古斯(Alan Guth，1947—)提出的宇宙暴胀理论是宇宙大爆炸学说的发展，该理论用一个极高速膨胀的时期来解释大爆炸理论所假设的宇宙早期是超级平坦的。暴胀理论预言了早期宇宙一种统计上的各向异性，这种各向异性在量子引力理论框架内被解释成早期宇宙的一种量子起伏。量子起伏只影响很小的局部空间，但是随着宇宙的暴胀，这种微小起伏在时空的大尺度结构上体现了出来。按照古斯的理论，宇宙是非常平坦的，但不是绝对平坦。所以宇宙微波背景辐射的各向同性在相当大程度上是成立的，它的各向异性起伏在十万分之一的量级上才体现出来。

然而也有怀疑者们认为不会有什么宇宙微波背景辐射的各向异性被发现，因而大爆炸学说解释不了星系和星系团的形成。而且理论计算表明这种各向异性的程度必须恰到好处才行，过大或过小，都不能按大爆炸学说预言的方式形成现在的宇宙。

1989年，NASA发射了宇宙背景探测者卫星(COBE)，1990年，COBE的"远红外绝对分光广度计"小组宣布，宇宙微波背景辐射非常精确地等同于绝对温度为(2.725±0.001)开尔文的黑体辐射(图10.24)。这个结果否定了早先有些人提出的宇宙微波背景辐射不同于黑体辐射的结论。很多科学家把这个结果看作是宇宙热大爆炸学说无可争辩的观测事实。1992年，由乔治·斯穆特(George Fitzgerald Smoot，1945—)领导的小组发文宣布，宇宙微波背景辐射有十万分之一的各向异性起伏。这个起伏量恰好是大爆炸理论解释我们观测到的这个宇宙之所以能够形成所需要的。约翰·马瑟(John C. Mather，1946—)和乔治·斯穆特因领导了COBE探测计划而获得2006年度诺贝尔物理学奖。COBE除了证实宇宙微波背景辐射为黑体辐射和它的各向异性之外，还在早期星系、星际尘埃、宇宙暗物质、暗能量等多个宇宙学领域取得了重要成果，大大推动了宇宙学研究的进程。

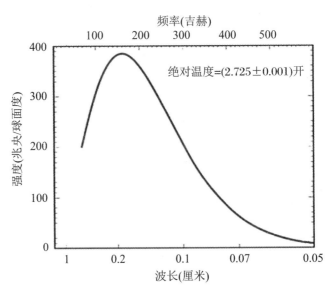

图10.24　COBE的宇宙微波背景辐射精确辐射谱

2003年初，威尔金森微波各向异性探测器(WMAP)给出了它的首次探测结果(图10.25，彩图见插页)，其中包括了在当时人们所能获得的最精确的某些宇宙学参数。WMAP的探测结果还否定了某些具体的宇宙暴胀模型，但总体而言仍然符合广义的暴胀理论。此外，WMAP还证实了有一片"中微子海"弥散于整个宇宙，这清晰地说明了最早的一批恒星诞生时曾经用了约五亿年的时间才形成所谓宇宙雾，从而开始在原本黑暗的宇宙中发光。2009 年 5 月,普朗克卫星作为用于测量微波背景各向异性的新一代探测器发射升空,它被寄希望于能够对微波背景的各向异性进行更精确的测量,除此之外还有很多基于地面探测器和气球的观测实验也在进行中。

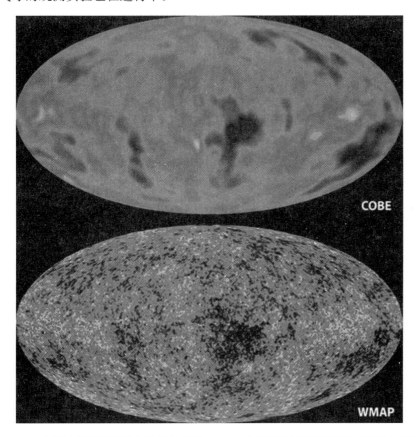

图 10.25　宇宙微波背景辐射的各向异性起伏:WMAP 以更高的精度验证了 COBE 的观测结果

经过暴胀理论修正的大爆炸理论固然能解释许多观测事实,但一些新的观测事实也不停地挑战大爆炸理论。例如,20 世纪 70 至 80 年代进行的多种观测显示,宇宙中可见的物质含量不足以解释所观测到的星系内部以及星系之间彼此产生的引力强度。这就导致了科学家猜测宇宙中有含量多达 90% 的物质都属于不会辐射电磁波,也不会与普通重子物质相互作用的暗物质。尽管暗物质这一概念在刚提出时还存在争议,但有多种观测都显示了它的存在,包括微波背景辐射的各向异性、星系团的速度弥散、大尺度结构的分布、对引力透镜的研究、对星系团的 X 射线观测等。如要证实暗物质的存在,需要借助它与其他物质的引力相互作用,但至今还没有在实验室中发现构成暗物质的粒子。至今物理学家已经提出了多种粒子物理学理论来试图解释暗物质,同时实验上也存在多个直接观测暗物质的探测计划。

另外,对 I a 型超新星红移和星等之间关系的测量揭示了宇宙在现有年龄的一半时,它的膨胀开始加速。哈勃当年曾经通过一种被称为"标准烛光"的天体"造父变星"来获得遥远星系的距离。但是在更遥远的距离上,即使在最大的望远镜里造父变星也暗弱得看不见了。这时天文学家们找到了另一种"标准烛光"——I a 型超新星。天文学家把超新星分为 I 型和 II 型,其中 II 型超新星是比太阳大好几倍的大质量恒星演化到最后产生爆炸的结果;I 型超新星被认为是质量大约为 1.4 倍太阳质量的白矮星吸积伴恒星的物质到一定程度时发生的爆炸,细分为Ⅰa、Ⅰb和Ⅰc型。Ⅰa型超新星之所以也被称为"标准烛光",是因为它们爆发时光度的最大值可以根据光变特征来确定,这意味着可以通过观测它们的视亮度来确定它们的距离。而且Ⅰa型超新星爆发的亮度相当于整个星系的亮度,这就意味着它们可以在非常遥远的距离上被观测到。

到1999年春天,美国天文学家萨尔·珀尔马特(Saul Perlmutter,1959—)的研究小组已经积累了80个Ⅰa型超新星的资料,它们的光线来自70亿光年之远的星系。结果显示这些70亿光年远的星系的退行速度要慢于10亿光年远的星系的退行速度。这就意味着10亿年前的宇宙膨胀得比70亿年前的宇宙快。也就是说宇宙在加速膨胀!

如要解释这种加速膨胀,广义相对论要求宇宙中的大部分能量都具有一个能够提供负压的因子,即所谓"暗能量"。还有其他若干证据显示暗能量确实存在:对微波背景辐射的测量显示宇宙空间是近乎平直的,从而宇宙的能量密度需要非常接近临界密度;然而通过引力汇聚对宇宙质量密度的测量表明,宇宙的能量密度只有临界密度的30%左右。由于暗能量并不像普通质量那样发生正常的引力汇聚,它是对那部分"丢失"的能量密度的最好解释。

2008年,WMAP团队给出了结合宇宙微波背景辐射和其他观测数据的结果,显示当今的宇宙含有72%的暗能量、23%的暗物质、4.6%的常规物质和少于1%的中微子。其中常规物质的能量密度随着宇宙的膨胀逐渐减少,而暗能量的能量密度却(几乎)保持不变。从而宇宙过去含有的常规物质比例比现在要高,而在未来暗能量的比例则会进一步升高。

在当前大爆炸理论中最佳的"冷暗物质"(cold dark matter,CDM)模型中,暗能量被解释为广义相对论引力场方程中的宇宙项。宇宙的加速膨胀暗示着一种宇宙斥力,即爱因斯坦方程中的宇宙项所表示的那种力的存在!看起来爱因斯坦认错认得太早了!当然,还有人从其他途径解释暗能量。在宇宙项和其他解释暗能量的替代理论之间做出比较和选择是当前大爆炸理论研究领域中最为活跃的课题之一。

在大爆炸理论框架下,我们宇宙的未来有两种图景。

图景一:如果宇宙能量密度超过临界密度,宇宙会在膨胀到最大体积之后坍缩,在坍缩过程中,宇宙的密度和温度都会再次升高,最后终结于同爆炸开始相似的状态——"大挤压"。

图景二:如果宇宙能量密度等于或者小于临界密度,膨胀会逐渐减速,但永远不会停止。恒星形成会因各个星系中的星际气体都被逐渐消耗而最终停止;恒星演化最终导致只剩下白矮星、中子星和黑洞。相当缓慢的,这些致密星体彼此的碰撞会导致质量聚集而陆续产生更大的黑洞。宇宙的平均温度会渐进地趋于绝对零度,从而达到所谓"大冻结"。此外,倘若质子真像标准模型预言的那样是不稳定的,重子物质最终也会全部消失,宇宙中只留下辐射和黑洞,而最终黑洞也会因霍金辐射而全部蒸发。宇宙的熵会增加到极点,以至于再也不会有自组织的能量形式产生,最终宇宙达到热寂状态。

现代观测发现宇宙加速膨胀之后,人们意识到现今可观测的宇宙越来越多的部分将膨胀到我们的视界以外而同我们失去联系,这一效应的最终结果还不清楚。在CDM模型中,暗能量以宇宙项的形式存在,这个理论认为只有诸如星系等引力束缚系统的物质会聚集,并随着宇宙的膨胀和冷却达到热寂。一些其他的解释暗能量的理论则认为,最终星系群、恒星、行星、原子、原子核以及所有物质都会在一直持续下去的膨胀中被撕开,从而达到所谓的"大撕裂"。

10.3.3 稳恒态宇宙学说

对于伽莫夫等人提出的大爆炸理论,三位剑桥天文学家霍伊尔(图 10.26)、邦迪(Hermann Bondi,1919—2005)和戈尔德(Thomas Gold,1920—2004)不以为然,他们反驳说,既然宇宙各向同性、处处均匀,宇宙中所有的空间位置都是等价的,那么根据相对论的时空统一性,所有的时刻也应该是等价的。也就是说,宇宙间物质的大尺度分布,不仅在空间上是均匀且各向同性的,在时间上也应该是保持不变的。在任何时代、任何位置上观测者观测到的宇宙图景在大尺度上都应该是一样的。他们将这个原理称为"完美宇宙学原理"。根据这一原理,他们在 1948 年提出了一个稳恒态宇宙模型。

图 10.26　霍伊尔

根据稳恒态宇宙模型,宇宙从未有过开始,也没有结束,无所谓过去,也无所谓将来。宇宙处于连续的创造过程之中,并且在大尺度上,包括任何时候和任何地方,都是一样的。稳恒态宇宙模型考虑了哈勃的星系退行,认为宇宙在膨胀时,星系在各个方向上简单地飞离,就像烤蛋糕时蛋糕上的葡萄干随着蛋糕膨胀而相互远离。这时物质的总体密度减少,但不会低于一个临界密度,当物质密度接近于这个临界密度时,为了填补星系退行后留下的虚空并保持宇宙总的外观,物质就会在星系际空间创生。物质的创生率为每百万立方秒差距每年创生一个太阳质量的物质,或者每立方米在 10 亿年里创生一个氢原子,以这个速度创生出来的氢恰好用来形成新的星系或星系团。

每个新的星系团随着宇宙的膨胀而逐渐衰老,直至消亡,而后又有新的星系团形成。新星系形成,老星系死亡,但宇宙的总密度始终保持不变,并且在某一瞬间总是存在着各种不同年龄的星系。因此,不论任何时候观测到的宇宙都是一样的。

1956 年,霍伊尔发表在《科学美国人》上的一篇文章中还指出,宇宙中的氢总是不可逆转地转化为更复杂的元素,而反向的逆转变从来没有被观测到。这说明氢不可能是更古以来就存在的,它应该在一定的时间以前产生出来。氢在恒星或星系中形成无须大爆炸,因为大爆炸之后物质四处飞散就不可能聚集为恒星或星系了。所以在霍伊尔看来,氢在过去整个无限的时间内一直不断地被创造出来,并且现在也同样在被创造着。

稳恒态宇宙模型虽然也能解释不少宇宙学效应,譬如承认宇宙膨胀,可以解释哈勃效应;承认宇宙膨胀,可以克服奥伯斯佯谬。但该理论本身还存在着一些严重缺陷。首先,由于稳恒态宇宙模型宣称物质可以无中生有地被创造出来,否定了物质和能量守恒定律,因此很难被大多数学者接受。其次,稳恒态宇宙模型自身也存在着一定的不确定性。宇宙到底在什么尺度上表现为稳恒态呢?显然不是太阳系的尺度,也不是银河系尺度,甚至不是星系团的尺度。提出稳恒态宇宙模型的主要人物从来没有就此问题做出过明确的说明。最关键的一点是,稳恒态宇宙模型无法解释 1965 年被证实的宇宙微波背景辐射。宇宙微波背景辐射是大爆炸宇宙学说的预言结果,因此成了大爆炸学说战胜稳恒态学说的关键证据。此后对绝大多数人来说,稳恒态宇宙模型成为了一种历史。

稳恒态宇宙模型作为一种可被高度证伪的理论,应该说已经实现了他的历史价值。但正常的学术生态是,理论持有者永远不要轻易放弃自己的理论。霍伊尔和他的学生纳里卡在 1980 年完成的《物理天文学前沿》一书中用一个附录介绍了稳恒态宇宙模型,其中对在稳恒态宇宙模型中如何解释宇宙微波背景辐射提出了一种可能的机制。他们指出:

所观测到的背景辐射是由频率范围大致在 10^9 赫兹到 3×10^{11} 赫兹之间的一些射电波组成的。已经知道有许多射电源会产生这样的射电波。所以,为什么这些源——像射电星系和类星体那样的离散分布天体——就不应该是造成背景辐射的原因呢?

两位作者承认现已知道的射电源不能给出足够的强度,他们想到的一种补救办法是假定存在着许许多多未探测到的弱射电源,其数目大约为 10^{14} 个。这一假设显然也会受到大多数天文学家的反对。但是他们辩解说:

不要以为世界上除了用今天的仪器所正好能观测到的那些事物外,就再也不存在任何其他东西了。

当然,天文学史多次证明这种看法是错误的。所以,在有关存在着大量的弱射电源从而就能够拯救稳恒态宇宙模型的问题上,现在还难以定论。因此,他们认为:

从严密的数学解算结果的意义上来检验的话,稳恒态宇宙模型至今还没有完全被推翻。①

或许,正如《物理天文学前沿》一书中所写的:

宇宙学家的处境可以比作是晚间有一个人在灯光暗淡的街上寻找一枚丢失了的硬币,他唯一可以很好搜索的场所就是少数几盏路灯下面的地方。②

面对宇宙,我们确实只能从我们已经掌握的规律出发去理解它。其实更重要的不是理解到了什么程度,而是这个不断进步的理解过程。稳恒态宇宙模型也好,大爆炸理论也好,最后都会消失在这个过程中,并成为前进道路上的一块块基石。

---

① F·霍伊尔、J·纳里卡:《物理天文学前沿》,何香涛、赵君亮译,湖南科学技术出版社,2005,第 516 页。

② 同上书,第 510-511 页。

课外思考与练习

1. 威廉·赫歇尔是如何确定恒星的空间分布并断言银河系的存在的?
2. 为什么说威廉·赫歇尔是"恒星天文学之父"?你认为他是否当之无愧,为什么?
3. 沙普利是如何确定银河系的大小和太阳系在银河系中的位置的?
4. 哈勃是如何确定河外星系的存在的?
5. 随着人类宇宙视野的扩展,人类在宇宙中的地位降得越来越低。对此你怎么看?
6. 简述大爆炸学说预言的可观测事实。
8. 稳恒态宇宙模型是否被证伪了?有人坚持这一学说有意义吗?
9. 名词解释:梅西耶天体、造父变星、绝对星等、周光关系、造父视差、星际消光、哈勃红移定律、星族、静态宇宙模型、宇宙项、大爆炸宇宙模型、稳恒态宇宙模型、宇宙微波背景辐射、暴胀理论。

延伸阅读

1. F. W. 赫歇尔:《论宇宙的结构》,载宣焕灿选编《天文学名著选译》,知识出版社,1989,第238-243页。原著信息:William Herschel, "On the construction of the heavens," *Philosophical Transactions of the Royal Society of London* 75(1785):213-266.

2. W. 哈根斯:《星云的光谱》,载宣焕灿选编《天文学名著选译》,知识出版社,1989,第197-201页。原著最早先发表在:William Huggins and W. A. Miller, "On the spectra of some of the nebulae," *Philosophical transactions of the Royal Society of London* 154(1864):437-444;后发表在:*Nineteenth Century Review*, June, 1897。中文译本据后者译出。

3. H. 沙普利:《由以太阳为中心到以银心为中心》,载宣焕灿选编《天文学名著选译》,知识出版社,1989,第244-250页。原著信息:Harlow Shapley, *Star clusters* (Harvard: Harvard Observatory monographs No.2, McGraw-Hill Book Company, inc., 1930).

4. H.S. 勒维特:《小麦哲伦云中25颗变星的周期》,载宣焕灿选编《天文学名著选译》,知识出版社,1989,第267-271页。原著信息:Henrietta Leavitt, "Periods of 25 variables in the Small Magellanic Cloud," *Harvard College Observatory circular* no. 173 (Mar. 3, 1912):1-3.

5. E.P. 哈勃:《旋涡星云中的造父变星》,载宣焕灿选编《天文学名著选译》,知识出版社,1989,第271-275页。原著信息:Hubble & Edwin P., "Cepheids in spiral nebulae," *Publications of the American Astronomical Society* 5(1925):261-264.

6. W. 巴德:《分解M32、NGC205和仙女座大星云的中心部分》,载宣焕灿选编《天文学名著选译》,知识出版社,1989,第276-288页。原著信息:Baade W., "The resolution of Messier 32, NGC 205, and the central region of the Andromeda Nebula," *Astrophysical Journal* 100(1944):137-146.

7. W. 巴德:《河外星系距离标度的修正》,载宣焕灿选编《天文学名著选译》,知识出版社,1989,289-292页。原著信息:Baade W., "A revision of the extra-galactic distance

scale," *Transactions of the International Astronomical Union* 8(1952): 397-398.

8. E. P. 哈勃:《河外星云距离与视向速度的关系》,载宣焕灿选编《天文学名著选译》,知识出版社,1989,第 500-507 页。原著信息:Edwin Hubble, "A relation between distance and radial velocity among extra-galactic nebulae," *Proceedings of the National Academy of Sciences of the United States of America* 15,3(1929): 168-173.

9. G. 盖莫夫:《膨胀宇宙的物理学》,载宣焕灿选编《天文学名著选译》,知识出版社,1989,第 509-518 页。原著信息:Gamow, "The physics of the expanding universe, G.," *Vistas in astronomy* vol. 2(1956): 1726-1732.

10. 史蒂文·温伯格:《宇宙最初三分钟》,张承泉等译,中国对外翻译初版公司,2000。

11. 斯蒂芬·霍金:《时间简史》,吴忠超译,湖南科学技术出版社,2006。

第 11 章 余论：宇宙、生命和文明的延续

一部天文学史，归根结底就是一部人类认识宇宙和其自身的历史。这种认识的目的，有人会说是为了探求真理。这是一个充满理想主义色彩的回答。应该还有一个更为现实主义一点的回答，那就是为了更好地适应这个宇宙并在其中生存下去。

11.1 理解宇宙

宇宙间最巨大的存在物莫过于宇宙本身。与巨大的宇宙相比，人类只是一颗宇宙尘埃上不起眼的寄生物。但只经过短短的几千年、宇宙的一瞬间，人类的智力就进化到能够在宇宙尺度上理解宇宙了。

起初，地球上的文明大多认为大地是平的。在保存下来的古印度文献中还可以看到这样的宇宙创生过程：最初有一种能吹散一切的大风，能使万物无形无相，不见一点微尘残余，各大洲诸大山都被吹破。然后经历了不知道多少时候，生出大黑云来，笼罩整个世界。然后降下大雨，连续下了不知道多少时间。水聚积起来，形成底海。底海的水搏击而上，结而成金，就像煮熟的牛奶表面凝结成膜，这是金地轮。金地轮之上又有大雨下注，形成大海。大海在大风的吹击鼓动之下，精品聚成须弥山，矗立在地轮中央，中品聚集成七金山，下品聚集成轮围山，杂品聚集成四大洲，依次围绕在须弥山四周。日月星辰绕着须弥山的半山腰而转，依次照亮四大洲。

后来，随着探索范围的扩大和推理能力的提高，一些人开始认识到大地是球形的。有一群古希腊人，他们把宇宙安排得次序井然：地球居于宇宙的中心，日月五星围绕地球转动，最外围包裹着恒星天层。古希腊人的安排体现了一种智力上的自信。中国古人似乎就更谦虚些，超出目力和想象力之外，他们就说："过此而往者，未之或知也。未之或知者，宇宙之谓也。宇之表无极，宙之端无穷。"（张衡《灵宪》）他们承认人的智力是有限的，宇宙是无穷的。

关于宇宙是有限的还是无限的，虽然不怎么困扰中国的古人，但在西方却引起了不少的争议。文艺复兴晚期，哥白尼从简单性和完美性的信念出发，提出了一个日心宇宙模型，认为地球带着月亮，和其他行星一起，绕着太阳这个宇宙的中心转动。哥白尼学说一方面复活了古希腊的地动学说，另一方面把古希腊的同心球层宇宙模型的构造推到了无以复加的高度。

在《天体运行论》出版后的半个多世纪里,日心说没有得到很大的拥护,也没有招来太多的反对。当时的物理学知识无法解释地球在动这一说法,也没有观测证据支持地球在动。直到1609年伽利略把望远镜指向天空,看到了一系列前所未见的天象。特别是他看到木星有四颗卫星围绕它运转,这一观测否定了地心说的"地球是宇宙唯一绕转中心"的说法。他看到金星的相位变化,这一实测证据直接否决了托勒密的地心学说。另一位哥白尼学说的信奉者开普勒找到了有关行星运行的更简单的一致性。在其1609年出版的《新天文学》中,开普勒指出所有的行星包括地球沿各自的椭圆轨道绕太阳转动,太阳位于这些椭圆轨道的一个焦点上。用一条圆锥曲线就描述了所有行星的运行,开普勒把宇宙和谐的思想发挥到了极致。

但无论是伽利略还是开普勒,在宇宙学方面并没有作出比哥白尼更多的陈述。在他们的心目中,宇宙的最外层包围着一个静止的恒星天层,中央居住着太阳,中间是运动的行星。

近代欧洲宇宙学相对于中世纪以前宇宙学的突破主要表现在两个方面:一是打破禁锢在宇宙外围的水晶球,提出无限宇宙的概念;二是摆脱古希腊天体遵循完美运动原理的说法,给天体的运行寻找原因。这两点靠哥白尼学说都难以实现,后来第谷提出的折中体系同样也不能。开普勒虽然开始寻找让天体运动起来的动力学原因,但他所获得的三大行星定律论述的是行星的运动规律,动力的思想并不是必须的。

实际上,关于宇宙无限的思想在哥白尼所熟知的前辈,文艺复兴时期德国天文学家、数学家和哲学家库萨的尼古拉(Nicolaus Cusanus,1401—1464)的论述中就已经出现。库萨的尼古拉认为处处都是宇宙的中心,因此处处都不是中心。只有上帝才是地球和所有天体的中心,上帝是某种无所不包的实体。因为宇宙的中心是上帝,所以地球不是宇宙的中心,因此它必然也是运动的。库萨的尼古拉把宇宙连同上帝本身的实体一起比作一个无限大的球。由于球半径无限大,所以其表面根本就不弯曲,其表面的线都是直线。因此,他认为的宇宙是零曲率的平直空间。库萨的尼古拉还认为宇宙中任何一个点都是宇宙在同一瞬间产生的,因此他否认亚里士多德曾经主张的不同的区域有不同的价值等级。不存在更高贵或比较高贵的星球,地球既不是最低下的,也不是最坏的星球。

库萨的尼古拉的无限宇宙思想后来又由布鲁诺加以发挥和推广。布鲁诺认为宇宙空间是无限的、统一的、物质的、永恒的。他指出哥白尼的宇宙模型是不彻底的,因而追随库萨的尼古拉的主张,认为处处都是宇宙的中心,同时又处处都不是宇宙的中心。布鲁诺认为在广袤无垠的宇宙空间中人们所感觉到的亚里士多德式的有限世界和与此相同的世界有无限多个;在无法测量的宇宙空间中有无数的太阳在不停地运转着,像我们的太阳被一些行星包围着一样,无数的恒星也被它们的行星包围着。人类所看到的世界只不过是无限宇宙中非常渺小的一部分。

最后是笛卡儿首先尝试提出了一个充满物质及物质间相互作用力的无限宇宙模型,即旋涡学说(详见第6章中的论述)。虽然笛卡儿的模型并不很成功,但这是第一个取代中世纪水晶球体系的宇宙模型。牛顿提出万有引力之后,牛顿主义宇宙学与笛卡儿主义宇宙学展开了激烈的竞争,直到哈雷按照牛顿力学预言的彗星成功回归之后,旋涡学说才彻底退出历史舞台。

在牛顿眼里,空间无限延伸,时间无始无终。这与中国先秦思想家对"宇宙"这两个字的定义暗合:"上下四方谓之宇,往古来今谓之宙。"牛顿论述的上帝创造好宇宙万物后,就看着他的创造物自己运行,只是偶尔修理一下,就像钟表匠修理出了偏差的钟表。人的智慧不可能挑战上帝的权威，只能去尽力理解上帝的创造物。于是苹果怎么会落地、潮水怎么会涨落、彗星怎么会出没，都找到了一致的解释。

随着天文学观测的进步，无限的宇宙空间中充满着恒星这一认知基本上被建立起来，并且认为在大尺度上恒星是均匀分布的。然而，这样一个无限宇宙与万有引力定律之间产生了矛盾。万有引力定律表明所有物体都相互吸引，宇宙间恒星、星系之间的吸引力应该使得它们要互相靠拢，因而宇宙会变得不稳定。

虽然牛顿把他的宇宙稳定性问题交给了全能的上帝，但是假如不劳驾上帝，事情会如何呢？发现过两颗小行星的德国天文学家奥伯斯在1823年提出并在1826年重新表述了这样一个想法：假如宇宙真的无限，并且包含无限多的、均匀分布在空间中的恒星的话，这些星光积累起来，会使得星空的每一个角落的亮度都应该跟太阳表面的亮度一样炫目。事实上，我们看到的并不是这样的，黑夜和白天还是很分明的。这个矛盾后来被称作奥伯斯佯谬，又叫光度佯谬。[①]

为了避免光度佯谬，奥伯斯曾经设想存在一种暗的星际介质，吸收来自遥远恒星的亮光。然而19世纪50年代热力学的进步表明，这样一个时空无限的宇宙中，星际介质的温度必然会一直上升到介质与星光处于热平衡，在这种情况下，它吸收多少能量就发射出多少能量，所以不能减少平均辐射能密度。

无限宇宙造成的光度佯谬还没有解决，两位德国物理学家诺曼（Carl Neumann，1832—1925）和西里格（Hugo von Seeliger，1849—1924）在1894年又各自提出：假如宇宙无限大，物质均匀分布，密度处处不等于零的话，那么作用于每一个天体的万有引力将累积到无限大。显然这种现象也没有被观测到。这被称作诺曼-西里格佯谬，又叫引力佯谬。

1908年，瑞典天文学家沙里尔（Carl Vilhelm Ludvig Charlier，1862—1934）提出了一个无限层次的宇宙模型，试图克服无限宇宙的佯谬。他认为，$N1$ 个恒星 G0 聚集成星系 G1，$N2$ 个 G1 聚集成星系 G2，如此类推，天体的层次没有终结。他认为宇宙间的天体和天体系统都存在着这样的聚集成团的倾向，不仅在小尺度上这样，在大尺度上也这样。按照沙里尔的理论，当各个系统的参数之间存在一定的比例关系时，光度佯谬和引力佯谬就可以消除。但是，沙里尔的无限层次模型挑战了宇宙在大尺度上各向同性、处处均匀这一公认的宇宙学原理。同时该理论还要求系统的等级越高，物质的平均密度也越小，直至宇宙的平均密度趋近于零，而这一点也是让人难以接受的。

看来，在牛顿的无限宇宙框架里，光度佯谬和引力佯谬都难以彻底解决。另外，牛顿的经典力学实际上只解释了宇宙中万物的运行规律，并没有回答宇宙是如何来的，又要向何处去。要回答这些问题，还有待现代宇宙学说的提出（详见第10章"现代宇宙学说"一节）。

爱因斯坦不承认有人格化的上帝，曾说："宇宙最不可理解之处，就在于它是可以理解的。"也正是爱因斯坦本人提供了一种理解宇宙的理论——广义相对论。于是空间不再平直延伸，时间不再独立、均匀地流逝。爱因斯坦首先把人类对宇宙的理解从哲学的一个思辨性话题变成了一道物理学甚至数学的习题。宇宙的命运就是方程的一个解。

人类的智力有时也不能理解自己的智慧果实。爱因斯坦解算出来的宇宙会膨胀，但他希望宇宙不是这样不稳定的，所以他给他的方程凭空加了一个"宇宙项"来抵消宇宙的膨胀。

[①] 事实上瑞士天文学家德沙素（Jean-Philippe Loys de Chéseaux，1718—1751）在1744年提出过类似说法，但没有引起关注。

不久哈勃的观测就证实遥远的星系在离我们而去,并且离我们越远的星系退行得越快。宇宙就是在膨胀着的!爱因斯坦不得不承认"宇宙项"是他一生中最大的错误。

现在宇宙正在膨胀着,那么它的过去呢?它的未来呢?为了全面地理解宇宙的过去和未来,许多精致的宇宙模型被构建出来。其中一个被竞争对手戏称为"大爆炸"的宇宙模型最终脱颖而出,因为观测证实了"大爆炸"模型的预言。最新的观测结果表明,我们的宇宙在137亿年前从一个点爆炸开来,一直膨胀到现在这么大。至于宇宙是否会一直膨胀下去还有待于更多的观测证据。人类理性思维的触角已经探到了时空的尽头。

11.2 宇宙秘方和人择原理

跟宇宙一样让人着迷的是生命本身。"我们为什么存在?""生命的本质是什么?"这些原本由诗人和哲学家们来回答的问题慢慢地也变成了一个个科学问题。天文学家从"大爆炸"以来的宇宙历史中去寻找问题的答案,结果发现我们人类这样的智慧物种在宇宙中的存在纯属侥幸。他们发现宇宙中隐藏着一些常数,这些常数的数值需要如此精确,如果其中一个稍稍发生变化,那么就没有我们人类来问我们为什么存在了。

这些常数中的第1个数是大数$N(10^{36})$,它是把原子结合在一起的静电力和原子之间的万有引力之比,这个巨大的数字意味着在原子尺度上引力比静电力弱得太多了。但是引力就得这样弱,不然,如果N的后面少几个0,那么就只会出现一个昙花一现的小宇宙,没有一个生物会比昆虫大,也没有足够的时间让生物进化,因此宇宙中就不可能产生像人类这样的复杂生物。

第2个数是$\varepsilon(0.007)$,它表明在恒星内部发生的核聚变过程中转化成能量的质量比例,即只有0.7%的参与核聚变反应的质量转化成了能量。ε的大小决定了原子核内聚的坚固程度和所有原子的生成。如果ε是0.006,氢原子核的粘合力就很小,就无法形成稳定的氦核,这样的宇宙中氢元素一统天下,无法形成足够含量的碳和氧,其他重元素则更罕见;如果ε是0.008,质子之间的粘合力太强,无法存在氢元素,没有氢,水也就不存在了。因此,无论ε偏大或偏小,这样的宇宙中都不会有我们人类。

第3个数是宇宙常数Ω。观测证实现在的宇宙在膨胀,但这种膨胀会一直进行下去吗?还是膨胀到一定程度会发生收缩?这取决于宇宙的物质密度。天文学家算出了一个临界密度,Ω就是宇宙的实测密度与临界密度之比。如果Ω小于1,宇宙将一直膨胀下去,即是开放的;如果Ω大于1,宇宙最后将收缩,即是闭合的。按照目前的实测结果,Ω只有0.04,但天文学家推测宇宙中还有很多暗物质没有被测量到。Ω的大小还反映了引力与宇宙膨胀能量之间的关系。如果Ω太大,宇宙在开始演化之前就坍缩了;如果Ω太小,宇宙就会膨胀得太快,星系和恒星就无法形成。因此,Ω的大小似乎是被精心挑选好的,以便形成现在这样的宇宙。

第4个数λ曾经出现在爱因斯坦的静态宇宙模型中。爱因斯坦为了抵消宇宙中物质间的万有引力而引入的一个"宇宙项",代表"宇宙斥力"。后来观测证明宇宙是在膨胀,爱因斯坦的"宇宙项"被抛弃。但是最新的观测表明,似乎存在一种宇宙"反引力"控制着宇宙的膨胀,即 λ 的值很可能并不等于0,爱因斯坦也许过早地承认了错误。尽管 λ 极其微弱,但它很可能控制着宇宙的膨胀和宇宙的最终命运。然而 λ 也只能极其微弱,不然它提供的斥力将使星系瓦解。

第5个数是 Q,它的大小是 10^{-5},即只有十万分之一。宇宙中的主要结构,如恒星、星系、星系团等,都是由引力束缚在一起的。Q 描述了这些结构的结实程度。对宇宙中最大的结构星系团或超星系团来说,打破某星系团所需要的能量与该星系团的总"静止质能"(mc^2)之比等于 Q。Q 值如此之小,还说明我们的宇宙大致上是各向同性的。Q 值可以看作是宇宙的微小"涟漪",反映了宇宙大爆炸之初的微小不规则。这种不规则对于今天的宇宙结构来说具有决定性的意义。1992年,COBE 精确地描绘出了宇宙微波背景的黑体辐射谱,其涨落值就是这个 Q。而正是因为有这些涟漪,宇宙才能演化出现在这样的丰富结构。

第6个数是我们生活的这个世界的空间维数 $D(3)$。从古希腊开始,三维空间的几何性质已经被研究得很透彻了,但这个古老的空间维数现在被注入了新的内涵。天文学家认识到引力和静电力的平方反比关系是三维空间所固有的;靠万有引力束缚在一起的天体系统,譬如我们的太阳系,只有在三维空间中才是稳定的;我们生活在并且只能生活在一个三维世界中,如果 D 是 2 或 4,生命将不复存在。时间往往被称作第四维,但它与空间的维数不同,时间之维是不可逆转的,只能向一个方向前进,即只能迈向未来。

这6个数仿佛配成了一个制造宇宙的"秘方",这些数字的大小十分敏感地影响着制造出来的宇宙。如果其中任何一个出现失调,那就不会产生恒星和生命。

有个比喻说,一个面对行刑队的犯人,有50个训练有素的枪手举枪向他瞄准。一排枪声过后,他发现自己竟然还毫发无伤地活着。现在我们人类在宇宙中的存在就有点类似上面那个侥幸活下来的犯人。我们其中的少部分人,已经在开始思考我们为什么存在的问题了。答案之一就是,我们生存于其中的宇宙,是经过对这6个数的精细调谐才得以形成的。正因为有这样的精细调谐,才有我们人类,才有我们在这里讨论这个问题。

那么我们这个宇宙的存在,还有我们人类自身的存在,真的只是出于一种巧合?或者竟然就是出自一位造物主的巧妙安排?天文学家认为,如果那6个数字与现在观测到的不同,照样会形成一个与我们现在的宇宙不同的宇宙。不同的6个数,会形成无限多个不同的宇宙。但是其中的绝大多数宇宙不是胎死腹中就是难以演化为成熟的宇宙。只有6个数字大小合适、组合正确的宇宙,才能正常演化到我们现在看见的这个样子,才会出现我们——观测这个宇宙的智慧生物。

对人和宇宙的关系作如上描述的理论被冠以了一个名称,叫作人择原理(anthropic principle)。这个名词首次出现在由约翰·巴罗(John D. Barrow,1952—2020)和弗兰克·蒂普勒(Frank J. Tipler,1947—)合著、由牛津大学出版社于1986年出版的《人的宇宙学原理》(*The anthropic cosmological principle*)一书中。

由于不同科学家对人择原理的理解和表述各有不同,大致形成了两种强弱不同的表述。弱人择原理(weak anthropic principle)认为,宇宙之所以是现在这个样子,是因为倘若它不是这样,就不会有谁来讨论这个问题了。强人择原理(strong anthropic principle)认为,在所有可能的宇宙中,我们观测到的宇宙是唯一一个能够演化出像我们这样的智慧生物的宇宙,这是由观测到的宇宙参数决定了的。

尽管人择原理是从最新的观测证据出发、建立在精致的理论模型之上的,但是自从它被提出之日起,就经受着各种各样的批评。有人指出人择原理不能被科学地证实或证伪,尤其是"多重宇宙"的思想,那些退化了的、没有演化出智慧生物的宇宙,是我们这个宇宙中的智慧生物根本无法观测证实的。一种宇宙学理论,如果包含了这样的不能在该理论框架内得到证实的内容,一般会被认为不是一种好理论。因为这不符合科学哲学中一条叫作"奥卡姆剃刀"(Occam's razor)的原理,该原理基于英国中世纪哲学家奥卡姆的威廉(William of Occam,1284—1347)的一句名言:"无须增加不必要的实体。"还有,人择原理也为"神创论"者提供了一个方便之门,尽管人择原理的提出者都是不同意"神创论"的,但似乎仍不妨碍"神创论"者们援引人择原理来"用科学的方法证明上帝的存在"。

11.3 宇宙中的生命

对人择原理的争论似乎很容易滑向哲学和宗教,但对于宇宙中生命的起源、演化、分布等问题所进行的研究已经形成了一门具体的专门学问,那就是天体生物学(astrobiology)。地球是迄今所知唯一适于生命居住的行星,但是天体生物学、实测天文学等领域内取得的进展,和在各种严酷环境中发现的大量极端微生物(extremophiles)这一事实,预示着生命也许可以出现在宇宙中其他地外环境中。天体生物学是一门跨领域的学科,它寻找太阳系内和太阳系外适于生命居住的环境,对地球上生命的起源和早期演化进行实验室的和田野的研究,探讨生命适应地球和外太空环境的潜在能力。天体生物学的研究要综合运用物理学、化学、天文学、生物学、分子生物学、生态学、行星科学、地理学、地质学等多门学科,来研究其他天体上可能存在的不同于地球上的生物圈和生命存在的可能性。

作为一门学科,天体生物学的历史并不长,但它在逐渐成为一门热门的学科,近年来各种新成果也层出不穷。譬如,在1996年8月6日,美国航空航天局公布了一条爆炸性消息:通过对一块采集自南极的编号为ALH84001的火星陨石的研究,证明30多亿年前火星上曾经存在过一种原始形态的微生物。

一块石头是怎么成为生命的证据的呢?火星和我们的地球一样,形成于46亿年前。有人推测大约在40亿年前,地球上就出现了地球生命的共同祖先。此后一直到10亿年前,地球看起来像一块不毛之地,海洋里没有海藻,陆地上没有树木,但那时的地球充满了生命——细菌和太古菌。在这些微生物的参与下,某些沉积岩会形成独特的"叠层"结构。科学家相信,岩石中的"叠层"结构就是生命存在过的证据。但是地球的岩石圈经历了多次更替,保留在地球表面的35亿年以上的岩石非常稀罕。而有学者相信火星表面仍旧布满着35亿到40亿年前形成的岩石,火星太古生命的证据就在这些火星岩石中。

有一种生命起源理论认为,生命应该起源于行星形成的非常早的时期,那时火星也好,地球也好,还在遭受大大小小的陨星的频繁撞击。作为生命基础的有机分子与一些冰、尘埃和石头混合在一起形成彗星在太空中穿梭着。彗星进入内太阳系不停地撞击早期被强烈的太阳风吹得只剩下重元素的类地行星,带来了水和有机分子,在行星上创造出适宜生命繁衍的环境。

2004年1月,成功登陆火星表面的美国勇气号和机遇号探测器则是要从火星岩石中寻找生命能够存在的证据——水。它们的工作基于这样一个原理:一些特别种类的矿物的形成必定需要水的存在,如果能找到这样的矿物,就是找到了存在过水的证据。勇气号和机遇号在火星表面漫游,寻找合适的岩石在上面打洞,分析岩石的成分。根据传输回来的分析结果,NASA 已经宣布:火星表面曾经存在过大量的水。

当然从用光谱分析法找到的水存在过的证据到一个能与我们进行交流的"火星人"之间,还存在着巨大的差距。乘坐飞碟光临地球的外星来客看来暂时还只能存在于幻想中。美国人的地外文明搜寻(SETI)计划——默认了地外生命起码拥有了无线电通信的能力——是一种充满幻想和浪漫的尝试,而从火星石头中去寻找地外生命的证据则是一种更为脚踏实地的努力。从生命的源头找起,就算只找到一些细菌,也是寻找地外生命零的突破,从而大大增加了宇宙中其他行星系中存在生命的可能性。根据 NASA 系外行星探索网站(exoplanets.nasa.gov)统计,截至 2024 年 2 月 16 日,天文学家已经确认了 5573 颗太阳系外行星,另有 10085 颗候选对象等待确认。也许我们人类在宇宙中真的不是孤独的。

恰当频率的小行星或彗星撞击,不仅使得生命在行星上得以起源,还是促使生命在行星上演化的动力。按照现在的一种理论,人类能够出现在地球上就是得益于一颗中等尺度的小行星对地球的撞击,那次撞击灭绝了恐龙,使得地球上的小型哺乳动物得到了繁衍的机会。

6500 万年前的某一天,某只可能正在觅食的恐龙突然感觉到大地在颤抖,然后看见远处地平线上尘土喷涌而起,接着蓝天被烤得通红,炽热的岩浆雨夹带着被烤焦的同类的残骸从天空倾泻而下。这只恐龙来不及看到更多的惨景,自己也迅速被扑面而来的热脉冲烧烤成灰烬。曾经控制地球长达 1 亿多年的庞大物种在几个小时内就从地球上永远消失了。

以上是几位科学家关于恐龙末日全景图的最新构想。科学家推测恐龙灭绝是一颗直径在 10 千米左右的小行星撞击地球引起的。但之前一般认为撞击激起的灰尘遮蔽阳光可能达数千年之久,从而切断了食物链,处在食物链顶端的恐龙在饥饿和寒冷中慢慢灭绝。无论是几个小时的"突然灭绝"还是成千上万年的"缓慢灭绝",在地质年代上都是短短的一瞬间。

跟恐龙的突然灭绝一样,恐龙在地球上的出现也是突如其来。23100 万年前,即恐龙出现之前,地球上 3/4 的物种突然灭绝。研究人员一直在寻找这次物种大灭绝的原因,最近他们在那个年代的地层中找到的一种特殊分子——巴基球——中发现了来自地球之外的物质,从而推断是一颗直径为 6 千米到 12 千米的小行星或彗星的撞击导致了这次物种大灭绝。这次撞击为卑微的蜥蜴清除了竞争对手,让它们在几百万年里一跃进化成为统治地球的庞大物种——恐龙。

有证据表明在过去 5 亿年里地球上有过五次物种的大灭绝。其中以上提到的两次物种大灭绝极有可能由小行星或彗星的撞击引起。科学家猜测另外三次也很有可能与小行星的撞击有关。天文学家对小行星撞击地球的概率进行了估算后得出,大约每隔 1 亿年就会有一颗直径在 10 千米左右的小行星撞击地球,这样的撞击足以引起地球上的大半物种灭绝。较小的但足以毁坏一座城市的撞击大约每 1 千年到 1 万年发生一次。即使是毁坏一座城市的小撞击也不是我们现代人类能够承受的,所以 NASA 执行了一个近地小行星追踪(NEAT)计划,希望把对地球有潜在撞击危险的小行星都编好目录、进行监测,万一发现它们中的某一颗要撞击地球,就发射飞船去改变它的轨道。

11.4 宇宙中的文明

显然,天文学的进步不只是让人类知道自己在宇宙中有多么渺小,也能让人类更好地适应这个宇宙——保护好地球这个家园,让人类这个物种避免恐龙的灭绝命运。

但是,有时灾难并不一定来自外太空。在有文字记载的几千年人类历史中,地震、海啸、洪水、干旱、天花、鼠疫、种族屠杀、宗教迫害、为争夺生存空间而进行的战争等天灾人祸时刻威胁着人类的生存,只是它们还没有或尚不至于把人类作为一种物种从地球上消灭干净。随着人类认知能力的进步,这份威胁人类生存的天灾人祸名单在过去的几十年里又增加了几样。譬如由于人类的过分活动导致全球变暖,引起生态环境急剧变化,从而威胁人类生存。生物技术的失控将会给人类带来灾难,人造的致命病毒在未来有毁灭人类的可能性。另一种可能的生态灾难会来自一种纳米级的人造生物复制机器,这种生物机器的使命就是汲取周围的有机物来复制自己,它们像花粉一样四处传播,最后将吞噬掉整个地球生物圈。对物质本质的寻根刨底也可能会带来灾难:物理学家在实验室里做的实验一般被叫作受控实验,但现在有些物理实验完全有可能不受控制。有人担心那种用高能粒子加速器做的实验,把粒子挤压在一起,可能会造出一个黑洞,然后吞噬掉所有组成地球的原子,或者把周围的时空撕裂开一个口子。当然也有物理学家说这种担心是多余的,人造的黑洞会迅速蒸发掉而不会产生危害。

1961年11月,第一届SETI会议在美国西弗吉尼亚州的格林班克(Greenbank)召开,与会者们商讨的议题是以何种方式搜寻外星无线电信号最为合理。SETI的成立基于这样的信念:

① 宇宙中生命是普遍的;
② 宇宙中在足够近距离内存在拥有了无线电通信能力的智慧生物;
③ 这些智慧生物跟我们人类一样乐于和渴望与外星生物沟通;
④ 这些智慧生物是友善的,虽然人类中的大部分对虚构的外星生物并不友善。

在这次会议上,SETI组织最著名的发起人德雷克(Frank Drake,1930—2022)提出了一个估算银河系中能够并愿意进行星际通信的文明数目(N)的公式,后来被称作德雷克公式:

$$N = R^* \times f_p \times n_e \times f_l \times f_i \times f_c \times L$$

式中,R^*是银河系中恒星每年形成的数量,f_p是拥有行星的恒星比例,n_e是一个平均行星系统中可居住行星的比例,f_l是出现任何生命形式的可居住行星比例,f_i是生命进化到智慧生物的可居住行星比例,f_c是技术能力达到能够并愿意进行星际通信能力的外星社会比例,L是技术上先进的文明存在的平均期限。

SETI计划的早期参与者们给出了一个乐观的估计:$N = 100$万。进而算出先进文明之间的平均距离为几百光年。卡尔·萨根(Karl Sagan,1934—1996)还计算出银河系中的每一颗恒星平均10万年就有外星文明来访一次。每一颗拥有智慧生命的恒星每1万年就会接待一次外星访客。

当然上述估算的不确定性也是显而易见的。一个典型技术文明的寿命到底有多长?技术文明毁灭的可能方式包括小行星或彗星撞击、全球性气候变化等天灾,以及核战争、生化武器、失控的实验、资源过度开发等人祸。有人警告说,人类能活过本世纪的概率是0.5。这也很可能是为什么我们看不到有外星人来访地球的原因,因为外星文明在拥有星际航行能力之前就把他们自己毁灭了。因此,变量 L 的意义不在于能否找到外星文明,而在于警示我们人类不要自我毁灭。

为了与可能存在的外星文明进行交流,地球人发射的先驱者10号和11号探测器上各自携带了一张介绍人类自己的名片(图11.1),以宇宙间最通用的数学和物理语言交代了地球在宇宙中的位置。在两个旅行者号上,各带有一套唱片装置。唱片的开始是用编码解释的 116 幅代表地球景色和事物的画面,包括:地球在银河系中的位置,脱氧核糖核酸,染色体和人体,太阳,地球和大气成分,山河海洋,花草树木,动物和植物,万里长城、泰姬陵、金门桥等。唱片中还有地球上的各种声音、古典音乐、美国总统和联合国秘书长的问候及 60 多种语言的问候词。这种交流愿望的出发点是基于外星人是善良的这一假定,对此当然也不是没有争议的。① 目前它们已经远离地球,只能希望宇宙不是一片"黑暗森林",幸存的善良外星文明能在人类毁灭自己或被毁灭之前教我们如何延续我们自己的文明。

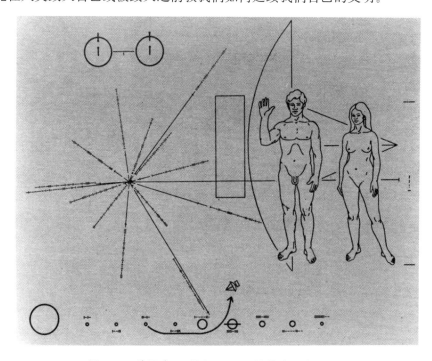

图 11.1　先驱者 10 号和 11 号上携带的地球人名片

天文学的进步让人类明白了自己在宇宙中的位置:人类寄生的地球是一颗小小的行星,它的质量在太阳系中几乎可以忽略不计。地球所环绕的太阳也只是一颗普普通通的恒星,像太阳这样的恒星在银河系中有 1000 多亿颗,太阳带着它的行星运行在银河系外围。即便以光速前进,到银河系中心也要 3 万年。银河系在宇宙中也毫无特殊之处,宇宙中像银河系这样的星系有 2000 多亿个。

---

① 有人担心,如果存在外星人,它们的道德标准与我们的可能不一样,我们对于它们而言也许就是丰富的蛋白质资源。

地球不再是宇宙的中心,人类也不再是上帝的特别创造和唯一救赎的对象。那么人类在宇宙中该如何自处呢?人类是否会甘心寄生在这样一颗宇宙尘埃之上呢?回顾过去一个世纪左右的时间,无论在理论和实践上,人类都在做着离开地球的努力。哪怕迄今为止所做的所有这些努力都是非常初步的,但离开地球,探索地球附近的空间,是人类学会宇宙生存的第一步。"地球是人类的摇篮,但是人不能永远生活在摇篮里。"苏联火箭先驱齐奥科夫斯基自撰的这一句墓志铭将会继续激励人们去探索宇宙生存的法则。

课外思考与练习

1. 从天圆地方到大爆炸学说,人类对宇宙的理解已经前进了许多步,你认为人类快接近宇宙的真相了吗?
2. 简述人择原理的基本内容,并谈谈你的看法。
3. 你赞成人类主动搜寻地外文明的举动吗?为什么?
4. 据传,1950年夏天某日,在早餐后的闲谈中,费米的几位同事试图说服他相信存在着外星文明,费米说:"如果外星文明存在的话,它们早就应该出现了。"这就是关于外星文明的"费米佯谬"的提出。在你看来,费米佯谬可以如何解决呢?
5. 名词解释:奥伯斯佯谬、诺曼-西里格佯谬、人择原理、德雷克公式。

延伸阅读

1. Steven J. Dick, *Plurality of words: the extraterrestrial life debate from democritus to kant* (Cambridge: Cambridge University Press, 1982).
2. John D. Barrowand Frank J. Tipler, *The anthropic cosmological principle* (Oxford: Clarendon Press, ,1986).
3. Steven J. Dick, *Life on other worlds, the 20th-century extraterrestrial life debate* (Cambridge: Cambridge University Press, 1998).
4. 卡尔·萨根:《宇宙》,周秋麟、吴依俤等译,李元校,吉林人民出版社,1998。
5. Peter D. Wardand Donald Brownlee, *Rare earth, why complex life is uncommon in the universe?* (Berlin: Springer-Verlag, 1999).
6. 马丁·里斯:《六个数:塑造宇宙的深层力》,石云里译,上海科学技术出版社,2001。
7. Stephen Webb, *Where is everybody? Fifty solutions to the fermi paradox and the problem of extraterrestrial life* (Berlin: Springer-Verlag, 2002).

附　　录

附录1　天文学史大事年表(1950年前)[①]

公元前

3000 年
中国陶寺观象台建造
英国巨石阵一期建造
埃及历法

2500 年
古巴比伦金星记录
中国夏代仲康日食记录

1500 年
中国商代武丁时期的月食记录
1044　中国商周之交武王伐纣时的天象记录

1000 年
巴比伦行星历表文书
中国西周时期历法开始以朔为月首
《诗经》中的日食记录
720 年 2 月 22 日(鲁隐公三年二月己巳日)连续干支纪日的确切起点

700 年
巴比伦的系统天象记录
中国的《春秋》日食记录

600 年
希腊宇宙学说繁荣

[①] 楷体字表示中国天文学史事件,宋体字表示西方天文学史事件,仿宋字表示阿拉伯天文学史事件。

500 年

中国古代日历编制中出现 19 年 7 闰规则

巴比伦人确认默冬章

希腊人认识到大地球形

400 年

柏拉图提出行星不规则视运动问题

欧多克斯的同心球模型

300 年

亚里士多德的宇宙学

阿利斯塔克估算日月地的大小和距离

埃拉托色尼准确测算地球周长

屈原(约前 340—前 278)作《天问》

荀子(约前 313—前 238)作《天论》,提出"天行有常,不为尧存,不为桀亡"的观点

中国秦代使用《颛顼历》

200 年

阿波罗尼乌斯提出偏心圆、本轮和均轮模型

《淮南子·天文训》成书

104　司马迁作《历书甲子篇》

104　邓平等作《太初历》

《周髀算经》成书

100 年

基于巴比伦天象记录的希腊行星模型提出

喜帕恰斯提出太阳和月亮的运动模型,编制星表,发现岁差

公元后

扬雄作《难盖天八事》

刘歆作《三统历》

85　编䜣、李梵等作《后汉四分历》

贾逵论历,提出月行有迟疾,最疾处每月进动三度

100 年

托勒密撰写《至大论》《行星假说》《四书》

张衡撰写《灵宪》《浑天仪注》

179—184　刘洪作《乾象历》

200 年

220　韩翊作《黄初历》

237　杨伟作《景初历》

270　印度《希腊天文书》成书

300 年

虞喜发现岁差现象

384 姜岌作《三纪甲子元历》,提出月蚀冲法定太阳位置

400 年

拉伽陀编撰成《梨俱吠陀天文疏》

412 赵𰗴作《元始历》,打破 19 年 7 闰的传统闰周,提出 600 年 221 闰的新闰周

卡佩拉体系提出

440 崔浩作《五寅元历》,言天象人事参预政治

443 何承天作《元嘉历》

463 祖冲之作《大明历》

500 年

博埃修斯整理古典学术,提出算术、几何、音乐、天文"四艺"

雅利安跋陀一世撰写《雅利安拔提亚》

拉陀提婆改编《太阳历数书》

520 张龙祥等作《正光历》

526—560 张子信在未知海岛进行天文观测,发现太阳和行星的视运动不均匀性

540 李业兴等作《兴和历》

550 宋景业作《天保历》

575 婆罗呵密诃拉编撰成《五大历数书汇编》

579 马显作《大象历》

584 张宾作《开皇历》

594 刘焯作《七曜新术》

600 年

600 刘焯作《皇极历》

608 张胄玄作《大业历》

618 傅仁均作《戊寅元历》

628 婆罗门笈多编撰成《婆罗门笈多修正历数书》

632 穆罕默德逝世

664 李淳风作《麟德历》

665 婆罗门笈多撰写《乾陀干迪迦》(也译作《历法甘露》)

698 瞿昙罗作《光宅历》

700 年

707—710 南宫说作《神龙历》

718 瞿昙悉达编译《九执历》

724—727 南宫说主持全国范围的天文大地测量

727 一行作《大衍历》

757 韩颖作《至德历》

762 郭献之作《五纪历》

770 一部梵语《悉檀多》被带到巴格达

780—783　曹士芴作《符天历》
783　徐承嗣作《正元历》

800 年

806　徐昂作《观象历》
821　徐昂作《宣明历》
巴格达建立智慧宫,穆斯林启动希腊经典的大翻译运动
花剌子米(约 780—850)撰写《印度历算书》37 卷、发明象限仪
马舍尔(787—886)撰写《星占学巨引》
892　边冈作《崇玄历》
塔比·伊本·库拉(836—901)提出颤动理论,给出精确的恒星年长度
阿尔巴塔尼(约 858—929)改进托勒密体系,撰写《历算书》57 卷

900 年

939　马重绩作《调元历》
956　王朴作《钦天历》
963　王处讷作《应天历》
964　阿尔苏菲(903—986)完成《恒星之书》
阿布·瓦法(940—998)在天文计算中运用三角函数
981　吴昭素作《乾元历》

1000 年

1001　史序作《仪天历》
1004　伊本·尤努斯(约 950—1009)作《哈基姆历数书》
阿尔哈增(965—1039)撰写《质疑托勒密》《论世界之结构》《光学》《论月光》
1023　楚衍等作《崇天历》
1054　中国天文学家记录"天关客星",即 SN1054
1064　周琮等作《明天历》
1075　卫朴作《奉元历》
1080　查尔卡利(1029—1087)编制《托莱多天文表》,提出对托勒密体系的修正
阿拉伯星盘传至西方
1091　黄居卿等作《观天历》

1100 年

1106　姚舜辅作《纪元历》
1120—1125　开罗天文台
1135　陈得一等作《统元历》
巴斯的阿德拉德(约 1080—1152)把一部《积尺》翻译成拉丁文
1167　刘孝荣作《乾道历》
1176　刘孝荣作《淳熙历》
1181　赵知微作《重修大明历》
伊本·拉什德(1126—1198)提出同心球层才能构成真实的宇宙
阿尔比鲁吉(？—1204)反对托勒密本轮假说,强调行星必须环绕真正物质的中心体

1191　刘孝荣作《会元历》
1199　杨忠辅作《统天历》

1200 年

1207　鲍瀚之作《开禧历》
1220　耶律楚材作《西征庚午元历》
1221　丘处机到达撒马尔罕,与当地天文学家讨论月偏食
1250　李德卿作《淳祐历》
1252　谭玉作《会天历》
1252　阿尔方索十世组织翻译《托莱多天文表》为西班牙语《阿尔方索天文表》
1259　阿尔图西的马拉盖天文台动工
1267　扎马鲁丁携7件西域天文仪器达到元大都,作《万年历》
1270　陈鼎作《成天历》
1271　马拉盖天文台的《伊尔汗历数书》编算完成
1271　忽必烈下令在元上都建立回回司天台
1277　邓光荐作《本天历》
1280　郭守敬等作《授时历》

1300 年

1350　沙提尔(1304—1375)撰写《关于行星理论修正的最后调查》,在行星运动模型中采用图西的双本轮设计,取消了对点和偏心圆
1382　诏李翀、吴伯宗译《回回历书》
1384　元统改编《授时历》为《大统历》
1368—1398　《明译天文书》完成

1400 年

1420　乌鲁伯格(1394—1449)建成撒马尔罕天文台
1437　《乌鲁伯格星表》编制完成
1474　波伊巴赫《行星新理论》出版
1474　雷纪奥蒙塔努斯《天文年历》出版
1475　贝琳整理完成《七政推步》
1496　波伊巴赫和雷纪奥蒙塔努斯的《至大论纲要》出版

1500 年

1519—1522　麦哲伦船队完成环球航行,观测大、小麦哲伦云
1524　班内威兹提出"月亮钟"法来确定航海船只的经度
1530　哥白尼《关于天体运动假说的要释》手稿流传
1530　弗里修斯建议建造精确的机械钟来指示标准时间,以解决海上经度问题
1543　哥白尼《天体运行论》出版
1551　赖恩霍尔德编制完成《普鲁士星表》
1554　朱载堉作《圣寿万年历》

1570 年

1570—1580　伊斯坦布尔天文台建成后被毁坏

1572 第谷观测仙后座超新星(SN1572)爆发
1577 第谷确认彗星是天体

1580 年

1582 利玛窦到达澳门

1590 年

1596 开普勒《宇宙的奥秘》出版
1598 西班牙国王高价悬赏解决海上船只的经度问题

1600 年

1604 开普勒超新星爆发
1609 开普勒出版《新天文学》,发表第一、第二定律
1609 伽利略首次用望远镜观测

1610 年

1610 伽利略《恒星使者》出版
1611 开普勒设计天文望远镜
1613 伽利略发表《关于太阳黑子的通信》
1619 开普勒出版《宇宙和谐论》,发表第三定律

1620 年

1627 开普勒《鲁道夫星表》出版

1630 年

1632 伽利略《两大世界体系的对话》出版
1634 《崇祯历书》编撰完成
1637 笛卡儿《方法论》出版

1640 年

1640 盖斯科因发明动丝测微计
1644 笛卡儿《哲学原理》出版
1644 汤若望改《崇祯历书》为《西洋新法历书》进献清廷

1650 年

1659 惠更斯解释土星光环

1660 年

1663 格里高利设计反射望远镜
1663 王锡阐作《晓庵新法》
1665 《皇家学会哲学学报》开始出版
1667 巴黎天文台开始建造,蒭藁增二变星周期确定
1669 卡西尼任巴黎天文台台长

1670 年

1672 牛顿指出白光的复合性质
1672 罗默观测木卫,发现光速有限

1674　胡克完成《证明地球运动的尝试》

1675　弗拉姆斯蒂德任皇家天文学家，格林尼治天文台开始建设

1675　卡西尼发现土星光环的缝隙

1677—1678　哈雷在圣赫拉那岛观测

1678　惠更斯提出光的波动说

1680 年

1684　哈雷访问牛顿，询问平方反比力作用下的行星轨道

1687　牛顿《原理》出版

1690 年

1690　赫维留斯的星表发布

1695　哈雷彗星周期确认

1700 年

1704　牛顿《光学》出版

1710 年

1716　哈雷提出金星凌日法求日地距离

1720 年

1721　哈雷关于对称恒星系统的论文发表

1725　弗拉姆斯梯德《不列颠星表》出版

1728　牛顿《宇宙体系》出版

1729　布莱德雷发表关于光行差的论文

1730 年

1735　哈里森制成第一架航海钟 H1

1735　法国派出实测队，证实牛顿的预言：地球是扁的

1740 年

1750 年

1750　赖特《一种起源理论》出版

1751—1753　拉卡伊在好望角

1757　米歇尔证明大多数成对恒星为"双星"

1758　多朗德描述消色差透镜

1759　哈雷彗星回归

1760 年

1761　哈里森开始试验 H4 天文钟。金星凌日被广泛观测

1767　格林尼治天文台的《航海历书》创刊

1780 年

1781　梅西叶星表发布

1781　威廉·赫歇尔发现天王星

1783　古德里克提出大陵五是食双星

1783—1802　威廉·赫歇尔进行星云观测
1785　威廉·赫歇尔经观测获得银河系结构图
1789　威廉·赫歇尔40英尺反射镜完成

1790 年

1796　拉普拉斯出版《宇宙体系论》
1799　拉普拉斯出版《天体力学》第一卷

1800 年

1801　皮亚齐发现谷神星
1803　威廉·赫歇尔证实物理双星存在

1810 年

1814—1815　夫琅和费绘制太阳光谱图
1818　贝塞尔《基础天文学》出版

1820 年

1820　皇家天文学会建立
1823　《天文通报》创刊
1824　9.5英寸多尔巴特折射镜安装

1830 年

1834—1838　约翰·赫歇尔在好望角观测
1837　斯特鲁维公布初步的织女星周年视差
1838　贝塞尔公布天鹅座61的周年视差
1839　亨德森公布半人马座α的周年视差
1839　普尔科沃天文台建立，15英寸折射镜被安装

1840 年

1842　日食期间日冕和日珥的观测
1843　施瓦布发表太阳黑子周期
1844　贝塞尔证明天狼星和南河三有不可见的伴星
1845　帕森城的巨型反射望远镜完成。星云的旋涡结构被认识。首次太阳银版照相
1846　设想中的猎户星云分解。海王星（和卫星）被发现
1847　哈佛15英寸折射望远镜完成。斯特鲁维建立银河系分层模型
1849　古尔德《天文学报》创刊

1850 年

1852　萨拜因公布太阳黑子与磁暴之间的联系
1856　波格森提出的星等定标发表。首批银基玻璃反射镜
1857　克拉克·麦克斯韦指出土星光环由物质微粒构成
1858　德拉鲁用珂珞酊湿片法拍摄太阳黑子
1859　坦普尔发现围绕昴宿五的真星云状物质。本生和基尔霍夫在实验室里把光谱线和元素联系起来。《波恩星表》开始出版

1860 年

1861—1862　基尔霍夫带有已证认元素的太阳光谱图

1862　昂斯特洛姆指出太阳气层中存在氢。克拉克观测天狼星伴星

1863　德国天文学会成立

1864　多纳提用分光镜观测彗星的光。哈京斯指出一种由气体组成的星云

1866　斯契亚巴勒里把 8 月流星雨跟彗星联系起来

1868　塞奇描述了四种恒星光谱型

1870 年

1870　杨在日食期间观测到太阳反变层

1872　德雷珀拍摄织女星光谱

1876　干明胶底片在照相中被使用

1877　霍尔发现火星两颗卫星

1880 年

1882　吉尔的彗星照片上包含大量的恒星

1885　仙女星云 S 新星的观测结果暗示对"岛宇宙"的否定

1887　皮克林开始分光双星研究。"照相天图"计划启动

1890 年

1890　洛克耶《流星假说》出版

1897　叶凯士天文台 40 英寸折射望远镜完成

1900 年

1900　《天文年报》创刊

1904　国际太阳研究协作联合会建立

1905　赫兹普龙猜想巨星的存在

1906　卡普坦发表《选区计划》

1908　威尔逊山天文台 60 英寸反射望远镜完成

1910 年

1912　勒维特发表小麦哲伦云中造父变星的周光关系

1913　罗素给出第一张场星(不是星团的成员星)的赫罗图

1914　斯里弗公布旋涡星云的大视向速度。沙普利提出脉动恒星理论。亚当斯和赫尔斯朱特建立分光视差法

1916　范玛宁宣称发现 M101 自转的证据

1917　威尔逊山天文台 100 英寸反射望远镜完成

1918　沙普利提出"大银河系"。亨利·德雷珀《分光星表》开始出版

1919　国际天文联合会建立

1920 年

1920　沙普利和柯蒂斯之间的"大辩论"

1920　爱丁顿在《自然》上发表《恒星的内部结构》

1923　哈勃发现仙女星云中的造父变星

1925　哈勃证明仙女星云是独立的星系。佩恩发表《恒星大气》
1927　奥尔特分析恒星运动研究银河系结构
1929　哈勃给出"红移定律",指出星系的一致退行

1930 年

1930　特伦普勒证实银盘星际尘埃的存在。发现冥王星
1931　钱德拉塞卡研究白矮星结构
1932　央斯基建造天线,测到来自银河的无线电波
1934　巴德和兹维基发表中子星理论,指出新星分成两类
1937　雷伯在高地建造 9 米可动碟面天线
1939　贝蒂发现关于恒星能源的核能理论的细节
1939　第二次世界大战爆发导致雷达的发展大大加快

1940 年

1942　测到来自太阳的无线电波
1944　巴德公布星族的发现
1945　第二次世界大战结束,雷达设备和人员转向科学研究工作
1946　V2 火箭进行太阳紫外观测
1948　美国帕洛玛山天文台 48 英寸(1.25 米)施米特望远镜完成。美国帕洛玛山 200 英寸望远镜完成
1948　V2 火箭观测太阳 X 射线;早期高空探测火箭引入
1949　首次射电源的光学对应体证认

附录 2　天文学史大事年表(1950 年后)[①]

1950 年

1952　巴德公布距离定标修正
1951　21 厘米发射线的测量
1952　天鹅座 A 的光学证认

1955 年

1957　英国班克 250 英尺(全)可动碟面射电望远镜
1959　美国哈密尔顿山 120 英寸望远镜

1960 年

1961　澳大利亚帕克斯 64 米可动碟面天线
1963　波多黎各阿雷西博天然山谷里的 305 米碟面天线。第一个类星体证认

---

① 仿宋字表示射电天文学史事件。

1964　英国剑桥 1 英里射电望远镜。测得微波背景辐射

1965 年

1965　英国班克/马尔温（Malvern）甚长基线干涉，127 千米长基线
1967　加拿大甚长基线干涉，3074 千米长基线
1968　第一例脉冲星发现的公布

1970 年

1970　荷兰威斯特博克 3 千米射电望远镜
1972　英国剑桥 5 千米射电望远镜。（前联邦德国）埃菲尔斯伯格 100 米可动碟面天线
1973　美国基特峰 3.8 米望远镜。澳大利亚赛丁泉 1.24 米英国施米特望远镜

1975 年

1975　澳大利亚赛丁泉，英澳 3.9 米望远镜
1975　美国索克罗首次用甚大天线阵观测
1976　智利托洛洛山美国 4 米望远镜。苏联帕楚科夫山 6 米望远镜
1977　智利拉西拉欧洲南方天文台 3.6 米望远镜
1978　夏威夷莫纳克亚欧洲 3.8 米红外望远镜
1979　夏威夷莫纳克亚加拿大-法国-夏威夷 3.6 米望远镜。夏威夷莫纳克亚美国国家航空航天局红外望远镜。美国霍普金斯山多镜面望远镜

1980 年

1980　美国甚大天线阵（VLA）进入全面实用阶段
1984　西班牙卡拉阿托天文台 3.5 米望远镜

1985 年

1986　夏威夷莫纳克亚詹姆斯·麦克斯韦望远镜，15 米毫米和亚毫米波碟面天线
1987　加纳里群岛英国 4.2 米望远镜
1989　智利拉西拉欧洲南方天文台 3.5 米新技术望远镜
1989　智利拉西拉瑞典-欧洲南方天文台 15 米毫米波和亚毫米波碟面天线

1990 年

1990　夏威夷莫纳克亚美国加州理工学院亚毫米波天文台 10.4 米亚毫米波碟面天线
1993　夏威夷莫纳克亚美国下一代望远镜"10 米凯克Ⅰ"启用
1993　美国甚长基线阵的甚长基线干涉，基线长度达 8000 千米

1995 年

1996　夏威夷莫纳克亚美国下一代望远镜"10 米凯克Ⅱ"启用
1997　德克萨斯麦克唐纳天文台的霍比-埃伯雷望远镜（HET，有效口径 9.2 米）启用
1999　位于夏威夷的日本国立天文台斯巴鲁（Subaru）望远镜（8.2 米）启用
1999　位于夏威夷的双子座天文台北镜（8.1 米）正式投入使用

2000 年

2000　欧空局南方天文台甚大望远镜（VLT）主镜全功能启用
2000　智利拉斯坎帕纳斯（Las Campanas）天文台麦哲伦 1 号望远镜（6.5 米）启用

2001　位于智利的双子座天文台南镜(8.1米)正式投入使用
2002　智利拉斯坎帕纳斯(Las Campanas)天文台麦哲伦2号望远镜(6.5米)启用
2003　加拿大甚大天顶仪(LZT,6米,液态水银)启用
2004　美国亚利桑那州格里厄姆山国际天文台大型双筒望远镜(Large Binocular Telescope,LBT,两块8.4米物镜,综合口径11.9米)启用

2005 年

2005　南非天文台甚大望远镜(SALT,有效口径9.2米)正式启用
2006　位于西班牙加那利群岛拉帕尔马岛天文台的加那利大型望远镜(GTC,有效口径10.4米)启用
2008　位于美国亚利桑那州的甚大双筒望远镜(LBT,有效口径11.9米)全功能启动
2009　北京天文台大天区面积多目标光纤光谱天文望远镜(LAMOST,有效口径3.6—4.9米)通过国家验收,2010年4月被冠名为郭守敬望远镜

2010 年

2011　3月25日,中国动工兴建500米口径球面射电望远镜(FAST);2016年9月25日进行落成启动仪式,进入试运行、试调试阶段;2020年1月11日通过中国国家验收,正式开放运行
2012　欧洲南方天文台甚大望远镜(Very Large Telescope,4台8.2米望远镜组成)启用

2015 年

2020 年

2023　9月17日,位于青海冷湖镇天文观测基地的墨子巡天望远镜(Wide Field Survey Telescope,WFST,2.5米)正式启用

附录3　1950年以后的空间探索

1950 年

1955 年

1957　苏联首次发射人造卫星
1959　苏联月球3号首次传回月球背面图像

1960 年

1961　苏联宇航员加加林乘坐东方一号宇宙飞船升空,绕地飞行一周
1961　苏联金星1号在相距金星10万千米处掠过
1962　美国早期空间探测火箭观测恒星X射线
1962　美国水手2号在距离金星3.5万千米处飞掠

1964　美国发射投入使用的地球同步轨道卫星
1964　美国测距者 7 号传回月球表面图像
1964　美国水手 4 号成功飞掠火星进行近距离观察

1965 年

1966　苏联月球 9 号在月球上成功着陆。月球 10 号第一次成功地绕月球运转，成为月球的卫星
1966　苏联金星 3 号进入金星大气层，成为坠落在金星表面的第一个人造物体
1966　美国勘测者 1 号在月球软着陆
1968　美国发射轨道天文台 OAO-2
1969　人类首次登月

1970 年

1970　苏联金星 7 号成功着陆金星表面，传回 23 分钟信号
1970　美国小天文卫星 SAS-1 发射
1970　苏联月球 16 号成功到达月球并采集月球土壤样品 101 克返回地球
1971　美国水手 9 号成为首个绕火星运行的人造轨道器
1971　苏联火星 3 号携带的着陆器在火星软着陆成功
1972　欧洲空间研究组织紫外卫星 TD-1 发射。美国轨道天文台 OAO-3（哥白尼号）发射。美国小天文卫星 SAS-2 发射。美国先驱者 10 号发射
1973　美国先驱者 11 号发射
1974　美国和荷兰发射天文卫星荷兰号。美国水手 10 号拍摄水星、金星

1975 年

1975　苏联金星 9 号拍摄金星表面。美国小天文卫星 SAS-3 发射。欧洲空间局（ESA，以下简称欧空局）伽玛射线卫星 Cos-B 发射
1975　美国海盗 1 号和 2 号在火星表面软着陆成功，共发回几万张火星表面的照片，以及大量的分析测试数据
1977　美国旅行者 1 号和 2 号发射。美国和欧空局合作发射国际日地探测器（ISEE）
1978　欧空局和英国、美国合作发射国际紫外探测器。美国发射高能天体物理天文台 HEAO-2（爱因斯坦天文台）
1979　旅行者 1 号和 2 号访问木星

1980 年

1980　旅行者 1 号访问土星
1981　旅行者 2 号访问土星
1983　荷兰、英国、美国发射红外天文卫星。欧空局发射 X 射线卫星（EXOSAT）

1985 年

1986　旅行者 2 号访问天王星。欧空局的乔托号和其他太空飞行器拦截观测哈雷彗星
1989　旅行者 2 号访问海王星。美国发射探测木星的伽利略号探测器。欧空局发射伊巴谷天体测量卫星

1990 年

1990　美国麦哲伦探测器泊入金星轨道,开始绘制金星表面精确的雷达回波图

1990　美国哈勃太空望远镜发射。德国、英国和美国发射 ROSAT 天文卫星(X 射线卫星)。美国和欧空局合作发射尤利西斯号(Ulysses)太阳探测器

1991　美国康普顿伽玛射线天文台发射。日本、美国和英国合作发射日光号(Yohkoh)空间太阳天文台,在软 X 光和硬 X 光波段对太阳进行观测

1992　美国极紫外探测器 EUVE 发射

1993　哈勃太空望远镜光路修正。日本发射 ASCA(宇宙学和天体物理学高新卫星)X 射线卫星

1995 年

1995　伽利略号探测器访问木星。欧空局发射太阳和太阳风层探测器。欧空局发射红外空间天文台

1996　美国发射的探路者火星着陆器,着陆器安全着陆后释放索杰纳漫游车

1996　美国发射近地小行星会合苏梅克号,于 2000 年 2 月 14 日成功泊入近地小行星爱神星(Eros)的轨道,并于 2001 年 2 月 12 日软着陆成功

1997　美国 NASA、欧空局和意大利航天局联合发射卡西尼-惠更斯号土星探测器

1998　美国发射深空 1 号飞掠彗星 19P/Borrelly,传回高清晰度的彗核照片

1999　美国发射星尘号探测器飞掠彗星 81P/Wild 并采集了彗发样品

1999　美国发射钱德拉空间望远镜

2000 年

2001　4 月 8 日美国发射奥德赛号火星探测器

2001　6 月 30 日美国发射威尔金森微波各向异性探测器(WAMP)

2001　8 月 8 日美国发射起源号(Genesis)太阳风样品采集探测器

2003　美国发射孪生的勇气号和机遇号火星漫游车并成功登陆火星

2003　日本发射隼鸟号探测器,成功泊入近地小行星 25143 Itokawa 的轨道,并释放了着陆器,采集了样品

2003　4 月 28 日美国发射星系演化探测器(GALEX)

2003　6 月 2 日欧空局发射火星快车号探测器

2003　6 月 10 日美国发射勇气号火星探测器

2003　7 月 7 日美国发射机遇号火星探测器

2003　8 月 25 日美国发射斯皮策空间望远镜(SST)

2004　欧空局发射的罗塞塔号成功围绕一颗彗星并释放着陆器登陆该彗星

2004　3 月 2 日欧空局发射罗塞塔号彗星探测器

2004　8 月 3 日美国发射信使号水星轨道探测器

2004　11 月 20 日美国发射雨燕号伽玛射线天文卫星

2005 年

2005　美国发射的深度撞击号探测器释放了一个撞击器,于 2005 年 7 月 4 日世界时 5 点 52 分成功撞击了彗星 9P/Tempel 的彗核,并溅起了大量挥发物质,使得彗星的亮度增加了 6 倍

2005　欧空局发射金星快车号探测器，于2006年4月11日进入绕金星的极地轨道
2006　1月19日美国发射新地平线号冥王星探测器
2006　日本、美国和英国联合发射日出号（Hinode）太阳同步轨道卫星。美国发射日地关系天文台，对太阳进行三维观测
2007　美国发射黎明号（Dawn）探测器，计划造访灶神星（Vesta）和谷神星（Ceres）
2007　10月24日中国发射首颗探月卫星嫦娥一号
2008　5月25日美国凤凰号着陆器成功降落到火星表面
2008　6月11日美、法、德、日、瑞典等发射费米伽玛射线空间望远镜
2008　10月19日美国发射星际边界探测器（IBEX），首次对太阳系的远边界进行全范围观测，首次绘制出高清晰度的全天空空间图
2008　10月22日印度发射月船一号，是印度第一次月球探测任务
2009　3月6日美国发射开普勒太空望远镜
2009　5月14日美国和欧空局发射普朗克巡天者，以获取高清晰的全天宇宙微波背景辐射各向异性图
2009　5月14日美国和欧空局发射赫歇尔空间天文台，为迄今发射的最大远红外线太空望远镜，用于研究星体与星系的形成过程
2009　12月14日美国发射广域红外探测器（WISE）

2010年

2010　2月11日美国发射太阳动力学天文台（SDO）
2010　5月20日日本宇航勘探局（JAXA）发射黎明号（Akatsuki）金星探测器
2010　10月1日中国发射探月卫星嫦娥二号，2011年8月25日嫦娥二号进入日地拉格朗日L2点环绕轨道
2011　8月5日美国发射朱诺号木星探测器
2011　9月29日中国发射天宫一号，是中国第一个空间实验室
2011　11月26日美国发射好奇号火星探测器，是NASA研制的第一辆采用核动力驱动的火星车
2012　4月30日美国发射范艾伦探测器
2012　6月13日美国发射核分光望远镜阵列（NuSTAR）
2012　8月6日好奇号火星探测器成功降落在火星表面，展开为期两年的火星探测任务
2013　11月19日美国发射火星大气与挥发演化（MAVEN）探测器
2013　11月5日印度发射曼加里安（Mangalyaan）火星探测器，2014年9月24日曼加里安火星探测器成功进入火星轨道
2013　12月2日中国发射嫦娥三号月球探测器，12月14日嫦娥三号着陆月面
2013　12月19日欧洲发射盖亚号太空望远镜，以绘制银河系3D全景星图
2014　9月22日美国MAVEN探测器成功进入绕火星运行的轨道

2015年

2015　12月17日中国发射悟空号暗物质粒子探测卫星
2015　7月14日新地平线号飞掠冥王星
2016　8月16日中国发射墨子号空间量子科学实验卫星

2016　9月8日美国发射源光谱释义资源安全风化层辨认探测器(OSIRIS-REx)，旨在从小行星带回样本的任务

2016　9月15日中国发射天宫二号

2017　6月15日中国发射慧眼号X射线望远镜(HMXT)，为中国第一个空间天文卫星

2018　4月19日美国发射凌日系外行星勘测卫星(TESS)

2018　5月5日美国发射洞察号火星探测器

2018　5月21日中国发射鹊桥号，为首颗地球轨道外专用中继通信卫星

2018　8月12日美国成功发射帕克号太阳探测器，是首项将穿越日冕的太阳观测任务

2018　12月8日中国发射嫦娥四号月球探测器，12月12日嫦娥四号完成近月制动并于2019年1月3日在月球背面预选区着陆

2019　8月31日中国发射太极一号首颗空间引力波探测技术实验卫星

2020年

2020　7月20日阿联酋发射希望号火星探测器

2020　7月23日中国发射天问一号火星探测器；2021年5月15日天问一号着陆巡视器成功着陆于火星乌托邦平原南部预选着陆区；5月22日祝融号火星车安全驶离着陆平台，开始巡视探测

2020　7月30日美国发射毅力号火星探测器

2020　11月24日中国发射嫦娥五号月球取样返回探测器

2021　4月29日中国发射天宫空间站天和核心舱

2021　10月14日中国发射首颗太阳探测科学技术试验卫星羲和号

2021　12月25日美国发射詹姆斯·韦伯太空望远镜

2022　10月9日中国发射先进天基太阳天文台（Advanced Space-based Solar Observatory）夸父一号

2023　10月13日美国发射灵神号(Psyche)小行星探测器探测同名小行星

2024　2月14日美国发射奥德修斯(Odysseus)机器人登月舱，于2月22日在月面成功软着陆

彩 色 图 片

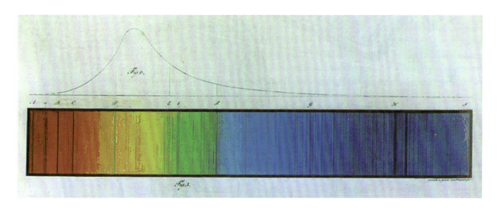

图 9.6 太阳光谱中的双 D 线

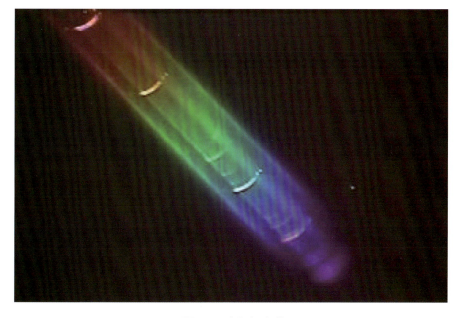

图 9.8 太阳闪光谱

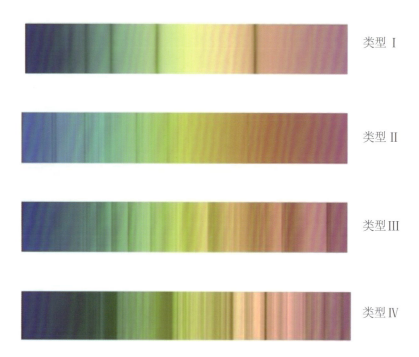

图 9.11 塞奇的恒星光谱型分类

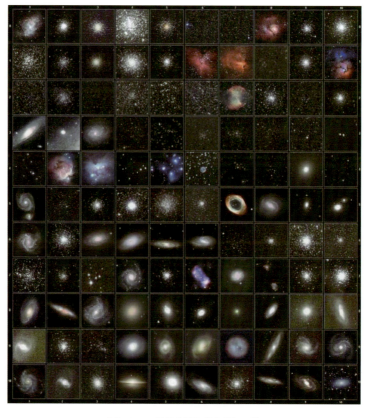

图 10.6 梅西耶天体图片一览

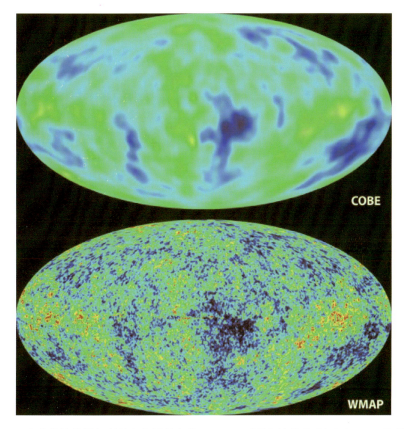

图 10.25 宇宙微波背景辐射的各向异性起伏：WMAP 以更高的精度验证了 COBE 的观测结果